烟草的烟碱代谢调控

张洪博　王丙武　等　著

中国农业出版社

北　京

著者名单

主　任：张忠锋

副主任：杨　凯　徐立国　杨春雷　欧亚飞

主　著：张洪博　王丙武

副主著：矫海楠　刘艳华　高玉龙　王文静
　　　　史素娟　孔关辉

著　者（按姓氏笔画排序）：

丁蓬勃　王家林　王嘉豪　田　田
田　雷　冯　吉　任　杰　刘永新
苏建东　杜咏梅　李　斌　杨兴有
杨锦鹏　宋中邦　张玉芹　张建会
林晓阳　宗　浩　赵　璐　赵福彬
胡希好　徐　青　高加明　隋学艺
焦芳婵　蔡长春　鞠馥竹

前言
Foreword

烟碱（即尼古丁）是一种重要的天然生物碱，在烟草叶片中的含量最为丰富，并对烟草的利用价值和开发途径起着决定作用。随着社会发展和烟草市场形势转变，对烟草中烟碱含量的要求日益向两极发展。一方面，新型烟草产品开发推动了烟碱提取市场迅速发展，相关企业为降低烟碱提取成本，需要高烟碱含量的烟草原料；另一方面，烟草的生物产量巨大，其生物质具有极大的利用潜力，相关领域为避免烟碱的不利影响需要无烟碱或烟碱含量极低的烟草材料。深入研究烟碱代谢调控机制，并为烟碱含量性状育种提供理论和技术支撑，将有助于满足不同产业发展方向的烟草原料需求。

烟碱是由吡咯环和吡啶环构成的含氮化合物，主要在烟草的根部合成，并通过木质部输送至地上部组织。烟草的烟碱合成受到环境胁迫、机械损伤、植物激素等多种因子的调控，与机械损伤应答和次生代谢调控相关的茉莉酸信号途径在烟草的烟碱合成中发挥重要调控作用。施用外源茉莉酸或增加内源茉莉酸水平都会诱导烟草中烟碱合成相关基因的快速表达和烟碱含量的升高，烟草生产过程的打顶操作就是通过诱导烟草中茉莉酸合成水平升高，促进烟碱的合成和运输，从而增加烟叶中的烟碱含量的。研究表明，烟草的大部分烟碱合成基因均受到机械损伤或茉莉酸的诱导表达。

催化烟碱吡咯环合成的腐胺甲基转移酶（PMT）是烟碱合成的限速酶，是揭示烟碱代谢调控机制的关键研究切入点。*PMT* 基因启动子中存在一个被称为 GAG 的保守三元调控区段，该区段中任一调控元件的缺失都会破坏 *PMT* 基因的茉莉酸应答反应，鉴定结合这三个调控元件的调控因子，并探明其调控烟碱代谢的作用机制，对揭示烟碱代谢的调控机理及烟草的烟碱含量性状育种具有重要的理论和应用价值。本书重点介绍与 *PMT* 基因调控因子鉴定相关的研究进展，以及相关的烟草材料创制情况。全书分为七章，分别从烟草的烟碱代谢、bHLH 类烟碱代谢调控因子的基因克隆与功能研究、ERF 类烟碱代谢调控因子的基因克隆与功能研究、MYB 类烟碱代谢调控因子的鉴定与功能研究、GAG 模块的上游调控蛋白鉴定与作用机制研究、烟碱代谢分子标记开发与烟碱含量性状育种、烟碱代谢调控模型构建与育种应用研究取得的进展等方面对烟碱代谢调控机制研究及其育种应用进行介绍。

本书的编写工作得到中国农业科学院、中国烟草总公司、上海烟草集团有限责任公司、中国烟草总公司云南省公司、中国烟草总公司四川省公司、中国烟草总公司山东省公司、中国烟草总公司湖北省公司等单位的大力支持和帮助，在此一并致谢！限于编者水平和知识的限制，书中疏漏和不足之处恳请广大读者批评指正。

著　者

2023 年 6 月 30 日

Contents

目录

第一章　烟草的烟碱代谢

烟草起源于中南美洲、大洋洲和南太平洋的一些岛屿，发现的烟草资源有 66 个。烟草具有很强的刺激性，被人吸食后能起到恢复体力和提神打气的作用，这是其生物碱的特有功能，也是烟草发展成为一种嗜好品的物质基础。美洲印第安人栽培利用烟草的时间最早，考古发现，人类尚处于原始社会时，烟草就进入了美洲居民的生活中。1492 年，哥伦布探险抵达古巴时，水手罗德里戈·德·杰瑞兹发现古巴当地人在围着火堆吸食一种植物冒出的烟，随后与当地土著人一起吸食并将这种植物带回欧洲，随后，烟草发展成世界范围的嗜好品。19 世纪 80 年代，美洲的香烟产量大增，并实现了现代化生产包装。烟草传入中国发生在 16 世纪中叶，最早传入的是晒晾烟，距今已有 400 多年的种植历史。黄花烟约在 200 年前由俄罗斯传入我国北部地区种植（吕凯等，2011）。20 世纪中叶，烤烟逐步在台湾、山东、河南、安徽、辽宁、四川、贵州、云南等地试种，并形成我国的主要烟区。20 世纪中叶，又逐步引进了香料烟和白肋烟，分别在浙江新昌和湖北建始试种成功（吕凯等，2011）。因消费者的偏好性，烤烟更受我国消费者欢迎，我国烟草市场上大部分产品均为烤烟型香烟。

烟草的商品价值主要体现在烟草中的生物碱对人体产生的生理刺激作用，烟碱（即尼古丁，nicotine）是烟草中最重要的生物碱类化合物，占烟草生物碱总含量的 90%～95%，是衡量烟草和卷烟质量的一项重要指标。自 Dawson 于 1941 年发现烟碱的合成部位为烟草根部以来，关于烟碱的研究历史已有八十余年（Dawson，1941）。在这段研究历程中，烟碱代谢的相关研究大致经历了四个阶段：第一阶段为烟碱合成途径中间产物的同位素示踪鉴定；第二阶段为烟碱合成途径各反应步骤催化酶的纯化和功能鉴定，以及烟碱代谢途径的建立；第三阶段为编码烟碱合成催化酶基因的克隆和功能验证；第四阶段为烟碱合成调控基因的克隆和调控机理研究。随着生物技术进步，近年来的烟碱代谢途径解析及烟碱代谢调控机理研究进展非常迅速。烟碱代谢的分子调控机理研究不仅可以丰富植物次生代谢调控的知识基础，也可为烟草品种（不同烟碱含量性状）的选育提供理论指导。

第一节　烟碱的合成途径

烟碱是一种含氮杂环化合物，由 2 个异元环（即吡咯环及吡啶环）组成。烟碱是存在于茄科植物（茄属）中的生物碱，也是栽培烟草中最主要的生物碱，占烟草总生物碱含量的 90%～95%。烟碱仅在烟草的根部合成，根尖皮层、表皮细胞以及围绕维管束的薄壁细胞是烟碱的主要合成部位（Katoh et al.，2005）。烟碱合成后通过维管组织向地上部转移，储存在烟叶细胞的液泡中（Baldwin，1999）。目前，烟碱的合成途径已基本建立（Katoh et al.，2005），如图 1-1-1 所示。

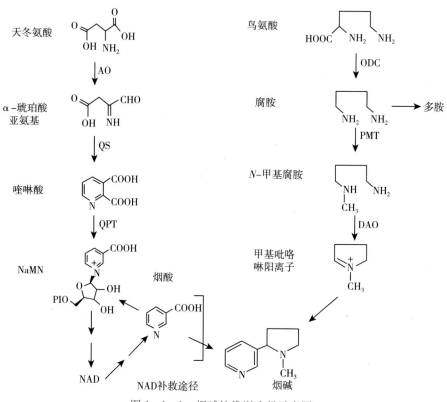

图 1-1-1　烟碱的代谢途径示意图
(Katoh et al.，2005)

一、吡咯环的形成

烟碱吡咯环的合成前体为腐胺，由鸟氨酸脱羧酶（ornithine decarboxylase，ODC）催化鸟氨酸的脱羧反应形成，也可由精氨酸脱羧酶（arginine decarboxylase，ADC）催化精氨酸的脱羧反应形成。一些研究认为，ADC 在烟碱合成中起着比 ODC 更为重要的作用（Tiburcio and Galston，1986）；但也有研究认为，ODC 对烟碱的合成更为重要（Imanishi et al.，1998），ADC 的贡献非常有限（Chintapakorn and Hamill，2007；Shoji and Hashimoto，2012；Shoji et al.，2010）。烟草中编码 ODC 及 ADC 的基因已通过差减杂交、同源比对等方法克隆获得（Bortolotti et al.，2004；Imanishi et al.，1998；Wang et al.，2000；Xu et al.，2004）。

腐胺在腐胺 N-甲基转移酶（putrescine N-methyltransferase，PMT）的催化下接受来自 S-腺苷基甲硫氨酸（SAM）的甲基形成 N-甲基腐胺，这是吡咯环形成的第一个限速步骤（Feth et al.，1986）。通过对野生型和低烟碱烟草的 cDNA 进行消减杂交，研究人员成功克隆了烟草的 PMT 基因。研究表明，PMT 基因编码的腐胺 N-甲基转移酶与亚精胺合成酶（spermidine synthase，SPDS）具有较高的氨基酸序列同源性。SPDS 是在自然界中广泛存在的一种酶，能够将脱羧基 S-腺苷甲硫氨酸（dcSAM）的氨丙基转移到腐胺形成亚精胺。基于序列及功能的相似性，推测 PMT 基因可能是通过基因加倍及功能异化从 $SPDS$ 基因进化而来的（Junker et al.，2013）。与 SPDS 相比，PMT 蛋白增加了亲水性 N 端，该亲水性 N 端具多个由 11 个氨基酸（NGHQNGTSEHQ）组成的串联重复。栽培烟草含有 5 个 PMT 同源基因（$NtPMT1a$、$NtPMT1b$、$NtPMT2$、Nt-$PMT3$、$NtPMT4$），不同 PMT 基因编码的蛋白中该串联的重复数不同（Riechers and Timko，1999）。

　　N-甲基腐胺在 N-甲基腐胺氧化酶（N-methylputrescine oxidase，MPO）的催化下（氧化脱氨）形成甲基氨基正丁醛，后者自发环化成为 N-甲基-Δ^1-吡咯啉阳离子，这是吡咯环形成的第二个限速步骤（Feth et al.，1986）。N-甲基-Δ^1-吡咯啉阳离子可能作为中间前体整合到烟碱分子中形成吡咯环部分。MPO 是一种含 Cu^{2+} 的二胺氧化酶（diamine oxidase，DAO）。MPO 的 cDNA 克隆是由两个科研团队分别通过同源比对和表达谱比较分析方法获得的，在栽培烟草中共有 2 个同源基因，$MPO1$ 及 $MPO2$（Heim et al.，2007；Katoh et al.，2007）。研究表明，MPO1 对底物 N-甲基腐胺选择特异性较强，而 MPO2（也称作 NtDAO1）对底物 N-甲基腐胺的选择性较弱，另外 $MPO1$ 的表达受到茉莉酸（JA）诱导及 $NIC2$ 位点的调控，与烟碱合成途径其他基因（如 PMT）相似，而 $MPO2$ 在烟草中的表达水平较低且不受以上因子调控，因此，在烟草中是 $MPO1$，而非 $MPO2$，参与了烟碱的合成。此外，研究推测 $MPO1$ 可能是 $NtDAO1$ 通过基因加倍和功能异化演变而来的（Naconsie et al.，2014）。

二、吡啶环的形成

　　烟碱吡啶环来源于烟酸和/或其衍生物。烟酸是烟酰胺腺嘌呤二核苷酸（nicotinamide adenine dinucleotide，NAD）合成途径的中间产物。而 NAD 本身也作为辅因子参与氧化还原反应当中。

　　在双子叶植物（如拟南芥和烟草）中，NAD 合成途径起始于天门冬氨酸代谢。天门冬氨酸被天门冬氨酸氧化酶（aspartate oxidase，AO）氧化，形成 α-亚氨基琥珀酸；α-亚氨基琥珀酸与 3-磷酸-甘油醛结合并通过喹啉酸合成酶（quinolinate synthase，QS）环化生成含有吡啶环的喹啉酸；喹啉酸和磷酸核糖焦磷酸在喹啉酸磷酸核糖转移酶（quinolinic acid phosphoribosyl transferase，QPT）的作用下合成烟酸单核苷；烟酸单核苷通过吡啶核苷酸循环途径形成 NAD 和烟酸，其中 QPT 酶催化的反应是吡啶环形成的限速步骤（Wagner et al.，1986）。

　　研究发现，AO、QS 和 QPT 基因能够相互协调参与烟碱的代谢（Goossens et al.，2003；Shoji et al.，2010；Sinclair et al.，2000）。QPT 基因在烟草的根部表达量高而在叶中几乎不表达（Sinclair et al.，2000）。在栽培烟草中，有两个 QPT 基因拷贝：$NtQPT1$ 及 $NtQPT2$，其中 $NtQPT2$ 负责烟草中烟碱的合成，并与其他烟碱合成结构基因一同受到 NIC 位点的调控和 JA 的诱导（Shoji and Hashimoto，2011a）。

三、吡咯环和吡啶环的结合

　　烟碱合成的最后阶段是烟酸和/或其衍生物与 N-甲基-Δ^1-吡咯啉结合形成烟碱。利用^{14}C和^{3}H对烟酸中不同位置进行同位素标记的研究表明：①烟酸转化成烟碱过程中没有转变为对称的中间产物；②N-甲基吡咯啉部分与吡啶环C-3的位置相接，该位置失去羧基（Friesen and Leete，1990；Leete and Liu，1973；Scott and Glynn，1967）。另外，烟酸C-6位置的氢离子在烟碱合成过程中特异地丢失并接入新的氢离子，说明烟碱合成的最后结合阶段可能发生了氧化及还原反应（Leete and Liu，1973）。

还原酶A622可能参与这一结合反应，该酶属于NADPH-还原酶PIP家族中的一员（Kajikawa and Hirai，2009）。*A622*基因是利用低烟碱突变体进行差减杂交克隆的，该基因与其他烟碱合成结构基因在根组织特异性表达、JA响应及受*NIC*位点调控方面相似（Hibi et al.，1994；Shoji et al.，2002）。通过RNAi干扰技术抑制*A622*表达后，烟草中烟碱含量大幅下降，说明A622参与了烟碱的合成，可能催化了吡咯环与吡啶环相结合的还原反应，尽管尚缺乏相关酶学证据（DeBoer et al.，2008；Kajikawa and Hirai，2009）。除*A622*外，一类编码Berberine Bridge氧化酶的*BBL*基因也被证明参与了该结合反应。4个*BBL*家族基因（*BBLa*、*BBLb*、*BBLc*、*BBLd*）在比较野生烟草与突变体（*nic1nic2*）根部cDNA表达谱的研究中得到鉴定。*BBLs*的表达受到JA的诱导及*NIC*位点的调控。抑制*BBLs*表达后，烟株（及烟草毛状根）中的烟碱含量显著下降。以上研究表明，*BBLs*可能催化烟碱合成结合反应中的氧化反应（Kajikawa et al.，2011）。

第二节　烟碱合成的组织特异性与长距离运输

一、烟碱的合成部位

烟碱在烟草根中的特异合成已通过烟草与番茄（痕量产生烟碱）之间的嫁接实验得到证实：以烟草为砧木，番茄为接穗，烟碱在番茄的叶片中累积；而以番茄为砧木，烟草为接穗，在烟草叶片中基本检测不到烟碱。此外，对离体烟草根进行培养，能够在烟草根及培养基中检测到较高含量的烟碱（Dawson，1942a，b）。生长中的根尖通常被认为是烟碱合成的主要区域，相关基因和蛋白的分子定位更加精确地提供了烟碱合成的根细胞类型。在根毛区，皮层的最外部、内皮层以及维管束周围的薄壁细胞中*PMT*和*A622*启动子活性最强（Shoji et al.，2002；Shoji et al.，2000）。

在皮层组织中生成的烟碱需要通过共质体途径运输到中柱，因为内皮层上的凯氏带会阻断外质体途径的运输。在皮层组织中形成的部分烟碱也可能运输至表皮，然后排出根外。例如，烟草离体根的培养可以将合成的部分烟碱分泌到培养基基质当中（Rhodes et al.，1986）。

二、烟碱合成相关的亚细胞结构

在多细胞植物中，为确保次生代谢产物发挥合适的功能，次生代谢产物的代谢和积累在时间和空间上通常都受到调控。从合成到储存的每一步都由特定的组织、细胞或不同细胞器来执行（Kutchan，2005）。

拟南芥中的定位研究表明，NAD合成途径中AO、QS和QPT酶定位于质体内，表明NAD合成途径中的部分反应发生在细胞的质体内（Katoh et al.，2006）。通过在本氏烟（*Nicotiana benthamiana*）叶片表皮细胞中表达 MPO - YFP（黄色荧光蛋白）融合蛋白发现，吡咯环合成途径中的 MPO 定位于细胞过氧化物酶体中（Naconsie et al.，2014）。利用 GFP（绿色荧光蛋白）- BBL 进行定位研究发现，BBL 定位于细胞液泡中（Kajikawa et al.，2011）。以上的研究结果充分说明，烟碱的合成涉及多个细胞器的分工与协作。

三、烟碱的长距离运输

烟碱在根中合成后被运输至连接根和枝的维管系统——木质部，伴随着蒸腾作用被运输到烟株的地上部分，主要在叶片中积累。实际上，在木质部的汁液中可以检测到相对浓度较高的烟碱（Baldwin，1989）。为了实现木质部的装载和卸载，烟碱在根部细胞的输出和在叶部细胞的输入需要在烟碱转运蛋白的作用下通过细胞质膜。

烟碱不是唯一的在根中合成在叶部积累的生物碱，茄科中的莨菪烷类生物碱和菊科中的吡咯烷类生物碱也是如此（Erb et al.，2009）。植物为何将在叶中存储的化合物在根中合成？目前，对这一现象，还没有很好的解释。一种可能的原因是含氮前体物在根中更容易获得。另外，与叶片相比，根对伤害，如动物捕食更能有效规避，尤其当大部分枝叶由于动物捕食而丧失之后，根中合成的优势更明显。还有，与叶片相比，特别是与没有和维管系统直接相连的叶片相比，根可以更容易地通过木质部来系统性地运输这些防御性化合物。

四、参与烟碱液泡汇集的转运蛋白

为了防止细胞内生物碱浓度过高而引起细胞中毒，生物碱通常被汇集到液泡当中。在弱碱条件下，不带电且具亲脂特性的弱碱性烟碱可以通过简单扩散通过液泡膜。当烟碱进入酸性环境的液泡当中后，会被质子化成为亲水性分子无法穿过液泡膜，从而被液泡保留。这种被称为"离子陷阱机理"的假说被用于解释包括烟碱在内的弱碱性化合物在液泡中的汇集（Shoji et al.，2009）。除了"离子陷阱机理"外，液泡膜上载体蛋白所介导的主动运输对烟碱汇集至液泡也起着重要作用。

多药和有毒化合物排出（multidrug and toxic compound extrusion，MATE）型转运蛋白，NtMATE1 和 NtMATE2，作为烟草液泡烟碱转运蛋白已得到确认（Shoji et al.，2009）。*NtMATE1* 和 *NtMATE2* 与拟南芥 *TT12* 及番茄 *MTP77* 同源，两者在黄酮类物质向液泡汇集过程中发挥作用（Debeaujon et al.，2001；Marinova et al.，2007）。*NtMATE1/2* 基因主要在烟草根细胞中表达并受到 *NIC* 位点的调控及 JA 的诱导。免疫电镜及 GFP 融合蛋白表达技术证明 NtMATE1/2 定位于液泡膜。*NtMATE1/2* 的表达下调可增强烟草根部对外源烟碱的敏感性，表明 *NtMATE1/2* 参与了烟碱的体内转移，可能参与了烟草根部细胞中烟碱向液泡的汇集过程（Shoji et al.，2009）。植物中存在大量 MATE 型转运蛋白，在一定程度上反映了植物次生代谢产物转运的多样性。

对 JA 处理前后烟草 BY2 细胞的基因表达进行差异分析，鉴定出另一个 MATE 型转运蛋白基因 *NtJAT1*，*NtJAT1* 在烟草 BY2 细胞中的表达受 JA 诱导。NtJAT1 是一个质子逆向转运酶，定位于烟草叶片细胞的液泡膜上，在酵母中表达 *NtJAT1* 可观察到烟碱转运活性，这表明该基因参与叶片细胞中烟碱向液泡的汇集（Morita et al.，2009）。

此外，通过比较野生型和 *nic1nic2* 突变体烟草的根转录组，鉴定出一个参与烟碱细胞膜转运的转运蛋白基因 *NUP1*（Kidd et al.，2006）。研究表明，NUP1 定位于细胞膜上，负责烟碱向细胞内的转运（Hildreth et al.，2011；Kato et al.，2015）。

第三节　烟碱的代谢调控

一、烟碱的代谢调控

烟碱是烟草为抵御昆虫啃食等生物胁迫产生的一种防御性次生代谢物，其合成代谢受到遗传、环境和植物激素等多种因子的调控（Dewey and Xie，2013）。已知参与烟碱代谢调控的植物激素主要有茉莉酸、生长素及乙烯，其中生长素和乙烯是烟碱合成的负调控因子（Imanishi et al.，1998；Xu et al.，2004）。目前的烟碱代谢调控研究主要集中于茉莉酸信号途径的调控因子鉴定与作用机制研究。打顶过程的花器官切除会诱导烟草中茉莉酸含量增加，促进烟碱合成代谢，增加烟叶中的烟碱含量（Baldwin，1998；Imanishi et al.，1998；Xu et al.，2004；Shoji et al.，2008；Kajikawa et al.，2017）。施用外源茉莉酸或增加内源茉莉酸水平都会诱导烟碱合成相关基因 *PMT*、*QPT*、*A622*、*ODC* 等的快速表达（Baldwin，1998；Shoji et al.，2000；Xu et al.，2004；Shoji et al.，2008）。研究表明，烟草的茉莉酸途径调控因子 COI1 和 JAZ 蛋白都参与了烟碱合成调控（Shoji et al.，2008）。近期研究还鉴定出了一些应答茉莉酸的烟碱合成转录调控因子，如 ERF 转录因子家族成员 JAP1、ERF32 及 ORC1 的同源基因等（De Sutter et al.，2005；Shoji et al.，2010）、bHLH 转录因子家族成员 bHLH1/2 和 MYC2 等（Todd et al.，2010；De Boer et al.，2011；Shoji et al.，2011；Zhang et al.，2012）、MYB 转录因子家族成员 MYB305 等（Bian et al.，2022）。烟草的代谢调控机制研究有助于鉴定和发掘烟碱代谢关联的关键分子标记，为烟草品种的烟碱品质改良提供重要的分子生物学基础。

二、烟草基因组学研究与烟碱代谢调控

烟草作为重要的经济作物和模式植物，解析其基因组结构和功能对烟草工业和学术研究具有重大意义。烟草基因组的测序最早由烟草基因组首创（Tobacco Genome Initiative，TGI）组织在 2003 年开展，所获得的数据量仅仅占到烟草总基因组的很小部分。近些年，随着以 Illumina Hiseq 2000 测序平台为代表的二代测序技术的应用，烟草基因组解码方面已经取得了巨大进展。2012 年，本氏烟的基因组草图公布。这张基因组草图测序深度为 63X，包括了 141 000 个支架（scaffold），大约为 2.9G（预估的烟草基因组大小为 3.5G），并且 scaffold 的 N50 长度为 89kb。大约 90％的烟草 unigene（约为 16 000 个）可以在拼装好的基因组上找到相关序列。随后，其他三个二倍体野生烟草的全基因组（林烟草 *Nicotiana sylvestris*、绒毛状烟草 *N. tomentosiformis* 以及 *N. otophora*）测序工作完成。2014 年，三个重要的栽培烟草品种：白肋烟品种 TN90、烤烟品种 K326、香料烟品种 BX 的全基因组测序完成。它们的全基因组拼接大小分别为 4.4G、4.6G、4.6G，分别占到各自基因组大小的 81％、84％、73％（Wang and Bennetzen，2015）。

烟草全基因组测序工作为研究人员开展烟碱合成相关结构基因及调控基因的研究提供

了强有力的支撑。通过对野生烟 *N. attenuata* 及 *N. obtusifolia* 的基因组进行研究，发现烟碱合成途径是进化过程中通过复制两个初生代谢途径——NAD 及多胺途径，并发生基因功能异化而产生的。另外，烟碱合成结构基因的启动子在进化过程中通过转座子形成了响应 JA、受 ERF 转录因子调节的顺式元件，进而协调各结构基因的共表达（regulon）（Kajikawa et al.，2017；Xu et al.，2017）。

通过对栽培烟草全基因组的分析还发现 *NIC2* 位点位于第 19 号染色体上，包含 10 个 *ERF* 基因，来源于绒毛状烟草。*NIC2* 的同源位点位于第 7 号染色体，来源于林烟草，不过，该位点是否就是长期寻找的 *NIC1* 位点目前尚无研究报道（Kajikawa et al.，2017）。

三、烟碱合成的遗传调控位点鉴定

20 世纪 30 年代，种植在德国的一个古巴雪茄烟表现出极低烟碱含量的性状。这种低烟碱性状陆续被转育到几个商业化烟草品种中，希望可以满足消费者对低烟碱卷烟的需求。以此低烟碱古巴雪茄烟为材料，先后选育出若干稳定的低烟碱品种，如 LA Burley21 及 LAFC53。LA Burley21（aabb）的叶片数、叶片大小、株高和开花时间都与亲本 Burley21 相似，但烟碱含量极低，大约为干重的 0.2%，较亲本 Burley21（3.5%）降低 94% 左右。除了烟碱含量方面的差异，LA Burley21 极易受到昆虫伤害，可能是其烟碱含量极低所致（Legg et al.，1970）。对低烟碱品种 LA Burley21 的研究证明，烟草生物碱含量在很大程度上受两个非连锁的遗传位点，A 位点和 B 位点，调控（Legg et al.，1969）。目前的文献多将 A 位点和 B 位点分别称作 *NIC1* 位点及 *NIC2* 位点。

遗传学研究表明，A 位点和 B 位点呈半显性遗传，二者对生物碱含量的效应不同，A 位点的效应是 B 位点效应的 2.4 倍（Legg and Collins，1971）。利用四个近等基因系 AABB、AAbb、aaBB、aabb（Collins et al.，1974）为试验材料，也证实了 A（*NIC1*）位点和 B（*NIC2*）位点与烟碱合成密切相关。上述各近等基因系根部烟碱合成关键酶 PMT 及 QPT 的活性及其基因表达水平与其叶片烟碱含量成正比（Reed and Jelesko，2004；Saunders and Bush，1979）。

四、烟碱合成的转录调控

腐胺 N-甲基转移酶 PMT 是烟碱合成的限速酶，*PMT* 基因的茉莉酸诱导表达研究是揭示烟碱代谢调控机制的关键切入点。研究人员对 *PMT* 基因启动子进行的结构分析表明，*PMT* 基因的茉莉酸诱导表达受到其启动子中一个被称作 GAG 的三元调控区段操纵，该区段包含 G-box、AT-rich 和 GCC-box 三个顺式元件，任一顺式元件的缺失都会破坏 *PMT* 基因的茉莉酸应答反应（Xu and Timko，2004；Sears et al.，2014）。

对 *PMT* 基因启动子 GAG 调控区的结合因子鉴定发现，结合 G-box 顺式元件的烟碱代谢调控因子为 NtMYC2 和 NbbHLH1/2 等 bHLH 家族转录因子（Todd et al.，2010；Zhang et al.，2012），结合 GCC-box 顺式元件的调控因子为 NtERF189/199/32、NtORC1 等 ERF 家族转录因子（Shoji et al.，2010；Sears et al.，2014；陈红等，2014；Qin et al.，2021）。在这些烟碱代谢调控因子中，NtMYC2 能够与茉莉酸受体复合体的 JAZ 蛋白互作，并介导茉莉酸信号途径对烟碱代谢的调控作用（Zhang et al.，2012），NtERF189 是于 20 世纪 60 年代发现的 *nic1nic2* 低烟碱突变体中 *nic2* 遗传位点对应的调控因子（Hibi et al.，1994；Ma et al.，2016；赵雪等，2020；Shoji et al.，2010；Qin et al.，2021），也是烟碱代谢调控研究的代表性 ERF 转录因子。对 NtERF189 和 NtMYC2 的作用机制研究表明，NtMYC2 对 NtERF189 的基因表达起着正向调控作用，但二者在蛋白水平的相互作用未得到证明（Shoji et al.，2010；Shoji and Hashimoto，2011）。结合 G－box 和 GCC－box 两个顺式元件的烟碱代谢调控因子的鉴定在很大程度上得益于拟南芥及其他植物中有关 bHLH 和 ERF 转录因子的研究事例参考，以及功能基因组学研究的进步。然而，AT－rich 顺式元件的结合因子则由于生物学参考事例的缺乏在相当长时间内无法得到确认，直到最近才有研究发现 MYB 转录因子 NtMYB305a 为该元件的结合因子，这是有关 MYB 转录因子与 AT－rich 元件结合的首次报道（Bian et al.，2022）。NtMYB305a 和 NtMYC2 的拟南芥同源蛋白 AtMYB21/24 和 AtMYC2/3/5/7 之间存在相互作用，而且均能与茉莉酸受体复合体的 JAZ 蛋白相互作用（Qi et al.，2015；Zhang et al.，2012；Bian et al.，2022），NtMYB305a 参与烟碱代谢调控的发现，为揭示茉莉酸信号途径介导的烟碱代谢分子调控机制提供了重要线索。

烟碱作为烟草重要的次生代谢物，开展其合成调控机理的研究不仅对烟草育种有重要的实践意义，也是对植物次生代谢调控机理认知的重要补充。虽然烟碱合成调控的研究获得了长足的进展，但整个调控网络仍不清晰，一些重要的机理问题犹待解决，比如烟碱代谢调控网络的分子运作机制，烟碱合成的细胞特异性（或组织特异性）调控机制及其生物学意义等。

第二章 bHLH 类烟碱代谢调控因子的基因克隆与功能研究

第一节 Burley 烟 NtMYC2a/b 的基因克隆与功能研究

一、研究摘要

烟草的烟碱合成受到生物和非生物胁迫诱导的茉莉酸（JA）及其衍生物的调控。腐胺甲基转移酶 NtPMT1a 是烟碱合成的限速酶，其基因表达与 JA 的诱导密切相关。本研究对烟草 BY2 细胞中 3 个编码 bHLH 转录因子（TFs）的基因 *NtMYC2a*、*b*、*c* 进行了鉴定，这些基因的表达受到 JA 的诱导，并能在体内和体外试验中特异结合 *NtPMT1a* 启动子 GAG 调控模块的 G - box 元件，激活 JA 诱导的 *NtPMT1a* 基因表达。双分子荧光互补（BiFC）试验表明，NtMYC2a 和 NtMYC2b 可在没有 JA 的情况下与 JA 途径负调控蛋白 NtJAZ1 形成蛋白复合物。RNA 干扰（RNAi）介导的 *NtMYC2a/2b* 基因沉默可抑制 JA 诱导的 *NtPMT1a* 表达，以及其他编码烟碱合成酶基因的转录水平下降，烟碱合成基因 *NtA622* 的转录水平下降达 80%～90%。然而，过表达 *NtMYC2a* 和 *NtMYC2b* 对 *Nt-PMT1a* 的表达没有影响。这些数据表明，烟草 BY2 细胞的 NtMYC2a、b、c 是 JA 诱导烟碱合成途径相关基因表达的关键因子，并能在激活 JA 反应中发挥调控作用。相关研究结果发表在杂志 *Molecular Plant* 上。

二、研究结果

（一）烟草 BY2 细胞的 *NtMYC2* 基因克隆

以拟南芥 AtMYC2 为参考序列，对烟草 GSR（gene-space sequence reads）数据库进行了同源性搜索，共发现 190 多个 bHLH 转录因子。根据其蛋白质序列同源性分析，这些转录因子可分为 23 个亚家族，其中，N 亚家族的 12 个成员与拟南芥 AtMYC2 属于同一系统发育亚家族，而且 bHLH207 的预测 DNA 结合域和酸性激活域与拟南芥 AtMYC2 最为相似。实时荧光定量 PCR（RT - qPCR）分析显示，在茉莉酸甲酯（MeJA）处理后，在烟草 BY2 细胞和 Burley21 根中的 N 亚家族 12 个成员中有 6 个 *bHLH* 基因的转录水平显著增加。基于其 MeJA 响应性以及与拟南芥 AtMYC2 编码蛋白的高度相似性，选择 *bHLH207* 基因进行进一步研究。

以 *bHLH207* 基因序列做参考，用 Burley21 烟草根部 RNA 合成的 cDNA 为模板，克隆了 3 个编码基因的全长 cDNA（分别命名为 *NtMYC2a*、*NtMYC2b* 和 *NtMYC2c*）（图 2 - 1 - 1）。这三个 cDNA 的序列高度相似，但在 DNA 序列上仍存在差异，而且其 cDNA 的 5' 非编码区差异较大。*NtMYC2a* 编码的蛋白质比 *NtMYC2b* 或 *NtMYC2c* 稍短，而 *NtMYC2b* 与 *NtMYC2c* 编码的蛋白质相同，可能是相同基因的等位基因。基因组 DNA 的 Southern 杂交分析表明，Burley21 烟草中存在至少 3 个拷贝的 *NtMYC2* 基因。由于 *NtMYC2c* 与 *NtMYC2b* 编码的蛋白质相同，后续研究以 *NtMYC2a* 和 *NtMYC2b* 为重点研究对象。

图 2 - 1 - 1　AtMYC2（GenBank 登录号：AT1G32640）、NtMYC2a（GenBank 登录号：HM466974）、
　　　　　　NtMYC2b（GenBank 登录号：HM466975）和 NtMYC2c（GenBank 登录号：HM466976）
　　　　　　氨基酸序列比对分析
　　注：黑色表示 100% 的序列一致性，灰色表示 75% 的序列一致性；虚线为酸性激活域，矩形框内为 bHLH 结构域。

（二）*NtMYC2a* 和 *NtMYC2b* 在 BY2 细胞中的 MeJA 诱导表达分析

BY2 细胞的 MeJA 诱导基因表达分析显示，*NtMYC2a* 和 *NtMYC2b* 转录物水平在 MeJA 处理后 30min 内迅速增加（图 2 - 1 - 2），在处理后 4h 达到最高水平，随后缓慢下降；处理后 24h 的表达水平仍比未处理对照高 4 倍左右。MeJA 处理在诱导 *NtMYC2a* 和 *NtMYC2b* 表达的同时，也诱导了 *NtPMT1a* 的转录水平增加，其转录水平在 MeJA 处理 30min 后快速增加，处理后 4h 达到最高水平，而且处理后 24h 仍保持在高表达水平。通过未处理对照细胞中的 *NtPMT1a* 半定量 RT - PCR 分析，未观察到明显的 MeJA 诱导现象。

（三）NtMYC2a 和 NtMYC2b 与 *NtPMT1a* 启动子 GAG 模块中 G - box 的体外结合分析

前期研究表明，*NtPMT1a* 基因的 MeJA 诱导表达与其启动子中的 GAG 调控模块（包括 G - box 元件、AT - rich 元件和 GCC - box 元件的 DNA 区段）密切相关。G - box 元件是植物中 bHLH 转录因子的特异结合位点，是拟南芥中 JA 应答因子 AtMYC2 的结合元件。为检测烟草 NtMYC2a 和 NtMYC2b 与 *NtPMT1a* 基因启动子 GAG 模块中 G - box 元件特异结合的可能性，用大肠杆菌 BL21 表达了 NtMYC2a 和 NtMYC2b 的组氨酸标签（His 标签）蛋白，即 NtMYC2a - His 和 NtMYC2b - His。由于它们的全长序列在大肠杆菌中的表达水平较低，随后表达了 NtMYC2a 和 NtMYC2b 的 N 端删除蛋白，即 NtMYC2aΔN - His 和 NtMYC2bΔN - His。然后，用纯化的 NtMYC2aΔN - His 和 Nt-

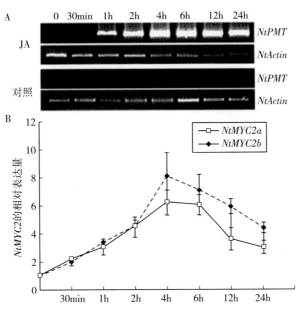

图 2-1-2 *NtPMT*、*NtMYC2a* 和 *NtMYC2b* 的 JA 诱导表达

注：A 为 *NtPMT* 的半定量 RT-PCR 分析。*NtActin* 作为对照。JA 表示 MeJA 处理的烟草 BY2，对照表示未处理对照。B 为 MeJA 处理后不同时间 BY2 细胞中 *NtMYC2a/b* 表达的 RT-qPCR 分析。图中数值为平均值±标准差（$n=3$）。

MYC2bΔN-His 蛋白及 *NtPMT1a* 启动子的 GAG 区段进行凝胶电泳迁移率滞阻试验（EMSA）分析。

试验结果表明，NtMYC2aΔN-His 和 NtMYC2bΔN-His 与 GAG 区段的结合特异性没有差异，图 2-1-3A 所示为 NtMYC2aΔN-His 的 EMSA 试验结果（NtMYC2bΔN-His 的试验结果未展示）。由图可见，NtMYC2aΔN-His 可与原始 GAG 区段特异结合，但不与突变 G-box 的 GAG 片段（gAG）结合。相反，突变 AT-rich 元件（GaG）或 GCC-box（GAg）对 NtMYC2 与 GAG 区段的结合没有影响。这些结果表明 NtMYC2 通过 G-box 与 GAG 区段特异结合。

（四）NtMYC2a 和 NtMYC2b 与 *NtPMT1a* 启动子 GAG 区段的体内结合分析

使用染色质免疫共沉淀（ChIP）分析 NtMYC2a 和 NtMYC2b 与 *NtPMT1a* 基因启动子中 GAG 区段的体内结合特性。在 BY2 细胞中分别表达绿色荧光蛋白（sGFP）和 Nt-MYC2a、NtMYC2b 与黄色荧光蛋白（YFP）的融合蛋白（分别为 NtMYC2a-YFP、NtMYC2b-YFP），然后，收获表达各目的蛋白的转基因 BY2 细胞，并制备染色质 DNA 样品。用 sGFP/YFP 的特异抗体，通过免疫沉淀富集 BY2 细胞的 DNA 蛋白复合物，并用 *NtPMT1a* 启动子 GAG 区段侧翼序列的特异引物，通过 PCR 从富集产物中进行目标片段扩增，以检测 GAG 区段的富集情况。如图 2-1-3B 所示，从表达 NtMYC2a-YFP 和 NtMYC2b-YFP 融合蛋白的 BY2 细胞免疫沉淀染色质 DNA 样品中可以扩增出与 *Nt-PMT* 启动子 GAG 区段对应的 PCR 产物，经测序分析证明是 GAG 区段的扩增产物。然而，在表达 sGFP 的对照细胞中或未加抗体的对照沉淀样品中无法扩增出相应的 PCR 产物。同时，在所有免疫沉淀的染色质 DNA 样品中均未检测到阴性对照 *NtActin* 的扩增产物。体外的 EMSA 分析结果和体内的 ChIP PCR 试验结果均证明，NtMYC2a 和 Nt-

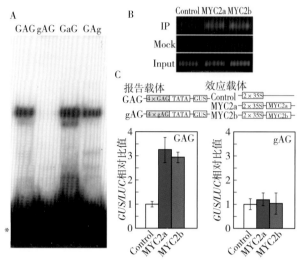

图 2 - 1 - 3 NtMYC2 与 NtPMT1a 启动子 GAG 区段中 G - box 元件的结合分析

注：A 为 NtMYC2aΔN - His 蛋白与 α⁻³²P - dCTP 标记的 GAG 区段及其突变片段（gAG、GaG 和 GAg）的 EMSA 试验分析。＊表示未被结合的自由 DNA 探针。B 为 NtMYC2 与 GAG 区段体内结合的染色质免疫沉淀分析。Control 表示表达 sGFP 的 BY2 细胞系；MYC2a 表示表达 NtMYC2a - YFP 的细胞系；MYC2b 表示表达 Nt-MYC2b - YFP 的细胞系。IP 表示免疫沉淀；Mock 表示无抗体免疫沉淀；Input 表示免疫沉淀前的样品对照。C 为转录激活试验。GUS/LUC 表示相对于对照组（对照设为 1）的表达强度。TATA 表示 CaMV 35S TATA box。

MYC2b 可特异结合 NtPMT1a 启动子 GAG 模块的 G - box 元件。

（五）NtMYC2a 和 NtMYC2b 与 GAG 区段的转录激活分析

为探明 NtMYC2a 和 NtMYC2b 能否通过与 NtPMT1a 启动子 GAG 区段中 G - box 元件的结合发挥转录激活作用，将 NtMYC2b 和 NtMYC2a 表达载体分别与 GAG 片段及其突变片段的 GUS 基因报告载体共转化 BY2 细胞的原生质体，进行转录激活分析。转录激活试验以 2×35S 启动子驱动 Renila 荧光素酶报告基因 RLUC 表达的载体（pBS-2×35S-RLUC）作为内参对照载体，将 GAG 的四次重复片段及突变 G - box 的 GAG 四次重复片段分别构建至 pBT10 - GUS 载体的 GUS 报告基因上游，获得 4×GAG 的报告载体 pBT10 - 4×GAG - GUS 和突变 G - box 的 4×gAG 报告载体 pBT10 - 4×gAG - GUS。将 2×35S 启动子驱动 NtMYC2a 表达的效应载体 pBS - 2×35S - MYC2a 及空对照载体表达体 pBS - 2×35S 分别与上述效应载体和内参对照载体组合，并共转化 BY2 细胞的原生质体进行 GUS 和 RLUC 活性检测。NtMYC2b 的转录激活特性也以相同试验方法进行检测分析。如图 2 - 1 - 3C 所示，与空载体对照相比，pBS - 2×35S - MYC2a 和 pBS - 2×35S - MYC2b 载体与 4×GAG - GUS 载体共转化的原生质体中的 GUS 表达水平增加了 3 倍以上，然而，pBS - 2×35S - MYC2a 和 pBS - 2×35S - MYC2b 载体与 4×gAG - GUS 载体共转化的原生质体的 GUS 表达水平无显著变化。MeJA 处理对上述载体组合转化的原生质体的 GUS 活性无明显影响（数据未展示）。

（六）NtMYC2a 和 NtMYC2b 可与 NtJAZ 蛋白形成复合体

为研究 NtMYC2a 和 NtMYC2b 的亚细胞定位，构建了稳定表达 sGFP 的转基因 BY2 细胞，以及 NtMYC2a 和 NtMYC2b 与 YFP 的融合蛋白（NtMYC2a - YFP 和 NtMYC2b - YFP）的转基因 BY2 细胞系。在观察 NtMYC2a - YFP 和 NtMYC2b - YFP 的亚细胞定位时，用

4′, 6-二脒基-2-苯基吲哚（DAPI）染色以观察 BY2 细胞的细胞核。如图 2-1-4A 所示，NtMYC2a-YFP 和 NtMYC2b-YFP 均定位于细胞核，而 sGFP 蛋白弥漫性地分布于整个细胞。

拟南芥的研究表明，JAZ 蛋白可与 AtMYC2 相互作用在无 JA 信号条件下抑制 JA 应答反应，但在 JA 信号存在时被泛素化降低，从而激活下游的 JA 应答反应。为分析烟草 Nt-MYC2a/b 和 NtJAZ 之间的互作，进行 BiFC 蛋白体内互作分析。如图 2-1-4B 所示，在表达 NtMYC2a/b-cYFP 及 NtJAZ1-nYFP 的 BY2 细胞的细胞核中可检测到强烈的荧光信号，而在表达 NtMYC2a/b-cYFP 和 nYFP 片段空载体对照的细胞中未观察到荧光信号，同样，在表达 NtJAZ1-nYFP 和 cYFP 片段空载体对照的细胞中也未观察到荧光信号（数据未展示），表明 NtMYC2a/b 和 NtJAZ1 在 BY2 细胞内发生了蛋白间相互作用。这些数据表明，NtMYC2a 和 NtMYC2b 在无 JA 信号条件下可以与 JAZ 蛋白互作形成蛋白复合物。

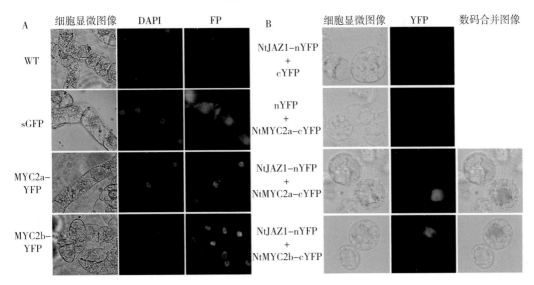

图 2-1-4　NtMYC2 的亚细胞定位以及其与 NtJAZ1 的体内互作分析

注：A 为 NtMYC2 的亚细胞定位。野生型（WT）BY2 细胞和表达 sGFP 蛋白的 BY2 细胞作为对照，细胞核用 DAPI 染色后进行观察。FP 表示荧光蛋白 sGFP/YFP 的荧光。B 为 NtMYC2 和 NtJAZ1 的体内相互作用。cYFP 和 nYFP 分别表示 YFP 蛋白的 C 端和 N 端部分；NtJAZ1-nYFP、NtMYC2a-cYFP 和 NtMYC2b-cYFP 表示融合蛋白载体。YFP 表示 YFP 的荧光。

（七）NtMYC2a/b 过表达和基因沉默对烟碱合成基因的表达调控

为进一步了解 NtMYC2a 和 NtMYC2b 在调控烟碱合成中的生物功能，利用其基因过表达的 BY2 细胞系和 RNAi 介导的基因沉默细胞系进行分析。为确定基因的过表达效果，将 NtMYC2a 和 NtMYC2b 的编码序列与 YFP 标签蛋白融合，构建 2×35S 启动子驱动的表达载体，进行转基因 BY2 细胞的培育。然后，用 YFP 基因的 DNA 片段作为探针通过 Northern blot 对转基因细胞系中的 NtMYC2a 和 NtMYC2b 表达水平进行检测，并选择高水平表达 NtMYC2a 和 NtMYC2b 的转基因 BY2 细胞系进行基因表达分析。研究结果显示，MeJA 处理前后均可检测到 NtPMT、NtQPT2、NtODC、NtA622 等烟碱合成基因的表达（图 2-1-5），但过表达 NtMYC2a 或 NtMYC2b 在无 MeJA 处理条件下未能激活

NtPMT、NtQPT2、NtA622 的编码基因表达,这与无 JA 信号条件下 NtMYC2 与 NtJAZ 蛋白互作形成转录抑制复合体有关。然而,MeJA 处理后也未观察到 *NtMYC2a* 和 *Nt-MYC2b* 过表达对 *NtPMT*、*NTQPT2* 和 *NtA622* 的转录激活作用,推测是因为 MeJA 处理诱导的内源 NtMYC2 表达可以充分诱导靶基因的表达,无法观察到转基因的激活效果。

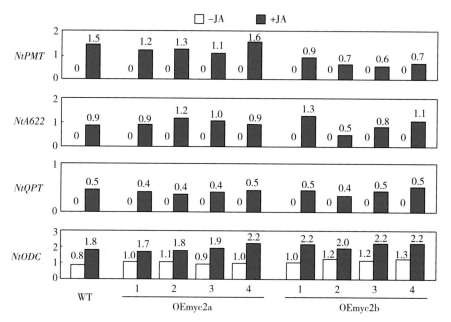

图 2-1-5 野生型 BY2 细胞系及过表达 *NtMYC2a* 和 *NtMYC2b*
的 BY2 细胞系中的烟碱合成基因表达分析

注:所示结果为将 Northern blot 信号和溴化乙啶(EtBr)染色的上样 RNA 信号通过 Adobe Photoshop 7.0 的直方图函数功能转化生成的相对表达量数值,其中 0 表示在未处理细胞中没有检测到信号。—JA 表示未经 MeJA 处理的细胞;+JA 表示用 MeJA 处理 24h 的细胞;OEmyc2a 和 OEmyc2b 分别表示过表达 *NtMYC2a* 和 *NtMYC2b* 的细胞,其独立的转基因株系编号为 1~4。

为评估降低 *NtMYC2a* 和 *NtMYC2b* 表达水平对烟碱合成基因表达水平的影响,用 RNAi 介导的基因沉默技术培育了 12 个独立的 *NtMYC2a* 和 *NtMYC2b* 基因沉默细胞系,其 *NtMYC2a* 或 *NtMYC2b* 的转录水平被抑制 50% 以上。鉴于 *NtMYC2a* 和 *NtMYC2b* 具有高度相似性,使用 *NtMYC2a* 的 5' 端一个 713bp 片段来构建 *NtMYC2a* 和 *NtMYC2b* 基因沉默细胞系,并成功地抑制了 *NtMYC2a* 和 *NtMYC2b* 的表达。然后,选取 4 个 *Nt-MYC2a* 和 *NtMYC2b* 转录抑制效果最好的 BY2 细胞系,用于烟碱合成基因的表达分析。图 2-1-6A 所示为 4 个被选细胞系中的 *NtMYC2a* 和 *NtMYC2b* 转录水平。在无 MeJA 处理情况下,由于 *NtODC*、*NtPMT*、*NtQPT2*、*NtA622* 的转录水平极低,在不同株系间的表达水平差异不够精确,但仍可以在 RNAi 株系中观察到 *NtPMT* 表达水平的显著下降。MeJA 处理后,*NtPMT*、*NtQPT2*、*NtA622* 和 *NtODC* 在 RNAi 基因沉默细胞系中的表达水平显著低于对照(图 2-1-6B)。这些结果表明,NtMYC2a/b 是这些烟碱合成相关基因的关键调控因子。

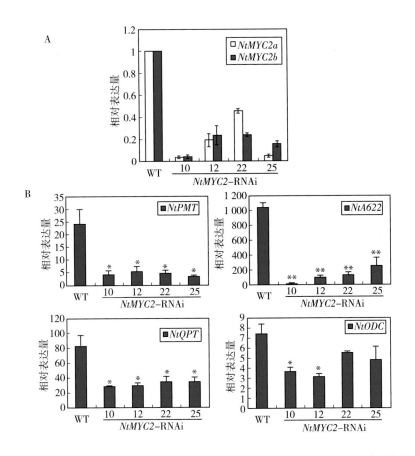

图 2-1-6　RNAi 抑制 NtMYC2a/b 表达对 JA 诱导的烟碱合成基因表达水平的影响

注：A 为 MeJA 处理后野生型细胞系和基因沉默 BY2 细胞系中的 NtMYC2a/b 转录水平分析。WT 中的 Nt-MYC2a/b 转录水平设为 1。B 为 MeJA 处理 24h 后野生型细胞系和基因沉默 BY2 细胞系中烟碱合成基因的转录水平分析。每个基因的表达水平数值是相对于在未处理 WT BY2 细胞中表达水平的数值。所示数据为平均数±标准差（$n=$ 3）。* 表示 t 检验的显著性差异（* 表示 $P < 0.05$，** 表示 $P < 0.005$）。

三、材料与方法

（一）烟草植株与 BY2 细胞培养

烟草植株的种植、BY2 细胞（N. tabacum cv. Bright Yellow-2）培养及农杆菌（LBA4401）介导的烟草 BY2 细胞转化，均使用 Xu 和 Timko（2004）报道的方法。在用茉莉酸甲酯（MeJA）进行 BY2 细胞处理时，将培养 4d 的悬浮细胞转移至无 2,4-二氯苯氧乙酸（2,4-D）的新鲜培养基中，并继续培养 24 h，然后，加入终浓度为 100 μmol/L 的茉莉酸甲酯进行处理。处理结束后，使用真空过滤装置收集细胞培养物，并用于进一步的分析研究。

（二）NtMYC2 的序列分析与基因克隆

从 TGI 网站（http://www.tobaccogenome.org/）下载烟草 GSRs（gene space sequence reads）（共计 1 159 002 条），通过 BLAST 工具搜索编码烟草 bHLH 转录因子的

GSRs，根据序列同源性将筛选到的基因序列进行分组，并将 N 亚家族烟草的 MYC2 - like 转录因子与 AtMYC2 进行序列比对。然后，根据获得的序列信息设计特异扩增引物 5' - CGCAGACCCCTCTTTTCACCT - 3' 和 5' - GCGTGTTTCAGCAACTCTGGATGT - CA - 3'，通过 RT - PCR 从烟草 Burley21 中克隆与 AtMYC2 相似性度最高且受 JA 诱导表达的 N 亚族成员 bHLH207。

（三）载体构建

PCR 扩增获得的 *NtMYC2a* 和 *NtMYC2b* 的 bHLH 结构域及其侧翼部分区段，通过 *Nco*I 和 *Xho*I 酶切位点克隆到 pET28b 载体（Novagen，美国），构建 NtMYC2a、Nt-MYC2b 的 His 标签融合蛋白（分别命名为 NtMYC2aΔN-His 和 NtMYC2bΔN-His）表达载体。

构建过表达 *NtMYC2a/b* 的双元载体时，用引物 5' - CGCAGACCCCTCTTTTCAC-CT - 3' 和 5' - GCGTGTTTCAGCAACTCTGGATGTCA - 3' 扩增 *NtMYC2a/b* 全长编码序列，使用 Gateway® （Invitrogen，美国）试剂盒的 Gateway 克隆方法将其整合至 2×35S 启动子的双元载体 pBin19 - attR - YFP 中，获得目的载体 pBin19 - NtMYC2a - YFP 和 pBin19 - NtMYC2b - YFP。同样，将 sGFP 的编码片段克隆至含 2×35S 启动子的 pMD-DC32 载体，得到只表达 sGFP 的 pMDC32 - sGFP 双元载体。为构建沉默 *NtMYC2* 的 NtMYC2 - RNAi 载体，用引物 CACCGCAGACCCCTTTTCACCT 和 GGAAGCCCACT-TCCGTTAACAAAC 扩增 *NtMYC2a* 基因 5' 端 713bp 片段，并导入通过 pMDC32 改造获得的 Gateway 兼容 RNAi 的载体 pHZPRi - Hyg （Gen Bank 登录号：HM480107），获得目的载体 pNtMYC2 - RNAi。

在进行转录激活分析的瞬时表达试验时，将四次重复的 GAG 和 gAG （突变 G - box 的 GAG 区段）分别插入 pBT10 - GUS 载体的 *CaMV 35S* TATA box （−46bp 至 ＋8bp）上游，获得报告载体 pBT10 - 4×GAG - GUS 和 pBT10 - 4×gAG - GUS。构建效应载体时，使用通过改造获得的含 2×35S 启动子的 pBS - 2×35S - attR 载体，该载体去除了 pBS - 2×35S - attR - YFP 载体中的 YFP 标签。然后，通过 Gateway 克隆方法构建了表达 *NtMYC2a* 和 *NtMYC2b* 的载体 pBS - 2×35S - NtMYC2a 和 pBS - 2×35S - NtMYC2b，并构建了空对照载体 pBS - 2×35S 和通过 pBS - 2×35S - hRLUC - YFP 载体改造获得的表达 *Renila* 荧光素酶的内参对照载体 pBS - 2×35S - RLUC。

为研究 NtJAZ1 和 NtMYC2a/b 在体内的蛋白互作，将 NtJAZ1 和 NtMYC2a/b 的编码序列分别克隆到 pSAT4 - nEYFP - N1 和 pSAT4 - cEYFP - N1 载体的 *Nco* I 和 *Bam*H I 酶切位点之间获得目的载体。

（四）凝胶电泳迁移率滞阻试验（EMSA）

将 C 端带 His 标签的 NtMYC2aΔN （氨基酸 414～679）和 NtMYC2bΔN （氨基酸 415～681）（NtMYC2aΔN - His 和 NtMYC2bΔN - His）融合蛋白的编码序列克隆到 pET28b 载体（Novagen，美国）中，转化大肠杆菌 BL21 细胞。转化子 ［1mmol/L 异丙基-β-D-硫代半乳糖（IPTG）］ 在 37℃ 条件下诱导 3 h 进行原核蛋白表达。使用 Ni^{2+} 亲和层析柱纯化重组 His 标签蛋白，纯化方法参照 Invitrogen 公司的方法。放射性标记的 DNA 片段制备：用 *Xba*I、*Spe*I 酶切包含 GAG 野生和突变区段的 pBluescript 载体，与 DNA *Pol*I 的 Klenow 片段在 α -^{32}P - dCTP 存在的条件下孵育。试验所用 DNA 探针包括野生型 GAG

(5'－CTGCACGTTGTAATGAATTTTTAACTATTATATTATATCGAGTTGCGCCCT
CCACTC－3'），gAG（5'－CT*TTTTTTTTT*TAATGAATTTTTAACTATTATATT
ATATCGA－GTTGCGCCCTCCACTC－3'，突变 G－box），GaG（5'－CTGCACGT
TG*ATAT*－*CTAAAATAAA GATAATAAAATAT*TCGAGTTG－CGCCCTCCACTC－3'，
突变 AT－rich），GAg（5'－CTGCACGTTGTAATGAATTTTTAACTATTATATTA
TATCG*TTTTTTTTTTT*TCC－ACTC－3'，突变 GCC－box）。

在 EMSA 试验中，将 2 μg 纯化 NtMYC2aΔN－His 或 NtMYC2bΔN－His 蛋白与 2
ng α－^{32}P－dCTP 标记的 DNA 片段在 30 μL 反应体系［200 ng poly（dI－dC）、25 mmol/
L 4－羟乙基哌嗪乙磺酸-氢氧化钾（HEPES－KOH）、pH 7.4、50 mmol/L 氯化钾、0.1
mmol/L 乙二胺四乙酸（EDTA）、5％甘油和 0.5 mmol/L 二硫苏糖醇（DTT）］中混匀，
混合物在室温下孵育 15min，并在 0.5×Tris－硼酸－EDTA（TBE）缓冲液中的 4％聚丙
烯酰胺凝胶上分离。随后，将凝胶在 80℃下真空干燥并进行放射自显影。

（五）染色质免疫共沉淀（ChIP）试验

ChIP 测定按 Gendrel 等（2005）所述进行，不同之处在于添加抗体之前用 ssDNA/蛋白
A 预处理样品 2 次。简言之，在用甲醛固定后，取 1.2g BY2 细胞制备染色质，放在 1％十
二烷基硫酸钠（SDS）缓冲液中超声剪切，再用 ssDNA/蛋白 A 珠在 0.1％SDS 缓冲液
中预处理 2 次，然后用绿色荧光蛋白全长 A. v. 多克隆抗体（Clontech，美国）进行免
疫沉淀。免疫沉淀的 DNA 序列用特异引物进行扩增：NtPMT 启动子中 GAG 区段的特
异引物为 5'－CACGAGACATATATATT－3' 和 5'－CATTTAAATACAATATGGAC－
3'；阴性对照 NtActin 的为 5'－CCACACAGTGTGATGTTG－3' 和 5'－GTGCTTAAC-
CATCACCAG－3'。每种免疫沉淀在三个独立的试验中用同一转基因株系进行，同时，
进行无抗体沉淀，作为对照。

（六）基于瞬时表达的转录激活分析

转化 BY2 细胞：用 1 μg pBS－2×35S－RLUC 载体、7 μg 报告载体和 7 μg 效应载体
质粒混合物转化 200 μL 原生质体（约 2×10⁶ 个细胞）。将转化的原生质体重新悬浮在含
有 0.4mol/L 蔗糖的 4mL Murashige-Skoog（MS）液体培养基中，置 23℃黑暗条件下孵
育 2d。GUS 和荧光素酶活性测定：将样品溶解在含有 100 mmol/L 磷酸钾（pH 7.5）和
1 mmol/L DTT 的缓冲液中，12 000g 离心 5min，取 15 μL 样品进行 GUS 活性荧光测定
（Xu and Timko，2004）。根据试剂盒说明书，将样品稀释 10 倍，用 Renila 荧光素酶测定
试剂盒（Promega，美国）测定 Renila 荧光素酶活性。

（七）NtMYC2a 与 NtMYC2b 的亚细胞定位

分别将表达 sGFP 的 NtMYC2a－YFP 和 NtMYC2b－YFP 的双元载体转化到 BY2 细
胞中。进行 DAPI 染色，并通过荧光共聚焦显微镜确定 sGFP、NtMYC2a－YFP、Nt-
MYC2b－YFP 在细胞中的定位。

（八）体内蛋白互作试验

制备共转化原生质体：将 20 μg 表达各融合蛋白和非融合蛋白的载体 DNA 共转化到
BY2 细胞中。将转化的原生质体转到含有 0.4mol/L 蔗糖的液体 MS 培养基中生长，并在
转化后 24～48h 用荧光显微镜进行观察。

（九）基因表达分析

使用 TRIzol（Invitrogen，美国）提取总 RNA，并按照转录试剂盒的操作说明进行反转录，25 个 PCR 循环，PCR 产物在 1% 琼脂糖凝胶上电泳，引物序列如下所述：*NtActin* 的扩增引物为 5'-TGAGATTTCAGCCACTCG-3' 和 5'-GACCGATGGTA-ATCACTTG-3'，*NtPMT* 的扩增引物为 5'-ATGGGAAGTCATATCTACCAACA-CAAATGG-3' 和 5-AGACTCGATCATACTTGGCGAAAG-3'。荧光定量引物如下所述：*NtMYC2a* 的扩增引物为 5'-TTCACCCATTTCTCTCTCTCTCC-3' 和 5'-GAGG-TACAGCAGCAGTAGTAG-3'，*NtMYC2b* 的扩增引物为 5'-TTCACCTTTCTCTC-CTCTCC-3' 和 5'-GTAACAGCAGCAACAGCAGTAG-3'，*NtPMT* 的扩增引物为5'-AAAAATGGCACTTCTGAACAC-3' 和 5'-CCCAGGCTTAATAGAGTTGGA-3'，*NtQPT2* 的扩增引物为 5'-TTCGATCAATGGGGGTTTGA-3' 和 5'-TCGGCACCAC-TAGAATG-3'，*NtODC* 的扩增引物为 5'-GTTTCCGACGACTGTGTTTG-3' 和 5'-ATTGGACCCAGCAGCTTTAG-3'，*NtA622* 的扩增引物为 5'-GATGGAAATC-CCAAAGCAAT-3' 和 5'-GCGTGGTCTCATGTGAAG-3'，*NtActin* 的扩增引物为 5'-CCACACAGTGTGATGGTTG-3' 和 5'-GGGCTAACACCATCACCAG-3'。用 *NtActin* 的阈值校准目标基因的阈值，用 $2^{-\triangle\triangle C_T}$ 法计算相对表达量，其中 C_T 是可检测到荧光信号时的扩增循环数。所有试验均进行三个独立的重复。

（十）RNA 的 Northern 杂交

提取样品总 RNA，并按每孔 9 μg 样品量进行电泳上样，在 1.2% 琼脂糖凝胶上进行电泳分离，将分离得到的 RNA 转移至尼龙膜上，用 $\alpha-^{32}P-dCTP$ 标记的探针进行杂交。用与 *NtODC*、*NtA622*、*NtQPT2* 的 RT-qPCR 相同的引物制备 DNA 探针，*NtPMT* 使用与半定量 RT-PCR 相同的引物。

第二节　烤烟 NtMYC2a/b 的基因克隆与功能研究

一、研究摘要

提高栽培烟草中烟碱含量的生物技术具有重要理论和应用价值。本研究克隆了两个来自烟草的 bHLH 转录因子基因：*NtMYC2a* 和 *NtMYC2b*。*NtMYC2a* 过表达显著提高温室烟株烟叶烟碱含量（约提高 1.3 倍），T2 代和 T3 代田间试验结果显示：转基因株系烟叶烟碱含量分别比对照系高了 76% 和 58%。敲除该基因导致烟碱含量显著降低，这些结果表明 *NtMYC2a* 在烟草烟碱积累中发挥重要作用。本研究还表明，烟碱的生物合成受到一定的反馈抑制作用，进一步提高烟叶中烟碱含量可能需要改变烟碱的运输和存储过程。相关研究结果发表在杂志 *Scientific Reports*、*Plant Biology* 上。

二、研究结果

（一）通过酵母单杂交获得 *NtMYC2a/b*

利用烟碱合成途径重要基因 *QPT2* 的启动子构建酵母单杂交诱饵载体，通过筛选打顶后 0.5h 烟株根部的 cDNA 文库，结合 cDNA 末端快速扩增（RACE）技术，获得

bHLH 家族基因两个：*NtMYC2a/b*。*NtMYC2a/b* 基因为同源基因（95％核苷酸序列相同），基因全长分别为 2214bp 及 2391bp，编码 659 及 658 个氨基酸。

（二）*NtMYC2a/b* 的组织特异性表达模式

对 *NtMYC2a/b* 在烟株根、茎、叶、花组织中的表达模式进行研究。结果显示，*NtMYC2a/b* 在烟草根、茎、叶、花等组织中都有表达，但在烟株根部的表达较其他组织高。以上的表达模式显示 *NtMYC2a/b* 在烟株生长发育的多个方面发挥作用（图2-2-1）。

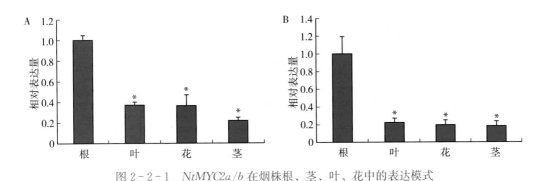

图2-2-1　*NtMYC2a/b* 在烟株根、茎、叶、花中的表达模式

注：＊表示表达水平与根部比较，为显著差异（*t* 检验，$P<0.05$）。A 为 *NtMYC2a*，B 为 *NtMYC2b*。

（三）*NtMYC2a/b* 受茉莉酸诱导

为探明茉莉酸诱导的烟碱合成与 *NtMYC2a/b* 表达模式的关联，对 *NtMYC2a/b* 受茉莉酸甲酯（MeJA）诱导表达模式进行分析，结果显示 *NtMYC2a/b* 都受茉莉酸甲酯的诱导，而且是快速响应茉莉酸的诱导（0.5h）（图2-2-2）。

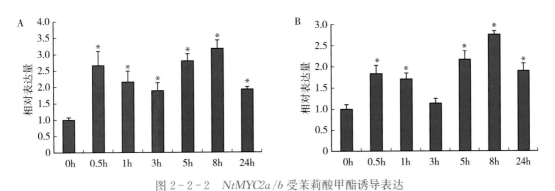

图2-2-2　*NtMYC2a/b* 受茉莉酸甲酯诱导表达

注：＊表示与 0h 相比较，为显著水平（*t* 检验，$P<0.05$）。A 为 *NtMYC2a*，B 为 *NtMYC2b*。

（四）*NtMYC2a/b* 正向调控烟碱合成

在温室栽培条件下，过表达 *NtMYC2a/b* 显著提高烟碱含量（T1 代），其中 *NtMYC2a* 过表达株系烟叶烟碱含量提高至 2.34 倍，*NtMYC2b* 过表达株系烟叶烟碱含量提高 35％。基于温室的数据，对 *NtMYC2a/b* 过表达株系 T2 及 T3 代进一步进行田间试验。试验结果显示：过表达 *NtMYC2a* 显著提高烟叶烟碱含量，过表达 *NtMYC2b* 提高烟叶烟碱含量不显著（图2-2-3、图2-2-4）；过表达 *NtMYC2a* 导致烟株烟叶产量的下降（图2-2-4）。

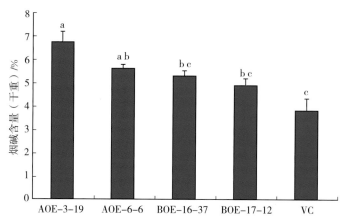

图 2 - 2 - 3   T2 代 *NtMYC2a/b* 过表达株系烟叶烟碱含量

注：VC 为空载体对照，AOE 为 *NtMYC2a* 过表达株系，BOE 为 *NtMYC2b* 过表达株系。不同小写字母（a、b、c）代表显著性差异（t 检验，$P < 0.05$）。

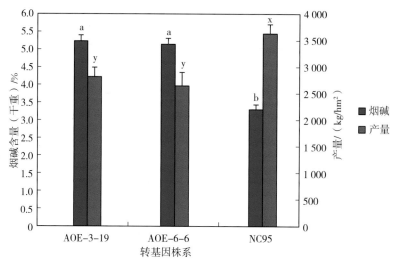

图 2 - 2 - 4   T3 代 *NtMYC2a* 过表达株系烟叶烟碱含量及烟叶产量

注：NC 为空载体对照，AOE 为 *NtMYC2a* 过表达株系。不同小写字母（a、b 和 x、y）代表显著性差异（t 检验，$P < 0.05$）。

　　基于 *NtMYC2a/b* 在烟碱合成调控中作用不同，进一步研究 *NtMYC2a* 对烟碱合成的调控作用。通过基因编辑技术敲除 *NtMYC2a* 发现，烟叶烟碱含量显著降低至对照 20% 左右（图 2 - 2 - 5），表明 *NtMYC2a* 是烟碱合成调控的主效调控因子。

　　同时，测定 *NtMYC2a* 敲除植株（MYC2a - CR）中烟碱合成途径基因表达的变化，发现：烟碱合成途径基因（*NtAO*、*NtQS*、*NtPMT1a*、*NtQPT2*、*NtODC2*、*NtMPO1*、*NtA622*、*NtBBLa*、*NtMATE2*、*NtJAT1*）在 MYC2a - CR 植株中表达量下降，表明 *NtMYC2a* 正向调控这些基因的表达（图 2 - 2 - 6）。而 *QPT* 家族同源基因 *NtQPT1* 以及 *MPO* 家族同源基因 *NtMPO2* 都不受到 *NtMYC2a* 的调控，与文献中这些基因不参与烟碱合成的报道相一致。

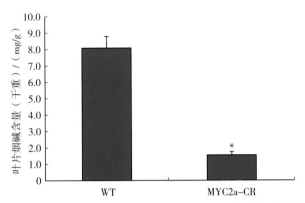

图 2-2-5　敲除 *NtMYC2a*（MYC2a-CR）烟叶烟碱含量

注：＊表示显著性差异（*t* 检验，*P*＜0.05）。

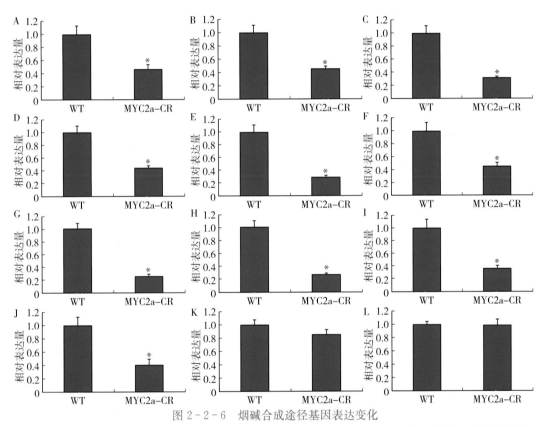

图 2-2-6　烟碱合成途径基因表达变化

注：A 为 *NtAO*，B 为 *NtQS*，C 为 *NtPMT1a*，D 为 *NtQPT2*，E 为 *NtODC2*，F 为 *NtMPO1*，G 为 *NtA622*，H 为 *NtBBLa*，I 为 *NtMATE2*，J 为 *NtJAT1*，K 为 *NtQPT1*，L 为 *NtMPO2*。＊表示显著性差异（*t* 检验，*P*＜0.05）。

（五）NtMYC2a 通过结合启动子中 G-box 元件激活 NtMATE2 及 NtJAZ1 的表达

文献显示烟碱合成途径重要结构基因，如 *NtPMT1a/2*、*NtQPT2*、*NtMATE1* 等的启动子中含有 G-box 元件，本研究发现 *NtMATE2* 及 *NtJAT1* 基因的启动子（约 1kb）中也含有 G-box 元件，其中在 *NtMATE2* 启动子中发现 1 个 G-box 元件（CACGTG），

在 *NtJAT1* 启动子中发现 2 个 G‑box 元件（CACGTT、CACGTG）。

　　进一步开展 EMSA 试验检测 NtMYC2a 是否与这些 G‑box 相结合。试验结果显示，NtMYC2a 与这些 G‑box 相结合（图 2‑2‑7）。

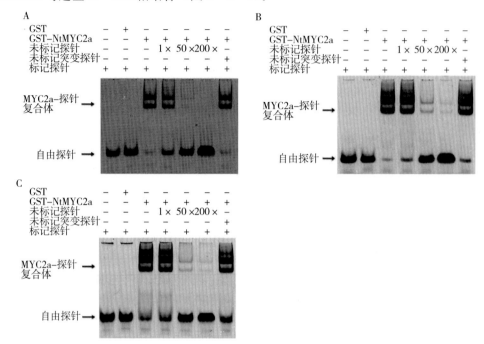

图 2‑2‑7　NtMYC2a 结合 G‑box 元件

注：A 为 *NtMATE2* G‑box（CACGTG），B 为 *NtJAT1* G‑box（CACGTT），C 为 *NtJAT1* G‑box（CACGTG）。

　　随后，利用 DUAL‑LUC 技术检测 NtMYC2a 是否激活 *NtMATE2* 及 *NtJAT1* 的表达。试验结果显示：NtMYC2a 激活 *NtMATE2* 及 *NtJAT1* 的表达（图 2‑2‑8）。

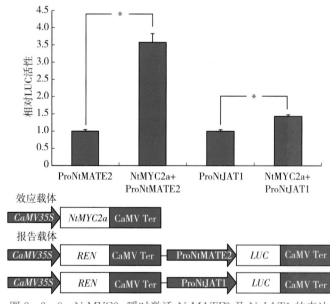

图 2‑2‑8　NtMYC2a 瞬时激活 *NtMATE2* 及 *NtJAT1* 的表达

注：＊表示显著性差异（t 检验，$P < 0.05$）。

（六）NtMYC2a 的表达不受 NIC 位点的调控

过去的研究发现烟草中存在两个调控烟碱合成的 NIC 位点（NIC1 及 NIC2）。通过检测 nic1nic2 双突变体（LAFC53）中 NtMYC2a 的表达变化来研究 NtMYC2a 的表达是否受到 NIC 位点的调控。结果显示，NtMYC2a 的表达不受 NIC 位点的调控，而在 Nt-MYC2a 敲除植株（MYC2a-CR）中，NIC2 位点基因 ERF189 及另一个 ERF 家族基因 ERF91 的表达都显著下降。以上结果表明，NtMYC2a 不受 NIC 位点调控，但调控 NIC 位点的基因（图 2-2-9）。

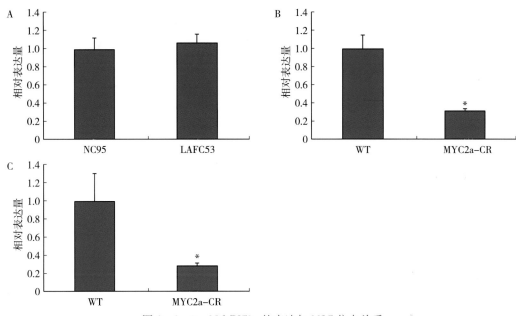

图 2-2-9　NtMYC2a 的表达与 NIC 位点关系

注：A 为 NtMYC2a 在 nic1nic2 双突变体（LAFC52）根中的表达变化。B、C 为 NtERF189 及 NtERF91 在 Nt-MYC2a 敲除植株（MYC2a-CR）根中的表达变化。

（七）NtMYC2a 正向调控自身表达

过去的研究发现拟南芥的 MYC2 反向调控自身的表达。利用 NtMYC2a 敲除植株（MYC2a-CR）研究 NtMYC2a 对自身的表达调控作用（分别采用 NtMYC2a 基因 CDS 序列及 5'-UTR 区域设计 qPCR 引物）。结果显示，NtMYC2a 正向调控自身的表达（图 2-2-10）。

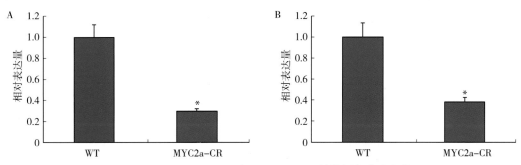

图 2-2-10　NtMYC2a 在 MYC2a-CR 植株根部表达变化

注：A 为根据 CDS 序列设计 qPCR 引物；B 为根据 5'-UTR 区域设计 qPCR 引物。

(八) NtMYC2a 突变提高烟碱合成水平

文献显示：NtMYC2a 蛋白中 JID 结构域参与与 JAZ 蛋白（JAS 结构域）（图 2-2-11）的互作，突变其中的氨基酸残基可能导致 NtMYC2a 与 JAZ 蛋白之间的互作消失，进而对茉莉酸途径下游基因的表达产生影响。例如，拟南芥 MYC2 蛋白 105 位的氨基酸天冬氨酸（D）突变成天冬酰胺（N）时，导致 MYC2 与 JAZ 之间的互作消失。

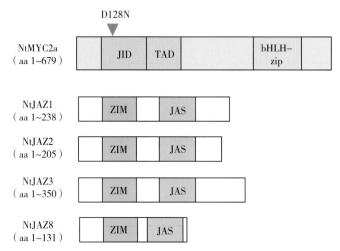

图 2-2-11 NtMYC2a 蛋白 JID 结构域及 NtJAZ 蛋白 JAS 机结构域示意

将 NtMYC2a 蛋白中对应位置（128 位）的天冬氨酸（D）突变成天冬酰胺（N）（NtMYC2a^{D128N}）后，研究该突变对烟碱合成的影响。

首先，对 NtMYC2a^{D128N} 与 4 个参与 JA 途径的 JAZ 蛋白（JAZ1、JAZ2、JAZ3、JAZ8）的互作进行研究，结果显示，NtMYC2a^{D128N} 与 JAZ2、JAZ3 不互作（图 2-2-12）。

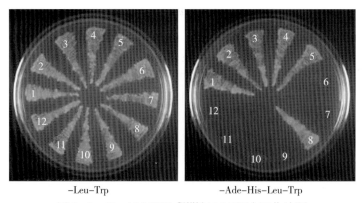

–Leu–Trp　　　　–Ade–His–Leu–Trp

图 2-2-12 NtMYC2a^{D128N} 与 JAZ 蛋白互作检测

注：1 为 AD-NtMYC2a+BD-NtJAZ1，2 为 AD-NtMYC2a+BD-NtJAZ2，3 为 AD-NtMYC2a+BD-NtJAZ3，4 为 AD-NtMYC2a+BD-NtJAZ8，5 为 AD-NtMYC2a^{D128N}+BD-NtJAZ1，6 为 ADD-NtMYC2a^{D128N}+BD-NtJAZ2，7 为 AD-NtMYC2a^{D128N}+BD-NtJAZ3，8 为 AD-NtMYC2a^{D128N}+BD-NtJAZ8，9 为 AD+BD-NtJAZ1，10 为 AD+BD-NtJAZ2，11 为 AD+DB-NtJAZ3，12 为 AD+BD-NtJAZ8。

由于蛋白 MDE25 与 MYC2 的互作在 JA 信号传导过程中起重要作用，研究 NtMYC2a^{D128N} 是否与 MED25 互作，结果显示，该突变不影响 NtMYC2a 与 MED25 的互作

（图 2-2-13）。与此同时，研究该位置天冬氨酸突变成其他氨基酸是否影响与 MED25 的互作，结果显示，NtMYC2a^{D128P}（128 位 D 突变成脯氨酸）不与 MED25 互作。

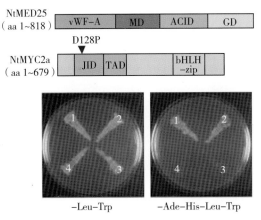

图 2-2-13　NtMYC2a^{D128N}、NtMYC2a^{D128P} 与 MED25 互作检测

注：① 为 AD - NtMYC2a + BD - NtMED25，2 为 AD - NtMYC2a^{D128N} + BD - NtMED25，3 为 AD - Nt-MYC2a^{D128P} + BD - NtMED25，4 为 AD（Empty vector）+ BD - NtMED25。

随后，通过 PCR 定点突变技术获得 NtMYC2a^{D128N} 序列，并构建相关载体进行研究。首先，利用烟草原生质体细胞研究 NtMYC2a^{D128N} 对烟碱合成途径、转运基因启动子的激活作用，结果显示，相比于 NtMYC2a，NtMYC2a^{D128N} 激活烟碱合成相关基因启动子的作用更强（图 2-2-14）。

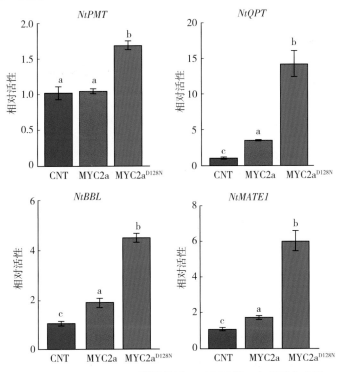

图 2-2-14　NtMYC2a^{D128N} 激活 NtPMT 等 4 个基因启动子

对于本研究检测的 4 个基因启动子，NtMYC2a 及 NtMYC2a^{D128N} 对 *QPT* 启动子的激活作用最强，故使用 *QPT* 基因的启动子进行进一步的激活试验，结果表明，JAZ3 拮抗 NtMYC2a 对 *QPT* 启动子的激活作用，而对 NtMYC2a^{D128N} 激活 *QPT* 启动子的影响较小（图 2-2-15）。

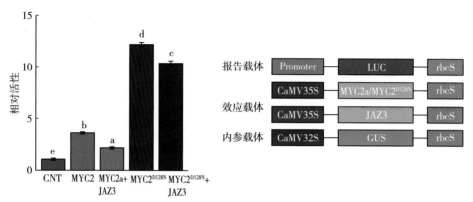

图 2-2-15　JAZ3 减弱 NtMYC2 及 NtMYC2^{D128N} 激活 QPT 启动子活性

之后，构建 *NtMYC2a*^{D128N} 过表达载体，获得过表达毛状根及植株（2 个表达量相似的高表达系或植株）。通过检测转基因毛状根、植株中烟碱合成相关基因的表达及烟碱含量，发现，NtMYC2a^{D128N} 能够显著提高烟碱合成相关基因的表达量及烟碱含量（图 2-2-16、图 2-2-17）。

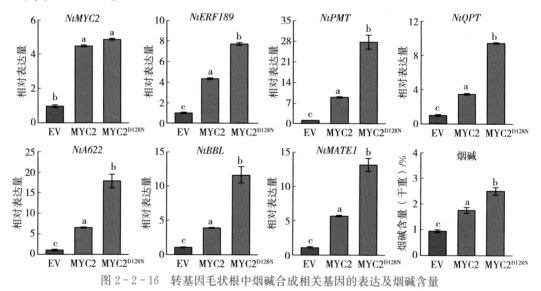

图 2-2-16　转基因毛状根中烟碱合成相关基因的表达及烟碱含量

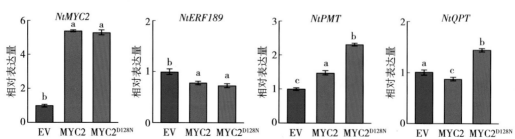

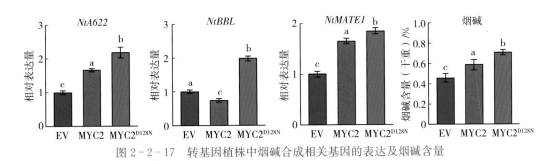

图 2-2-17　转基因植株中烟碱合成相关基因的表达及烟碱含量

三、材料与方法

（一）*NtMYC2a/b* 基因的酵母单杂交克隆

利用 Matchmaker™ 酵母单杂交文库构建与筛选试剂盒（Clontech，美国），将烟碱合成重要结构基因 *NtQPT2* 的启动子序列（ATG 上游约 1kb）构建于载体 pHIS2.1 中，形成诱饵（Bait）载体。利用打顶后 0.5h 旺长期 NC95 烟株（温室栽培约 2 个月）根部总RNA 制备 cDNA。按照酵母单杂交试剂盒的操作步骤说明进行酵母单杂交筛选，并对获得的阳性克隆进行测序分析。

（二）基因全长的获得

利用扩增测序试剂盒 GeneRacer™ kit（Invitrogen，美国）获得目标基因 5' 及 3' 序列。操作步骤按照试剂盒使用说明书进行，将 PCR 产物克隆至 pCR‐Blunt Ⅱ‐TOPO 或者 pCR4‐TOPO（Invitrogen，美国）进行测序。使用的引物如表 2-2-1 所示。

表 2-2-1　*NtMYC2a/b* 全长序列扩增使用引物

基因名称	正向（F）或反向（R）	序列信息（5'—3'）
NtMYC2a	F	GCGGTCTAGACAGATCTGAATTGATTTGTCT
NtMYC2a	R	GCGGTCTAGAACATTATTCAGAGCTCACTATG
NtMYC2b	F	GCGTCTAGAATGACGGACTATAGAATACCA
NtMYC2b	R	GCGTCTAGATCATCGCGATTCAGCAATTCT

（三）*NtMYC2a/b* 过表达植株的获得

利用载体 pBI121 骨架构建 *NtMYC2a/b* 过表达载体，转化农杆菌 LBA4404。利用叶盘法转化 NC95。经过自交结合、筛选，获得 T1、T2 及 T3 代株系。

（四）*NtMYC2a/b* 敲除植株的获得

通过比对 *NtMYC2a/b* CDS 序列及基因组序列，设计 sgRNA 序列（CCGGCGCCG-GTGACGGGGATTGC）。将合成好的 sgRNA 插入 pHSE401 的 *Bsa* Ⅰ 位点形成载体pCas9‐MYC2a，转化农杆菌 C58C1，转化烟草 Coker176。通过基因组扩增、测序分析以及后续杂交、自交，获得 *NtMYC2a*、*NtMYC2b* 基因单纯合敲除株系（*NtMYC2a* 基因增加一个碱基 A，CCGGCGACCGGTGACGGGGATTGC，增加的基因已用下划线标出；*NtMYC2b* 基因增加一个碱基 T，CCGGCGTCCGGTGACGGGGATTGC，增加的基因下划线标出）和 *NtMYC2a/b* 双纯合敲除株系。

（五）基因表达分析

对处于苗期、旺长期的 Coker176 植株（或过表达、编辑植株）采取根或其他组织，使用总 RNA 提取试剂盒 RNeasy plant mini kits（Qiagen，美国）提取总 RNA，利用反转录试剂盒 PrimeScript™ RT reagent kit（Takara，日本）合成 cDNA。在 LightCycler 480 Ⅱ 定量 PCR 仪上进行基因表达量的分析，使用的引物如表 2-2-2 所示。

表 2-2-2　基因表达分析使用的引物

基因名称	正向引物（5'—3'）	反向引物（5'—3'）	退火温度/℃
NtActin	CTGAGGTCCTTTTCCAACCA	TACCCGGGAACATGGTAGAG	
NtPMT1a	AAATGGCACTTCTGAACACCTC	CCCATTCTGGTGGCCGTTCC	64
NtAO	TTAACAAAGTCATCCGTCGG	ATTTAGTCTTGAGGTAGACC	56
NtQS	AATCACTGCTTGATGGTATC	ACTGGCAAGTTCTTGGACTC	56
NtQPT1	GGAAAGGCTCACAGCATTGT	TCCAAGATGGTAGCAGGGTG	58
NtQPT2	TACAAGAGTGGAGTCATTAGAG	GCAAGTGCAATTCCTGCTATG	60
NtODC2	AAAACAACACTTCGATGACG	CCCTATAATCGTCGTTGCC	55
NtMPO1	CGATTTATTGAGGTGGTTCTGG	GAAGCTTAGTAGGAATCTGAGAT	60
NtMPO2	CGCTTTATTGAGGTGGTTCTTC	AAGCTTAGTAGGAATGGGAAGC	60
NtA622	GGATGATAGAGGCAGAAGGA	TGACAACTTTGTCTCTAGGAG	60
NtBBLa	GATTTTACTCTAGGAGTACTGC	TGTCTCATTCGATATGGAAAGA	58
NtMATE2	GTGGCCAAAGAAGTATCTAGT	GTGACCCAAAGCAGAATGATG	56
NtJAT1	GCATTCAGCAATGAGAAGCAG	ACCAGTGATGACTATCTGCAG	60
NtERF189	GCAGCTTCGACTGCAGCTTCCT	CTCCTCGGACTCGGAGCACTTC	64
NtERF91	CTGATCTCTTCCGTCCTTG	GCATTACTAAAACATTGATC	52
NtMYC2a（CDS）	CTTTGGCTGACTGATCCGG	CAAACACAAGTTGCTTACTGG	55
NtMYC2a（5' UTR）	ACACACTCTCTCCATTTTCACT	GTTTGATTCTTGATACAGAGAGG	60
NtMYC2b	CTTTGGCTTACGGATCCAC	CAAACACAAGTTGCTTACTAC	55
NtMYC1a	CTGTGCAACCCGAGAGCGAT	GCCGAGAATGGTGCTGTTGC	64
NtMYC1b	GAAGTCCAAGATTTAAATACAGTTA	CTTGTGAAAAATCCTTGTGTTTCA	60

（六）烟碱含量检测

旺长期（或现蕾期）未打顶、打顶后 10d 采取转基因植株（过表达及编辑）、对照植株整株叶片，105℃杀青 30 min，60℃烘干 3d，磨成粉末后测定烟碱含量。

（七）凝胶阻滞试验（EMSA）

将 3'NtMYC2a CDS 序列（相对于氨基酸序列的 422～658 部分）克隆至 pGEX-4T-1 的 BamHⅠ/SalⅠ位点之间，表达截断的 NtMYC2a 融合蛋白（GST-NtMYC2a△N）。根据烟碱合成途径基因 NtMATE2、NtJAT1 启动子中 G-box 及其附近序列设计合成探针，相关序列如表 2－2－3 所示。

表 2－2－3　探针相关序列

基因	探针	序列
NtMATE2	标记探针	CTAGCGACAAATTCG <u>CACGTG</u>AGTTGCTATCTGATT
	未标记探针	CTAGCGACAAATTCG <u>CACGTG</u>AGTTGCTATCTGATT
	未标记突变探针	CTAGCGACAAATTCG <u>tACGca</u>AGTTGCTATCTGATT
NtJAT1	标记探针	CAAGCATCTTTCTGT <u>CACGTG</u>TTAGGAACAGCATAT
	未标记探针	CAAGCATCTTTCTGT <u>CACGTG</u>TTAGGAACAGCATAT
	未标记突变探针	CAAGCATCTTTCTGT <u>tACGca</u>TTAGGAACAGCATAT

（八）瞬时表达转录激活分析

通过 PCR 扩增获得 *NtMATE2*、*NtJAT1* 启动子，约 1kb 片段，插入载体 pGreenⅡ 0800－LUC 中，形成报告载体 pMATE2－LUC、pJAT1－LUC。将 *NtMYC2a* 的 CDS 克隆至 pGreenⅡ 62－SK，形成效应蛋白 p62SK－MYC2a。

（九）茉莉酸甲酯或烟碱处理

使用茉莉酸甲酯 100μmol/L 处理烟株幼苗根部，处理 0、0.5、1、3、5、8、24h 后，取根部样品，进行分析。使用 0、4mmol/L 烟碱溶液处理烟株幼苗根部，处理 0、0.5、1、2、4、6h 后，取根部样品，进行分析。

第三章　ERF 类烟碱代谢调控因子的基因克隆与功能研究

第一节　烟碱代谢调控因子的酵母表面展示系统筛选

一、研究摘要

在烟碱代谢调控因子鉴定过程中，编者所在研究团队尝试了多种 DNA 结合蛋白分离方法，其中，酵母表面展示系统可将外源蛋白展示在细胞表面，通过接近体外试验的方法筛选 DNA 结合蛋白，可在一定程度上避免酵母内源干扰。本研究首先对酵母表面展示系统常用载体 pYD1 进行改造，使其与 Clontech 公司的 Smart cDNA 文库构建系统相匹配，以提高 cDNA 酵母表面展示文库的构建效率，建立了以酵母表面展示系统筛选 DNA 结合蛋白的高效试验体系。腐胺甲基转移酶 PMT 是烟碱合成的限速酶，其基因启动子中的 GAG 模块是揭示烟碱代谢调控的关键元件，本研究利用改进的酵母表面展示系统进行了 GAG 模块的 DNA 结合蛋白筛选，获得若干烟草蛋白基因，其中，包括 2 个可能结合 GAG 模块的 ERF（ethylene responsive factor）类转录因子。进一步研究表明，这 2 个 ERF 类转录因子可与 GAG 片段在体外结合，但不能在酵母单杂交系统中激活由 GAG 片段操纵的报告基因表达。本研究证明酵母表面展示系统可有效克服酵母内源干扰，弥补酵母单杂交系统在筛选易受酵母内源干扰的 DNA 结合蛋白方面的不足，在烟碱代谢调控因子鉴定方面有重要利用价值。相关研究结果发表在杂志《作物学报》上。

二、结果与分析

（一）酵母表面展示系统的改造

通过 *Eco*RⅠ 和 *Xho*Ⅰ 双酶切，将酵母单杂交系统载体 pGADT7 - Rec2 中的 Smart 重组片段转移至酵母表面展示载体 pYD1，获得了重组载体 pYD1 - Rec，其结构如图 3 - 1 - 1所示。pYD1 - Rec 载体具有 Clontech 公司 Smart 文库构建系统必需的 Sm-art™Ⅲ 和 CDS Ⅲ引物序列，并有线性化 pYD1 - Rec 载体的 *Sma*Ⅰ 酶切位点，可与 Smart 文库构建试剂盒匹配，用于酵母表面展示文库构建，简化了酵母表面展示文库的构建过程。

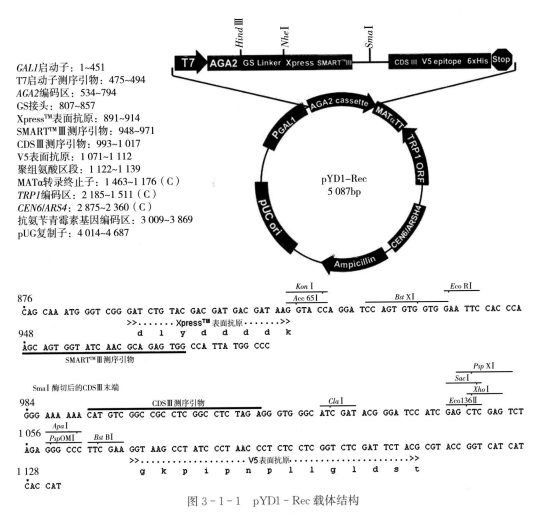

GAL1 启动子：1~451
T7 启动子测序引物：475~494
AGA2 编码区：534~794
GS 接头：807~857
Xpress™ 表面抗原：891~914
SMART™Ⅲ 测序引物：948~971
CDSⅢ 测序引物：993~1 017
V5 表面抗原：1 071~1 112
聚组氨酸区段：1 122~1 139
MATα 转录终止子：1 463~1 176（C）
TRP1 编码区：2 185~1 511（C）
CEN6/ARS4：2 875~2 360（C）
抗氨苄青霉素基因编码区：3 009~3 869
pUG 复制子：4 014~4 687

876
CAG CAA ATG GGT CGG GAT CTG TAC GAC GAT GAC GAT AAG GTA CCA GGA TCC AGT GTG GTG GAA TTC CAC CCA
　　　　　　　　　　　　　>>·······Xpress™ 表面抗原·······>>
948
AGC AGT GGT ATC AAC GCA GAG TGG CCA TTA TGG CCC
　　　　d　l　y　d　d　d　d　k
SMART™Ⅲ 测序引物

984
GGG AAA AAA CAT GTC GGC CGC CTC GGC CTC TAG AGG GTG GGC ATC GAT ACG GGA TCC ATC GAG CTC GAG TCT
1 056
AGA GGG CCC TTC GAA GGT AAG CCT ATC CCT AAC CCT CTC CTC GGT CTC GAT TCT ACG CGT ACC GGT CAT CAT
　　　　　　　　　>>·············V5 表面抗原·············>>
1 128
CAC CAT
　　　g　k　p　i　p　n　p　l　l　g　l　d　s　t

图 3-1-1　pYD1-Rec 载体结构

（二）以酵母表面展示系统筛选 DNA 结合蛋白试验体系的建立

采用 2 种试验方案进行比较研究，方案一先将 DNA 探针和酵母细胞结合，然后用链亲和素磁珠分离结合了 DNA 探针的酵母细胞；方案二则用预先结合了 DNA 探针的磁珠分离可结合 DNA 探针的酵母细胞，结果见表 3-1-1。根据酵母生长情况和阳性对照筛选结果（图 3-1-2）可以看出，方案二筛选 DNA 探针结合酵母的效率较高，更有利于分离含有 DNA 探针结合蛋白的酵母细胞。同时，阴性对照的筛选结果显示，2 种试验方案均有极少数非特异结合酵母得到分离。

表 3-1-1　DNA 结合蛋白筛选对照试验结果

	方案一		方案二	
	阴性对照	阳性对照	阴性对照	阳性对照
YPD 平板	70±13	113±24	89±14	184±42
SD/- Ura/- Trp 平板	5±4	32±11	7±3	116±17

上述结果表明，本研究设计的试验方案在利用酵母表面展示系统筛选 DNA 结合蛋白

的研究中具有可行性。而且，方案二筛选 DNA 探针结合酵母细胞的效率较高，因此，在利用酵母表面展示系统筛选烟草 *PMT* 基因启动子 GAG 片段结合蛋白的研究中采用方案二的试验体系。

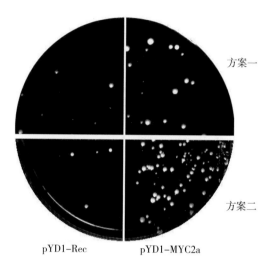

图 3-1-2　酵母生长情况

（三）*PMT* 基因启动子 GAG 片段结合蛋白的酵母表面展示系统筛选

利用启动子元件分析将烟草烟碱合成基因 *PMT* 启动子的茉莉酸应答核心元件 GAG 片段作为 DNA 探针，对烟草 cDNA 酵母表面展示文库进行筛选。因烟草烟碱在根部合成，且 *PMT* 基因受茉莉酸诱导表达，故 cDNA 酵母表面展示文库的构建选用从茉莉酸处理的烟草根中提取的总 RNA，以增加 *PMT* 基因调控因子在酵母表面展示文库中的比例。按照试验方案二对烟草根 cDNA 酵母表面展示文库进行 2 次筛选，每次筛选约 1×10^7 个酵母细胞。为更好地去除非特异结合细胞，在筛选过程中，用 $1 \times$ 缓冲液洗涤 3 次。2 次筛选共获得约 180 个阳性克隆，并根据阳性克隆载体中插入的 cDNA 片段长度选择了其中 80 个克隆进行测序，其中有 bHLH 类转录因子基因 1 个、ERF 类转录因子基因 2 个，这 2 类转录因子可能与 GAG 片段中的 G-box 和 GCC-box-like 元件互作；而其余克隆中则包含 1 个 MYB 类转录因子基因及一些非转录因子基因。

（四）筛选出的 ERF 转录因子的原核蛋白表达及纯化

为验证筛选出的 DNA 结合蛋白与所用 DNA 探针的特异结合，通过蛋白与 DNA 的体外结合试验，检测筛选到的 ERF 转录因子与 GAG 片段的相互作用。将筛选到的 2 个 ERF 类转录因子的 DNA 结合域分别克隆到 pET28b 载体，与载体的 6×His 标签融合，并导入大肠杆菌 BL21 进行原核蛋白诱导表达；同时，将前期报道的 GAG 片段结合蛋白 MYC2a 的 DNA 结合域按张洪博等所述方法（Zhang et al.，2012），进行原核蛋白诱导表达，作为检测转录因子蛋白与 GAG 片段互作的阳性对照。经过 IPTG 诱导原核蛋白表达后，利用 Ni²⁺ 离子琼脂糖树脂，对含有上述蛋白表达载体的大肠杆菌 BL21 细胞裂解物进行纯化，获得相应纯化蛋白。图 3-1-3 所示为克隆到的 2 个 ERF 类转录因子的序列结构。图 3-1-4所示为纯化的 ERF 类转录因子及 MYC2a 转录因子蛋白。

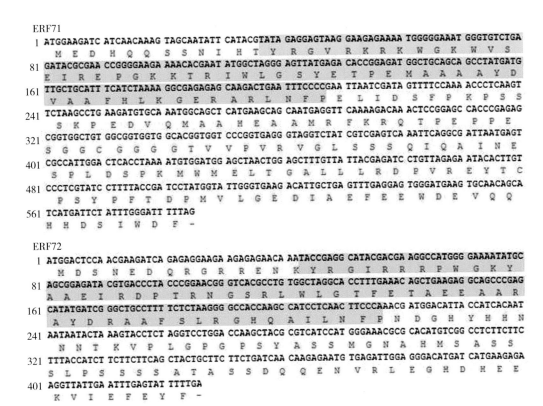

ERF71
```
1   ATGGAAGATC ATCAACAAAG TAGCAATATT CATACGTATA GAGGAGTAAG GAAGAGAAAA TGGGGGAAAT GGGTGTCTGA
    M E D H Q Q S  S N I H  T Y R G V  R K R K W  G K W V S
81  GATACGCGAA CCGGGGAAGA AAACACGAAT ATGGCTGGAG AGTTATGAGA CACCGGAGAT GGCTGCAGCA ACCTATGATG
    E I R E P G  K K T R I  W L G S Y  E T P E M  A A A A Y D
161 TTGCTGCATT TCATCTAAAA GGCGAGAGAG CAAGACTGAA TTTCCCCGAA TTAATCGATA GTTTTCCAAA ACCCTCAAGT
    V A A F H L  K G E R A  R L N F P  E L I D S  F P K P S S
241 TCTAAGCCTG AAGATGTGCA AATGGCAGCT CATGAAGCAG CAATGAGGTT CAAAAGACAA ACTCCGGAGC CACCCGAGAG
    S K P E D V  Q M A A H  E A A M R  F K R Q T  P E P P E
321 CGGTGGCTGT GGCGGTGGTG GCACGGTGGG CCCGGTGAGG GTAGGTCTAT CGTCGAGTCA AATTCAGAGG ATTAATGAGT
    S G G C G  G G G T V P  V R V G L  S S S Q I  Q A I N E
401 CGCCATTGGA CTCACCTAAA ATGTGGATGG AGCTAACTGG AGCTTTGTTA TTACGAGATC CTGTTAGAGA ATACACTTGT
    S P L D S  P K M W M E  L T G A L  L L R D P  V R E Y T C
481 CCCTCGTATC CTTTTACCGA TCCTATGGTA TTGGGTGAAG ACATTGCTGA GTTTGAGGAG TGGGATGAAG TGCAACAGCA
    P S Y P F  T D P M V L  G E D I A  E F E E W  D E V Q Q
561 TCATGATTCT ATTTGGGATT TTTAG
    H H D S I  W D F -
```

ERF72
```
1   ATGGACTCCA ACGAAGATCA GAGAGGAAGA AGAGAGAACA AATACCGAGG CATACGACGA AGGCCATGGG GAAAATATGC
    M D S N E D  Q R G R  R E N K Y R  G I R R  R P W G K Y
81  AGCGGAGATA CGTGACCCTA CCCGGAACGG GTCACGCCTG TGGCTAGGCA CCTTTGAAAC AGCTGAAGAG GCAGCCCGAG
    A A E I R D  P T R N G  S R L W L  G T F E T  A E E A A R
161 CATATGATCG GGCTGCCTTT TCTCTAAGGG GCCACCAAGC CATCCTCAAC TTCCCAAACG ATGGACATTA CCATCACAAT
    A Y D R A  A F S L R  G H Q A I  L N F P N  D G H Y H H N
241 AATAATACTA AAGTACCTCT AGGTCCTGGA CCAAGCTACG CGTCATCCAT GGGAAACGCG CACATGTCGG CCTCTTCTTC
    N N T K V  P L G P G  P S Y A S  S M G N A  H M S A S S
321 TTTACCATCT TCTTCTTCAG CTACTGCTTC TTCTGATCAA CAAGAGAATG TGAGATTGGA GGGACATGAT CATGAAGAGA
    S L P S S  S S A T A  S S D Q Q  E N V R L  E G H D H E E
401 AGGTTATTGA ATTTGAGTAT TTTTGA
    K V I E F E Y  F -
```

图 3-1-3　ERF 转录因子的序列结构

注：灰色背景部分为 ERF 结构域。

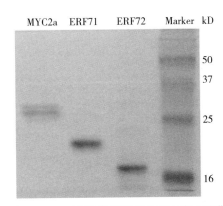

图 3-1-4　ERF 转录因子的蛋白表达纯化

注：Marker 为蛋白分子量标准。

（五）筛选出的 ERF 转录因子与 *PMT* 基因启动子 GAG 探针的体外结合

凝胶迁移率滞阻（Gel-shift）试验是体外检测蛋白与 DNA 互作的主要方法。在获得筛选到的 ERF 类转录因子及阳性对照 MYC2a 转录因子 DNA 结合域的原核表达蛋白后，以生物素标记的 GAG 片段为 DNA 探针，通过 Gel-shift 试验，检测这些蛋白与 GAG 片段的相互作用。如图 3-1-5 所示，无蛋白的泳道没有滞阻条带，有 MYC2a 转录因子 DNA 结合域蛋白的阳性对照泳道及有 ERF 类转录因子 DNA 结合域蛋白的泳道都有滞阻条带。这些结果说明，筛选到的 ERF 类转录因子可以与 GAG 片段互作，也表明本研究建立的酵母表面展示系统试验体系可以成功应用于 DNA 结合蛋白的筛选。

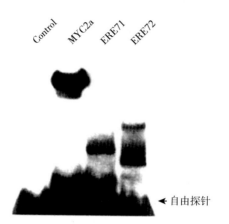

图 3 - 1 - 5　ERF 类转录因子与 GAG 片段的体外互作分析

注：Control 为未加蛋白阴性对照，MYC2a 为阳性对照。

（六）筛选到的 ERF 类转录因子与 PMT 基因启动子 GAG 片段在酵母中的互作分析

将 MYC2a、ERF71、ERF72 分别导入 GAG 片段的酵母单杂交报告菌株，检测它们与 GAG 片段的相互作用。图 3 - 1 - 6 所示，分别导入 MYC2a、ERF71、ERF72 的酵母均无法在含 15 mmol/L 3 -氨基-1，2，4 -三唑（3 - AT）的 SD/- Leu/- Ura/- His/3 - AT 营养缺陷型培养基上生长（图 3 - 1 - 6B），而且在无 3 - AT 的 SD/- Leu/- Ura/- His 营养缺陷型培养基上生长的菌落也无法激活 β -半乳糖苷酶报告基因的表达（图 3 - 1 - 6C）。表明，ERF71、ERF72、MYC2a 虽然可在体外试验中与 GAG 片段结合，但都不能在酵母单杂交试验中与 GAG 片段互作。

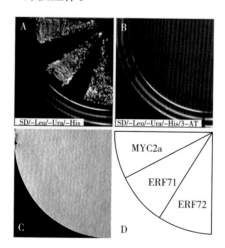

图 3 - 1 - 6　ERF 类转录因子与 GAG 片段在酵母中的互作分析

注：A 为酵母在 SD/-Leu/-Ura/-His 培养基上的生长，B 为酵母在 SD/-Leu/-Ura/-His/3 - AT 培养基上的生长，C 为 β -半乳糖苷酶活性分析，D 为平板上的酵母菌株分布图。MYC2a 为 GAG 结合蛋白对照。

三、材料与方法

（一）研究材料

大肠杆菌（*Escherichia coli*）菌株 DH5α 由本书编者所在实验室提供。酵母（*Saccharomyces cerevisiae*）菌株 EBY100、pYD1 载体、链亲和素磁珠及 TRIzol 试剂购自 Invitrogen 公司。pGADT7‑Rec2 载体及酵母培养所需试剂购自 Clontech 公司。其他生化试剂购自生工生物工程公司。

（二）pYD1‑Rec 载体的构建

将 pYD1 和 pGADT7‑Rec2 质粒分别用 *Eco*RⅠ 和 *Xho*Ⅰ 双酶切，电泳分离酶切产物，之后回收 pYD1 载体骨架和 pGADT7‑Rec2 载体酶切产物的 114 bp 长度片段，经连接反应后转化大肠杆菌 DH5α，筛选阳性克隆并进行测序鉴定，所获得的重组质粒命名为 pYD1‑Rec。

（三）pYD1‑MYC2a 阳性对照载体的构建

依据张洪博等研究报道的方法（Zhang et al.，2012），克隆烟草 *MYC2a* 基因，然后用特异引物 5'‑AAAGGTACCGGGTCAGTCCCATTTTGGG‑3' 和 5'‑GCGCCTT-GAGTCTTTACTAAC‑3' 扩增 *MYC2a* 基因的 DNA 结合域片段，经 *Kpn*Ⅰ 酶切后，克隆至由 *Kpn*Ⅰ 和 *Ecl*136Ⅱ 双酶切的 pYD1‑Rec 载体，获得 pYD1‑MYC2a 阳性对照载体。

（四）酵母转化

在酵母浸出粉胨葡萄糖（YPD）固体培养基上划线活化酵母菌株 EBY100，并按照 Clontech 公司的酵母培养手册（*Yeast Protocols Handbook*）提供的方法，挑取酵母菌落，制备热激转化感受态。在进行常规酵母质粒转化时，将 0.3 μg 质粒与 30 μg 鱼精 DNA 加入 50 μL 酵母感受态中，混匀后加入 6 μL 二甲基亚砜（DMSO）和 300 μL 含 40% 聚乙二醇 4000（PEG4000）的 LiOAC/TE 溶液（按 Clontech 公司酵母培养手册方法配制），轻轻混匀，于 30℃ 温箱孵育 30 min，42℃ 水浴热激 15 min，离心收集酵母菌体，涂布在酵母营养缺陷型培养基 SD/‑Ura/‑Trp 平板上，于 30℃ 培养。酵母文库按照 Clontech 公司 Matchmaker™ 文库构建与筛选试剂盒操作手册提供的方法制备。

（五）DNA 探针的制备

依据张洪博等建立的方法（Zhang et al.，2012），克隆烟草 *PMT1a* 基因启动子的 GAG 片段，然后用生物素（Biotin）标记的正向引物 5'‑Biotin‑ACTAGTCTAACCCTGCACG‑3' 和反向引物 5'‑TCTAGAAGTGGAGGGCGC‑3' 进行 PCR 扩增，获得生物素标记的 DNA 探针，通过电泳分离和切胶回收纯化 DNA 探针，将探针终浓度稀释至 250～300 ng/μL。

（六）酵母表面展示系统筛选 DNA 结合蛋白的试验体系

将分别导入 pYD1‑Rec（阴性对照）和 pYD1‑MYC2a（阳性对照）载体的 EBY100 细胞在以葡萄糖为碳源的 SD/‑Ura/‑Trp 培养基平板上划线培养，之后接种至碳源相同的 SD/‑Ura/‑Trp 液体培养基，30℃ 过夜振荡培养。然后，离心收集培养的酵母细胞，重悬于以半乳糖为碳源的 SD/‑Ura/‑Trp 液体培养基，并稀释至 $OD_{600}=0.5$，于 20℃ 继续振荡培养 24 h，诱导表面展示蛋白表达。同时，用以葡萄糖为碳源的 SD/‑Ura 液体培养基培养 EBY100 细胞，用于封闭试验体系的非特异结合。

配制 DNA 结合酵母分离缓冲液：1×缓冲液 [25 mmol/L HEPES‐KOH，pH 7.4，30 mmol/L 氯化钾，5 mmol/L 氯化镁，1 mmol/L EDTA，0.2 mg/mL poly（dI-dC）和 0.1% 牛血清白蛋白（BSA）]。离心收集完成表面展示蛋白诱导表达的酵母细胞，并依据其 OD_{600} 吸收值，用 1×缓冲液稀释至每毫升含 $1×10^7$ 个细胞备用。同时，离心收集用作封闭菌液的 EBY100 细胞，以 1×缓冲液稀释至每毫升含 $1×10^7$ 个细胞备用。

DNA 结合酵母筛选方案有以下两种（图 3‐1‐7）。

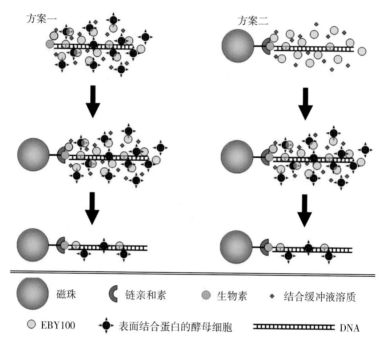

图 3‐1‐7　酵母表面展示系统筛选 DNA 结合蛋白试验方案示意

方案一：①将带链亲和素的磁珠 10 μL（约 100 μg 磁珠）加入 1 mL 1×缓冲液，混匀，置磁力架上，待磁珠被吸附后去上清液，如此重复 3 次，以平衡磁珠；②取上述制备的阴性对照和阳性对照菌液 1 μL，分别加入 1 mL 封闭菌液（即以 1∶1 000 的比例将对照菌液用 EBY100 封闭细胞稀释），混匀后加入生物素标记的 DNA 探针 1.5 μg（约 20 pmol），于 25℃自旋式混匀仪上，以 20 r/min 孵育 30 min，使生物素标记的 DNA 探针与酵母细胞结合；③加入 20 μL 经过平衡处理的链亲和素磁珠，继续在 25℃自旋式混匀仪上，以 20 r/min 孵育 30 min，完成磁珠与 DNA 探针复合物的结合；④在磁力架的帮助下，移除未结合菌液，并用 1×缓冲液洗涤 3 次，将结合了酵母细胞的磁珠悬于 100 μL 1×TE 溶液中，分别涂布于 YPD 及 SD/‐Ura/‐Trp 培养基平板，于 30℃恒温箱培养 2 d，观察统计菌落数。

方案二：①用方案一①的方法平衡磁珠；②取平衡过的磁珠和 1.5 μg（约 20 pmol）经过生物素标记的 DNA 探针，加入 1 mL 1×缓冲液（DNA 探针的终浓度为 20 pmol/100μg 磁珠），混匀后，于 25℃自旋式混匀仪上，以 20 r/min 孵育 30 min，然后在磁力架的帮助下除去未结合的 DNA 探针，用 1×缓冲液洗涤 3 次后，重悬于 100 μL 1×缓冲液备用；③在 1 mL 封闭菌液中，加入 20 μL 结合了 DNA 探针的磁珠，于 25℃自旋式混匀仪上，以 20 r/min 孵育 30 min，在磁力架的帮助下移除封闭菌液，用 1× 缓冲液洗涤 3 次备用；④在封闭过的磁珠探针复合体中，分别加入上述制备的阴性对照和阳性对照菌液 1 μL，加入 1 mL 封闭菌液，混匀后，于 25℃ 自旋式混匀仪上，以 20 r/min 孵育 30 min，然后，在磁力架的帮助下移除未结合的菌液，用 1× 缓冲液洗涤 3 次，将结合了酵母细胞的磁珠悬于 100 μL 1×TE 溶液中，分别涂布于 YPD 及 SD/- Ura/- Trp 培养基平板，于 30℃ 恒温箱培养 2 d，观察统计菌落数。

（七）烟草 cDNA 酵母表面展示文库的构建

使用 TRIzol 试剂提取茉莉酸处理 6 h 的烟草根总 RNA，将总 RNA 置于无 RNase 活性的 DNaseⅠ 作用下，去除 DNA 污染，进行纯化，获得构建 cDNA 文库所需 RNA。然后，按照 Clontech 公司 Matchmaker™ 文库构建与筛选试剂盒的操作手册进行烟草根 cDNA 合成、扩增及纯化。

用 SmaⅠ 限制性内切酶对 pYD1 - Rec 载体进行酶切，之后电泳切胶回收载体 DNA，使载体 DNA 浓度达到 1 μg/μL；按照 Clontech 公司 Matchmaker™ 文库构建与筛选试剂盒操作手册提供的酵母转化方案将纯化后的双链 cDNA 与 pYD1 - Rec 载体共转化酵母 EBY100，涂布于 SD/- Ura/- Trp 培养基平板上，于 30℃ 培养 24～48 h，待酵母菌落生长至直径 0.5～1.0 mm 时，将酵母菌落通过刮板的方式悬浮于以葡萄糖为碳源的 SD/- Ura/- Trp 液体培养基，并于 30℃ 振荡培养 5 h，获得烟草 cDNA 的酵母表面展示文库。然后，离心收集酵母文库，并重悬于以半乳糖为碳源的 SD/- Ura/- Trp 液体培养基中，诱导表达酵母表面展示蛋白。

（八）酵母表面展示文库筛选

根据"（六）酵母表面展示系统筛选 DNA 蛋白的试验体系"3.6 中的筛选方案二，以生物素标记的 GAG 片段做 DNA 探针，对完成表面展示蛋白诱导表达的 $1×10^7$ 个酵母表面展示文库细胞进行筛选，将筛选到的酵母单菌落分别培养后，提取酵母质粒转化大肠杆菌 DH5α，然后从阳性菌株中分离质粒并测序。

（九）蛋白与 DNA 探针的体外结合分析

按照前期报道的方法进行阳性对照 MYC2a 的 DNA 结合域蛋白表达载体构建、蛋白表达及纯化，其 PCR 扩增引物为 5' - AAAACCATGGAGAATAAGAAGAAGAAAG-GTCAC - 3' 和 5' - AAAACTCGAGGCGTGTTTCAGCAACTCT - 3'。筛选出的 2 个 ERF 类转录因子 ERF71 和 ERF72，分别用特异引物扩增（ERF71：5' - AAACCAT-GGAAGATCATCAACAAAG - 3' 和 5' - AAACTCGAGAAAATCCCAAATAGAT-TCATGATG - 3'；ERF72：5' - ATGGACTCCAACGAAGATC - 3' 和 5' - AAACTC-GAGAAAATACTCAAATTCAATAACCTTCTCTTC - 3'。下划线标记序列为引入的酶切位点）。之后，通过 NcoⅠ 和 XhoⅠ 酶切位点构建至 pET28b 原核蛋白表达载体（Nova-gen，美国）；克隆 ERF72 时，pET28b 载体的 NcoⅠ 切点被酶切后需要补平。构建完成的原核表达载体被导入大肠杆菌菌株 BL21（DE3），在含 1 mmol/L IPTG 的 LB 培养基中，于 37℃，培养 3 h，诱导蛋白表达。按 Invitrogen 公司 Ni^{2+} 亲和柱的说明书纯化含组氨酸标签的重组蛋白。

在 Gel-shift（凝胶迁移率滞阻试验）试验中，取 4 μg 纯化蛋白与 5 ng 经过生物素标记的 GAG 片段 DNA 探针，在 30 μL 结合缓冲液 [25 mmol/L HEPES - KOH，pH 7.4，

50 mmol/L 氯化钾，0.1 mmol/L EDTA，5%甘油，0.5 mmol/L DTT 和 200 ng poly（dI-dC）] 中混匀，于室温孵育 15 min，用 0.5×TBE 缓冲液配制的 4%聚丙烯酰胺凝胶分离，然后通过半干电转移方法将分离的反应物转移至尼龙膜上，并用紫外交联后，以 Roche 公司的生物素检测试剂盒检测试验结果。

（十）蛋白与 DNA 探针在酵母中的结合分析

通过酵母单杂交试验，检验筛选出的 DNA 结合蛋白与 GAG 片段在酵母中的相互作用，所用试验系统为 Clontech 公司的 MatchMaker™ 酵母单杂交系统，所用激活域表达载体为 pGADT7-Rec2。GAG 片段的 4 次重复序列被分别克隆至 pHISi-1 和 pLacZi 载体的报告基因启动子中，随后这 2 个载体被共同导入酵母菌株 YM4271，获得酵母单杂交所需的报告菌株。MYC2a、ERF71 和 ERF72 的 DNA 结合域片段用"（九）蛋白与 DNA 探针的体外结合分析"中的克隆方法导入酵母单杂交激活域表达载体 pGADT7-Rec2，然后分别转化酵母报告菌株，于 30℃ 在营养缺陷型培养基 SD/-Leu/-Ura/-His 上培养，在用于检测蛋白与 DNA 互作的培养基中加入 15 mmol/L 3-AT。酵母培养所需营养缺陷型培养基的配制及蛋白与 GAG 片段在酵母中的相互作用分析按照 Clontech 公司 MatchMaker™ 酵母单杂交系统提供的方法操作。

第二节　烟草 BY2 细胞 NtERF32 的基因克隆与功能研究

一、研究摘要

在烟草的烟碱合成过程中，催化烟碱吡咯环合成的腐胺甲基转移酶 NtPMT1a 是烟碱代谢的一个关键酶，其基因表达与 ERF 类转录因子的调控作用密切相关。本研究分析了 *NtERF1*、*NtERF32*、*NtERF121* 转录因子基因在烟碱合成中的调控机制。研究结果表明，这三个转录因子均受到 MeJA 处理的快速诱导表达，能够特异结合 NtPMT1a 转录调控模块 GAG 中的 GCC-box 元件，但不属于前期报道的 *NIC2* 基因簇 ERF 类转录因子。过表达 *NtERF32* 可提高烟草中的 *NtPMT1a* 表达水平，并增加烟草的生物碱含量，而 RNAi 介导的 *NtERF32* 基因沉默则降低了包括 *NtPMT1a* 和 *NtQPT2*（喹啉磷酸核糖转移酶）在内的多个烟碱合成途径基因的表达水平，并降低烟草中的烟碱和总生物碱合成水平。本研究表明，NtERF32 及其相似蛋白是非 *NIC2* 基因簇 ERF 类转录因子的烟碱合成调控因子。相关研究结果发表在杂志 *Plant Molecular Biology* 上。

二、研究结果

（一）*NtPMT1a* 基因启动子中 GAG 模块的表达调控分析

NtPMT1a 基因在烟草植株和 BY2 细胞中的表达均受到 MeJA 的诱导作用，该基因启动子的 MeJA 应答模块 GAG 由 G-box、AT-rich 和 GCC-box 三个顺式作用元件构成（图 3-2-1A）。本研究构建了 4×GAG 驱动的 *GUS* 报告基因表达载体，通过瞬时表达试验分析了 GAG 模块的 MeJA 诱导表达特性。将 G-box 的核心序列 ACGT 突变为 TTAA，或者将 GCC-box 的核心序列 GCGCCC 突变为 TTAATT 均可显著降低 MeJA 诱导的 *GUS* 基因表达（图 3-2-1B）。在非 MeJA 处理条件下，突变或缺失 G-box 元件均呈现较高的表

达背景，G - box 元件在非 MeJA 处理条件下发挥负调控作用；在 MeJA 处理条件下，G - box 则发挥正调控作用。改变 GAG 调控模块 AT - rich 元件中 A、T 碱基顺序但保持数量不变，不会破坏 GAG 调控模块的 MeJA 应答反应。删除 AT - rich 元件的 G - box 和 GCC - box 四聚体显示出较高的 MeJA 应答反应，但其强度远低于完整 4×GAG 调控模块的 MeJA 应答反应，表明 AT - rich 对 GAG 调控模块的功能起着重要作用（图 3 - 2 - 1B）。

GAG 调控模块是烟草 *PMT* 基因启动子中特有的 DNA 顺式元件复合体。*PMT* 基因在栽培烟草中有 5 个同源基因，每个基因的启动子中均含有响应 JA 信号的 GAG 调控模块，但不同基因的 JA 应答反应强度稍有差异（Riechers and Timko，1999）。烟草 *N. sylvestris* 的 *PMT* 基因也包含类似的 GAG 调控模块，并受到 MeJA 处理的高度诱导（Shoji et al.，2000）。少量序列差异区分了每个基因启动子中的 GAG 调控模块内 GCC - box 和 AT - rich 顺式作用元件的长度。尽管如此，在各种 GAG 调控模块的功能获得试验中，均表现出了高水平（25～80 倍诱导）的 MeJA 诱导表达，表明 GAG 调控模块是烟碱合成中 MeJA 可诱导 *PMT* 基因表达的基本成分。

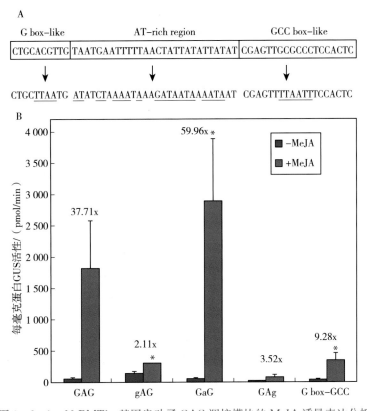

图 3 - 2 - 1　*NtPMT1a* 基因启动子 GAG 调控模块的 MeJA 诱导表达分析

注：A 为 GAG 调控模块的核酸序列及突变碱基位置（以下划线标注）。B 中的 ＋MeJA 为 100 μmol/L MeJA 处理 48h 后的 GUS 活性，－MeJA 为未处理对照的 GUS 活性。

（二）结合 GAG 调控模块的 ERF 类转录因子鉴定

为鉴定特异结合 *NtPMT1a* 基因启动子 GAG 调控模块的转录因子，用 4×GAG 片段构建酵母报告载体，通过酵母单杂交试验从 MeJA 处理 BY2 细胞的 cDNA 表达文库中筛选 GAG 调控模块的结合因子。本研究分离到三个 ERF 类转录因子，一个为 ERF 类转录因子 NtERF121（AY655738），是受 MeJA 诱导的烟草 ERF 家族第Ⅸ亚族成员（Rushton et al.，2008b），并在 MeJA 诱导的防御反应中发挥作用（Fischer and Dröge Laser，2004）；另一个是 NtERF32（Q40479），也是第Ⅸ亚族成员；第三个是 NtERF3（Q40477），是烟草 ERF 家族第Ⅷ亚族的成员。NtERF32、NtERF3 在 BY2 细胞中的表达均受到 MeJA 的诱导（Goossens et al.，2003）。

（三）ERF 类转录因子与 GAG 调控模块中 GCC－box 元件的结合分析

为确定 NtERF121 和 NtERF32 与 GAG 调控模块的结合特性，在大肠杆菌中表达这两个转录因子的 His 标签蛋白，并进行凝胶电泳迁移率滞阻试验（EMSA）来检测。NtERF32 蛋白与野生型 GAG 调控模块及其突变片段的 EMSA 试验结果如图 3-2-2 所示。AT－rich 元件突变（GaG）不影响 NtERF32 的结合特性，而 GCC－box 元件突变（GAg）破坏了 NtERF32 的结合特性，表明 NtERF33 与 GAG 调控模块的结合依赖于 GCC－box 元件。尽管 NtERF121 在酵母单杂交试验中可以与 GAG 调控模块结合，但其 His 标签蛋白无法在 EMSA 试验中结合 GAG 调控模块。

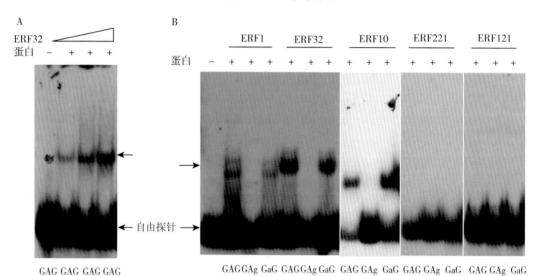

图 3-2-2　NtERF1、NtERF32、NtERF121、NtERF10 和 NtERF221 与 GAG 调控
模块结合的凝胶迁移率变化分析

注：A 为增加量的大肠杆菌外泌的 NtERF32 与 GAG 调控模块的结合。B 为使用 EMSA 分析与 GAG 调控模块结合的 ERF 转录因子（NtERF1、NtERF33、NtERF121、NtERF221 和 NtERF10）及其结合的 GAG 模块元件。小写字母表示突变的碱基。

随后，检测第Ⅸ亚家族的其他成员 NtERF1、NtERF10 和 NtERF221 与 GAG 调控模块在 EMSA 试验中的结合特性。NtERF1 和 NtERF10 与 GCC－box 元件的结合特性相似，都能像 NtERF32 一样通过 GCC－box 元件与 GAG 调控模块结合。然而，NtERF221 在 EMSA 试验中不与 GAG 调控模块结合。

（四）NtERF32、NtERF121 及其他 ERF 家族第Ⅸ亚族基因的表达特性

前期研究表明，第Ⅸ亚族的成员中有 16 个在 BY2 细胞中的表达受到 MeJA 诱导（Rushton et al.，2008b）。对 MeJA 处理的 BY2 细胞进行的基因表达芯片分析显示，烟

草 ERF 家族第Ⅸ亚族中 24 个成员的表达水平在特定诱导处理时间点会被诱导上升 3 倍以上。JA 应答反应最强的 ERF 基因依次为 *NtERF91*（230 倍）、*NtERF210*（171 倍）、*NtERF29*（133 倍）、*NTERF10*（96 倍）和 *NTERF66*（75 倍）。烟草 ERF 类转录因子第Ⅸ亚族的系统发育树如图 3-2-3 所示，这些 ERF 类转录因子可以分为四个主要集群，分别命名为第 1 亚族、第 2 亚族、第 3 亚族、第 4 亚族。第 2 亚族包含与 *NIC2* 遗传位点相关的 ERF 类转录因子 NtERF189/115/221/179/17/168，以及 Shoji 等（2010）报道的 2-2、2-3分支成员。第 1 亚族包含 NtERF10/JAP、NtERF66、NtERF127、NtERF108、

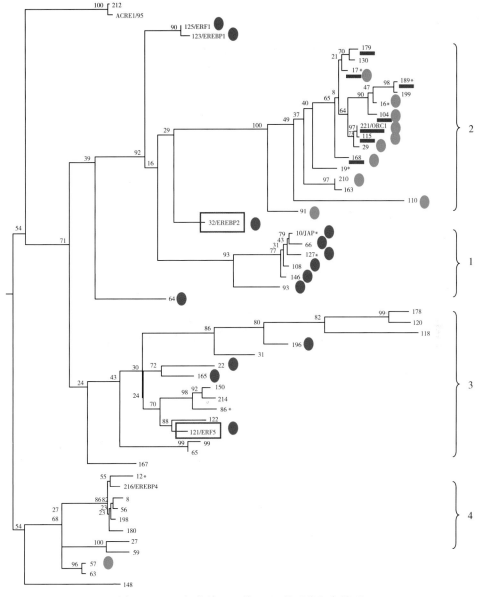

图 3-2-3　烟草第Ⅸ亚族 ERF 的系统发育关系

注：与 *NIC2* 遗传位点相关的 ERF 类转录因子 NtERF189/104/115/221/179/17/168 用红色下划线表示。蓝点表示 JA 快速诱导表达基因，绿点表示 JA 诱导表达较晚的基因。

NtERF146 和 NtERF93。NtERF32 形成一个独立的分支，这一点得到 SH 测试的证明。值得注意的是，第Ⅸ亚族 ERF 转录因子的系统发育位置与表达特性之间存在一定相关性。包括 *NIC2* 基因在内的第 2 亚族所有成员均受到 JA 的诱导表达。

随后，对 ERF 类调控因子的蛋白质序列使用 MEME 软件（http：//meme. suite. org）进行分析，以确定第 1 和第 2 亚族 ERF 类转录因子的结构域（图 3 - 2 - 4），蛋白结构域分析结果有力地支持了前述第 1 亚族和第 2 亚族的分类，例如：所有与 *NIC2* 遗传位点相关的 ERF 类转录因子都有结构域 Motif 6、Motif 1、Motif 2、Motif 3，而 NtERF32 具有结构域 Motif 1、Motif 2、Motif 8（图 3 - 2 - 4）。Motif 5 仅在第 2 亚族中存在，也可能存在于所有第 2 亚族蛋白中（NtERF189 和 NtERF19 不是全长序列）。MEME 结构域分析和 DNA 序列分析结果也反映出 NtERF32 不是第 2 亚族成员。

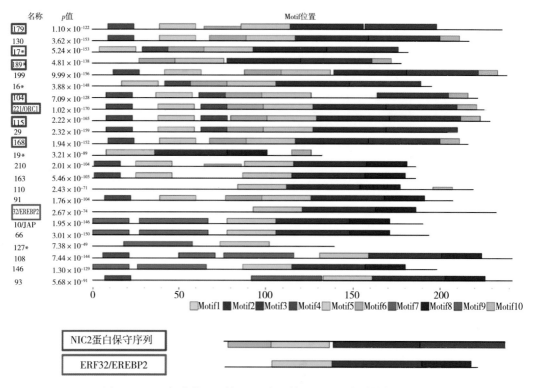

图 3 - 2 - 4　烟草第Ⅸ亚族 ERF 类调控因子的蛋白质结构域示意

（五）NtERF32 的亚细胞定位分析

研究表明，ERF 类转录因子定位于细胞核内，发挥转录激活功能（El Sharkawy et al.，2009；Zhang et al.，2009）。NtERF32 氨基酸序列的 C 端包含两个可能作为核定位信号（NLS）的碱性氨基酸区域（K[172]RR 和 K[193]RRRK）（图 3 - 2 - 5A）。为确定 NtERF32 是否定位于细胞核内并在核内特异结合 GAG 调控模块激活 *NtPMT* 基因表达，将 NtERF33 与黄色荧光蛋白（YFP）的融合蛋白在 BY2 细胞中进行表达，结果显示，NtERF32 - YFP 融合蛋白清晰地定位在 BY2 细胞的细胞核内（图 3 - 2 - 5B）。

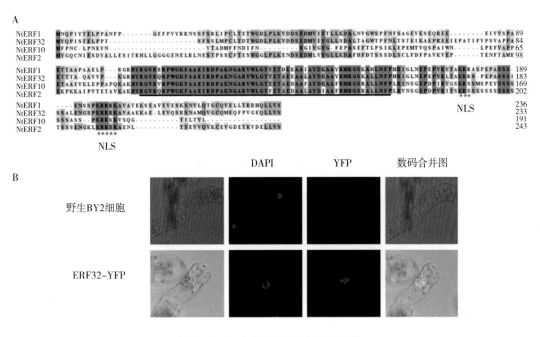

图 3-2-5　NtERF32 的亚细胞定位

注：A 为 NtERF1、NtERF32、NtERF10 和 AtERF2 的氨基酸保守序列比对。下划线表示 ERF 结构域，∗ 表示潜在的核定位信号（NLS）结构域。B 为 NtERF32-YFP 融合蛋白在 BY2 细胞中的亚细胞定位观察。以未转化的 BY2 细胞作对照，用 DAPI 染色进行细胞核观察。

（六）过表达 NtERF32 增强了 NtPMT 的基因表达

为确定 NtERF32 是否直接调控烟碱合成基因表达和烟碱的合成，培育过表达 NtERF32-YFP 的 BY2 细胞，并通过转基因 BY2 细胞的半定量 RT-PCR 分析鉴定过表达 NtERF32-YFP 的阳性细胞系。然后，选择 4 个独立细胞系分析 MeJA 处理前后的烟碱合成基因表达水平。如图 3-2-6A 所示，在 MeJA 处理前，过表达 NtERF32-YFP 的 BY2 细胞中的 NtPMT1a 表达水平比对照细胞系高 3～8.5 倍，在 MeJA 处理后 24h，比对照高 2～3.5 倍。4 个转基因 BY2 细胞系中的 NtA622 表达水平均高于对照细胞系，分别高 3～17 倍和 10～36 倍（图 3-2-6B）。与 MeJA 处理前后的对照细胞系相比，NtERF32 的过表达也增加了 NtQPT2 和 NtODC1 的基因表达水平（图 3-2-6C）。在过表达 NtERF32-YFP 的 BY2 细胞中，第Ⅸ亚族的 ERF 类转录因子基因 NtERF115、NtERF122、NtERF146 和 NtERF221 也表现出较高的转录水平。在 JA 处理前后的 24h 内未观察到 NtSAMS 和 NtQPT1 基因在 NtERF32 过表达 BY2 细胞系中的表达水平增加（图 3-2-5D）。与细胞数量变化相关的植物线粒体替代氧化酶基因 NtAOX 在 JA 处理后的表达水平也没发生改变。为探明 NtERF32 是否参与烟碱的合成调控，检测 NtERF33 过表达细胞系中的生物碱含量（图 3-2-6E），结果显示，大多数 NtERF32 过表达细胞系的生物碱含量得到增加，这与过表达 NtERF32 激活 NtPMT、NtQPT2、NtODC1 和 NtA622 等烟碱合成相关基因的结果一致。

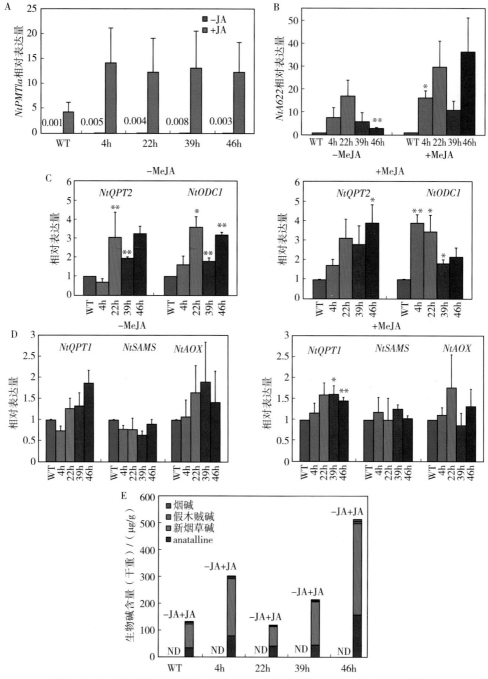

图 3-2-6　NtERF32 过表达对 MeJA 处理前后 BY2 细胞中烟碱合成的影响

注：A 为 *NtPMT1a* 基因在 NtERF32 过表达细胞系中的表达水平分析。B 为 *NtA622* 在 MeJA 处理前后的 NtERF32 过表达细胞系和对照细胞系中的表达水平分析。C 为 *NtQPT2* 和 *NtODC1* 在 MeJA 处理前后的 NtERF32 过表达细胞系和对照细胞系中的表达水平分析。D 为 *NtQPT1*、*NtSAMS* 和 *NtAOX* 在 MeJA 处理前后的 NtERF32 过表达细胞系和对照细胞系中的表达水平分析。各基因在对照 BY2 细胞中的转录水平被设为 1。＊表示差异显著性（＊表示 $P < 0.05$，＊＊表示 $P < 0.005$，t 检验）。E 为 MeJA 处理前后的 NtERF32 过表达细胞系和对照细胞系中生物碱含量测定。ND 表示未检出。

（七）沉默 *NtERF32* 基因抑制 JA 诱导的烟碱合成基因表达

为进一步研究 NtERF32 对烟碱合成基因表达的调控作用，使用 RNAi 技术抑制 BY2 细胞系中的 *NtERF32* 表达水平。然后，选取 4 个 *NtERF33* 表达水平被抑制 50％以上的独立转基因细胞系进行烟碱合成及相关基因的表达分析（图 3-2-7）。如图 3-2-7 所示，MeJA 处理 24h 后，抑制 *NtERF32* 表达的细胞系中的烟碱合成基因的表达水平显著降低。与对照 BY2 细胞相比，*NtPMT*、*NtQPT2*、*NtA622* 和 *NtSAMS* 在 4 个抑制 *NtERF32* 表达细胞系中的表达水平降低了 40％以上（图 3-2-7A）。这与前期发现的 *NtPMT*、*NtQPT2*、*NtA622* 和 *NtSAMS* 基因启动子中含有 GCC-box 元件，结果一致（Shoji and Hashimoto，2011a）。抑制 *NtERF32* 表达对 *NtQPT1*、*NtODC1* 和 *NtAOX* 的表达水平无明显影响，对 *NtERF115* 和 *NtERF122* 及 *NtERF221* 的表达水平也无明显影响。然而，抑制 *NtERF32* 表达增加了 *NtERF146* 的表达水平。随后，检测抑制 *NtERF32* 表达细胞系和对照细胞系中的生物碱含量，结果显示，抑制 *NtERF32* 表达降低了 MeJA 处理后的生物碱含量增加（图 3-2-7D），充分证明 NtERF32 在 JA 介导的生物碱合成中发挥调控作用。

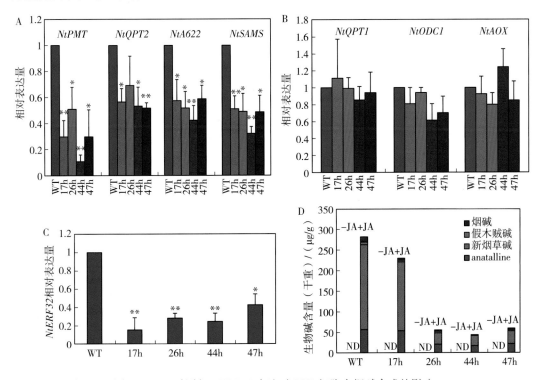

图 3-2-7　抑制 NtERF32 表达对 BY2 细胞中烟碱合成的影响

注：A 为 MeJA 处理 24h 后的 *NtPMT*、*NtQPT2*、*NtA622* 和 *NtSAMS* 的表达水平分析。B 为 MeJA 处理 24h 后 *NtQPT1*、*NtODC* 和 *NtAOX* 的表达水平分析。C 为抑制 *NtERF32* 表达细胞系的 *ERF32* 表达水平分析。各基因在对照 BY2 细胞的表达水平被设为 1。* 表示差异显著性（* 表示 $P<0.05$，** 表示 $P<0.005$，t 检验）。D 为 MeJA 处理前后抑制 *NtERF32* 表达细胞系和对照细胞系的生物碱含量测定。ND 表示未检出。

（八）*NtERF32* 的基因表达既不受 **NtMYC2** 调控也不受 **NIC1** 和 **NIC2** 位点影响

烟草的 *MYC2* 同源基因在多数烟碱合成基因的 JA 诱导表达中发挥重要作用，并被证

明参与了与 *NIC2* 遗传位点相关的 ERF 类基因的表达调控（Shoji and Hashimoto 2011b；Zhang et al.，2012）。然而，本研究并未发现 *NtERF32* 的表达与 NtMYC2 的调控有关，抑制 *NtMYC2* 的表达对 *NtERF32* 的表达水平无明显影响。与此类似，Shoji 和 Hashimoto（2011）研究发现，*NtERF10* 的表达不受 NtMYC2 调控。

前期研究表明，*NIC1* 和 *NIC2* 遗传位点是烟草生物碱合成的关键调控位点，两个遗传位点中任一位点的突变都会显著降低烟叶的生物碱含量。在 *nic2* 突变体的染色体中存在一段 7 个 ERF 类基因区域的缺失，并因此导致生物碱合成水平下降（Shoji et al.，2010）。目前，*NIC1* 遗传位点的位置和基因尚不清楚，但 *NtERF32* 在 *nic1*、*nic2* 和 *nic1nic2* 突变体中的表达水平与野生型烟草无明显差别，这表明 *NtERF33* 的基因表达可能不受 *NIC1* 和 *NIC2* 遗传位点调控。

三、材料与方法

（一）烟草植株和 BY2 细胞培养

用含 3% 蔗糖和 0.2mg/L 2,4 - D 的 Murashige-Skoog（MS）培养基培养烟草 BY2 细胞，每隔 7d 用新鲜 MS 培养基进行继代培养，以确保细胞保持在对数生长期（Nagata et al.，1992；Goossens et al.，2003）。用 MeJA 处理时，将细胞转移到无 2,4 - D 的培养基中，在 23℃下振荡培养 1d，然后加入终浓度为 50μmol/L 的 MeJA 进行处理（Xu and Timko，2004），并按试验需要取样，用于进一步分析。野生型烟草和 *nic1nic2* 突变体材料在 1/2 MS 培养基上发芽后，用花盆培养，取三周龄的植株用 100μmol/L MeJA 进行处理，并在 24h 后收集试验样品。

（二）载体构建

按 Rushton 等（2002）所述方法，构建以下 DNA 序列的四次重复片段的 *GUS* 基因报告载体，用于分析 GAG 调控模块及其不同突变片段的表达调控特性。GAG 调控模块序列：CTGCACGTTGTAATGAATTTTTAACTATTATATTATATCGAGTTGCGCCCTCCACTC，突变 G - box 的 GAG 模块：CTGCTTAATGTAATGAATTTTTAAC-TATTATATTATATCGAGTTGCGCCCTCCACTC（gAG），突变 AT - rich 的 GAG 模块：CTGCACGTTGATATCTAAAATAAAGATAATAAAATAATCGAGTTGCGCCCTCCACTC（GaG），突变 GCC - box 的 GAG 模块：CTGCACGTTGTAATGAATT TT-TAACTATTATATTATATCGAGTTTTAA TTTCCACTC（GAg），删除 AT - rich 的GAG 模块：CTGCACGTTGCGAGTTGCGCCCTCCACTC（G box - GCC）。上述元件的四次重复片段被克隆到 Kan（卡那霉素）抗性的双元载体 pGPTV - GUS 中（Rushton et al.，2002）。按 Jefferson 等（1987）所述方法，进行各报告载体的 GUS 组织化学染色和GUS 活性定量测定。

在构建基因过表达载体时，用基因特异引物 5'- ATGCCATGTTTGACGGATA-CATGGG - 3' 和 5'- ACTGACTAATAGCTGCTCGCCAACTGG - 3' 扩增 *NtERF32* 的全长编码区，并构建到 2×35S 启动子驱动表达的双元载体 pBin19 - attR - YFP（Subra-manian et al.，2006）。将获得的 pBin19 - ERF2 - YFP 导入农杆菌，用于烟草 BY2 细胞的转化。构建 RNAi 基因沉默载体时，按 Zhang 等（2012）所述方法将 *NtERF32* 克隆到Gateway 克隆方法兼容的 RNAi 载体 pHZPRi - Hig（GenBank 登录号：HM480107）。

（三）BY2 细胞的农杆菌转化

按 Xu 和 Timko（2004）以及 Zhang 等（2012）所述方法，用农杆菌 LBA4404 介导的转化方法，将目的载体导入烟草 BY2 细胞，转化后的 BY2 细胞在含 50mg/L Kan（用于过表达载体）或 15mg/L Hyg（潮霉素，用于 RNAi 载体）和 500mg/L Cef（头孢噻肟）的 MS 琼脂培养基上培养并筛选阳性转化细胞。获得的阳性转化细胞按前述方法进行悬浮培养。

（四）酵母单杂交分析

将上述 4×GAG 序列通过 $EcoR$ Ⅰ 和 Sac Ⅰ 酶切位点克隆到 pHISi - 1 和 pLacZi 空报告载体，然后，将两种报告载体质粒同时导入酵母菌株 YM4271，并在选择性培养基（不含 His 和 Ura）上进行培养，获得含有 $HIS3$ 和 $lacZ$ 报告基因的酵母报告子，用于酵母单杂交筛选试验。

提取 MeJA 处理的烟草 BY2 细胞总 RNA，使用 Matchmaker™ 酵母单杂交试剂盒（Clontech，美国）制备 cDNA 文库，将制备的 cDNA 文库导入上述酵母报告子，以含 30mmol/L 3 - AT 的营养缺陷型培养基进行酵母转化子筛选，以获得结合 GAG 调控模块的调控因子。对获得的阳性酵母克隆，通过 β-半乳糖苷酶活性检测进行进一步的鉴定，并提取质粒对插入的 cDNA 片段进行测序鉴定。

（五）凝胶迁移率滞阻试验（EMSA）分析

克隆 $NtERF1$、$NtERF32$、$NtERF3$、$NtERF121$、$NtERF10$ 和 $NtERF221$ 的 cDNA 序列，并构建入 pET28b 载体进行其 His 标签蛋白的原核表达。将表达带 His 标签蛋白的目的质粒导入大肠杆菌 BL21 菌株，37℃摇床培养并加入终浓度为 1mmol/L IPTG 诱导目标蛋白表达，诱导 3h 后收集培养的大肠杆菌菌液，并利用 Ni^{2+} 亲和柱色谱法进行 His 标签蛋白纯化。通过 DNA 合成公司合成 GAG 调控模块的双链 DNA 片段（野生型和突变目的碱基的序列），并使用 Klenow 片段 DNA 聚合酶进行 $\alpha-^{32}P-dCTP$ 末端标记。之后，进行 EMSA 试验：将 2 μg 纯化的目的蛋白与 2 ng $\alpha-^{32}P-dCTP$ 标记的 DNA 片段在 30 μL 反应体系 ［200 ng poly（dI - dC），25 mmol/L HEPES - KOH，pH 7.4，50 mmol/L 氯化钾，0.1 mmol/L EDTA，5%甘油和 0.5 mmol/L DTT］中混匀反应，在室温下孵育 20min 后，用 0.5×TBE 缓冲液配制 4%聚丙烯酰胺凝胶，进行电泳分离。随后，将凝胶于−80℃真空干燥，并进行放射自显影拍照。

（六）NtERF32 的亚细胞定位特性分析

将表达 NtERF32 - YFP 的双元载体转化到 BY2 细胞中，通过激光共聚焦显微镜（Olympus，日本）观察 NtERF32 - YFP 蛋白在烟草 BY2 细胞中的亚细胞定位，并用 DAPI 对 BY2 细胞进行染色，以观察 BY2 细胞的细胞核。

（七）基因表达分析

使用 TRIzol 试剂（Invitrogen，美国）进行样品总 RNA 提取，并使用 Thermo-Script™ RT - PCR 试剂盒（Invitrogen，美国）通过反转录进行 cDNA 合成，然后，使用基因特异引物进行半定量 RT - PCR 扩增。在进行扩增时，先在 96℃预变性 1min，再进行 25 个循环的以下反应：94℃变性 30 s，58℃退火 30 s，72℃延伸 90 s，随后在 72℃继续孵育 10min。扩增反应结束后，将 PCR 扩增产物在 2%琼脂糖凝胶上进行电泳分离。RT - PCRq 按 Zhang 等（2012）所述方法，使用试剂盒 iQ™ SYBR® Green SuperMix

（Bio－Rad）用基因特异引物进行扩增，用 *NtActin* 基因作为内参对照。基因表达水平用方程 $2^{-\Delta\Delta C_T}$ 计算相对表达量，其中 C_T 是荧光信号可检测时的扩增循环数。

（八）BY2 细胞中生物碱含量的检测

按 Zhang 等（2012）所述方法，将对照 BY2 细胞、转基因 BY2 细胞进行 72h MeJA 处理后，通过真空过滤，分别收集 0.5g 样品细胞，并用液氮冷冻干燥。随后，提取干燥样品的生物碱，用岛津 GC/MS 2010 气质联用仪进行生物碱含量的测定。

（九）基因表达芯片分析

在通过芯片进行基因表达分析时，制作一个能够检测约 40 642 个已知或未知基因的烟草基因芯片（NimbleGen Systems，Madison，WI），这些基因包括数据库 TOBFAC 和 *N. tabacum* 序列中可检索的转录因子基因数据（Rushton et al.，2008a）。培养并收集 MeJA 处理前后不同时间的 BY2 细胞样品（三个生物学重复）并制备总 RNA，用 Micro FastTrack 2.0 mRNA 试剂盒（Invitrogen，美国）进行 mRNA 分离，并使用双链 cDNA 合成试剂盒制备样品的 cDNA。完成芯片杂交检测后，用 ArrayStar 软件对所有基因探针的检测数据进行标准化，各基因的表达水平取三个重复的平均值，并通过 RT－qPCR 方法对芯片分析结果进行基因表达水平检验。

（十）ERF 家族第Ⅸ亚族成员的系统发育分析

使用 MAFFT 软件对第Ⅸ亚族 ERF 类转录因子的蛋白序列进行比对分析（Katoh et al.，2002），再用 Zorro 软件对信息不良区域进行修订（Wu et al.，2012），并以修订后的蛋白序列完成编码 DNA 序列检索。然后，使用 RAxML 软件（7.4.3 版本），结合 GTR 核苷酸取代模型，制作一个基于 DNA 序列的系统进化树，使用 GAMMA 模型对该进化树的节点进行统计分析（100 次试验的 bootstrap 值），并用 MEME 模块的分布模式对系统发育特性进行分析。

第三节　烤烟 NtERF115 的基因克隆与功能研究

一、研究摘要

本研究克隆了 NtERF115 转录因子基因并分析了调控烟碱代谢的生物功能。利用采用 RT－PCR 技术获得的 *NtERF115* 基因 cDNA 全长，进行序列分析、蛋白结构功能预测以及进化树构建，结果表明，*NtERF115* 核苷酸序列的开放阅读框（ORF）为 690 bp，编码 229 个氨基酸。转基因研究结果表明：过表达 *NtERF115* 株系中 *NtPMT1a* 和 *NtQPT2* 表达水平较对照显著提高，烟叶中烟碱含量也显著提高，平均提高 54.8%。相关研究结果发表在《北京师范大学学报》上。

二、研究结果

（一）NtERF115 蛋白结构及进化树分析

根据已知序列信息设计特异引物对目标片段进行扩增，经测序验证获得 690 bp 的 *NtERF115* 序列（GenBank 登录号：AB828149.1）。由 ExPASy Proteomics tools 在线工具翻译编码氨基酸序列，发现 *NtERF115* 基因共编码 229 个氨基酸。使用 NtERF115 全长蛋白序列在茄科基因组网络数据库（SGN）中进行 Blast 比对，筛选获得 NtERF115 的同源基因蛋白，利用 MEGA 6 软件对 NtERF115 构建进化树。结果显示，NtERF115 与 NtERF221 聚为一支；而 NtERF189 与 NtERF199、NbERF1 同源性最高（图 3-3-1A）。根据之前的报道，NtERF189 已被证明参与烟碱合成的转录调控，过表达 *NtERF189* 可以显著提高烟草转基因毛状根中的烟碱含量（Shoji et al.，2010）。因此，将 NtERF115 与 NtERF189 氨基酸序列进行比对，结果表明，2 种蛋白保守结构域长度均为 60 个氨基酸，表现出高度的相似性，其差异主要出现在 N 末端（图 3-3-1B），预示 *NtERF115* 在烟草烟碱合成过程中与 *NtERF189* 发挥着相似的生物学功能。

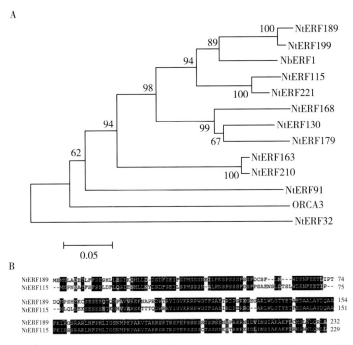

图 3-3-1　NtERF115 及其同源蛋白的系统进化分析（A）及 NtERF115、NtERF189 蛋白保守结构域序列比对分析（B）

（二）*NtERF115* 与 *NtERF189* 启动子的生物信息学分析

将 *NtERF115* 和 *NtERF189* 的 CDS 与烟草基因组信息（https：//solgenomics. net/）进行 Blast 比对，找到从起始密码子开始的上游启动子（−2000 bp 到−1 bp）区域。对两个基因的启动子元件进行预测分析，结果表明，二者均包含一系列的顺式作用元件。例如，激素响应元件，包括 IAA（生长素）响应元件 AuxRR-core、GA（赤霉素）响应元件 TATC-box 及 MeJA 响应元件 CGTCA；胁迫响应元件，包括热胁迫元件 HSE、光照响应元件 GA-motif 和干旱胁迫诱导的 MYB 结合位点 *MBS*；涉及昼夜节律控制的调控元件 circadian 顺式作用元件等。此外，通过启动子的相似性比较发现，二者均包含 10 个相同大小（11~15 bp）的保守区域（图 3-3-2）。由此推测，NtERF115 可能具有与 NtERF189 相同的生物学功能，响应逆境胁迫。由于 NtMYC2 可以结合 *NtERF189* 启动子中 GCC-box 并激活其表达。通过启动子分析发现，*NtERF115* 的启动子区域同样具有 *NtMYC2* 的结合位点，如 CATCTG、AACGTG，这一结果暗示 *NtMYC2* 也可能通过结

合到 *NtERF115* 的启动子区域来调控其表达。

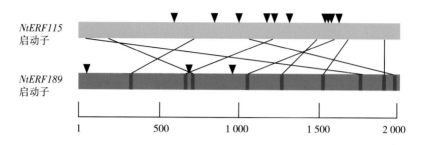

图 3 - 3 - 2　*NtERF115* 和 *NtERF189* 的启动子分析

注：*NtERF115* 与 *NtERF189* 启动子区域（−2000bp 至−1bp）转录元件的相似性比较以及转录因子 NtMYC2 潜在结合位点（GCC - box，黑色箭头所示）预测。

（三）*NtERF115* 在烟草中的表达模式分析

利用 RT - qPCR 研究 *NtERF115* 在云烟 87 烟草不同组织中的表达情况，发现 *NtERF115* 在花中几乎不表达，在茎、叶中少量表达，在根中表达量最高，其表达量是花器官的 55 倍之多（图 3 - 3 - 3）。该表达模式与先前报道的与 *NIC2* 位点相关的 7 个 *tERF* 类基因以及烟碱合成相关基因的表达模式相似。该结果暗示，*NtERF115* 基因在烟草烟碱合成中起重要作用。

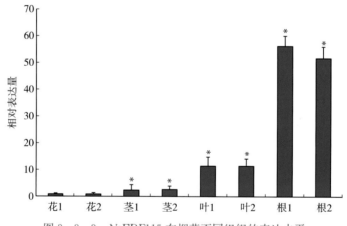

图 3 - 3 - 3　*NtERF115* 在烟草不同组织的表达水平

（四）过表达 *NtERF115* 转基因烟草中 *NtPMT1a* 和 *NtQPT2* 的表达分析

为研究 *NtERF115* 在烟草体内如何影响烟碱的合成，构建 *NtERF115* 过表达载体，并转化烟草，获得 7 个 *NtERF115* 高表达的转基因烟草株系（OE）（图 3 - 3 - 4）。进一步检测烟碱合成关键酶基因 *NtPMT1a* 和 *NtQPT2* 在部分转基因株系中的表达。结果表明，与空载对照植株（VC）相比，过表达 *NtERF115* 株系根中 *NtPMT1a* 和 *NtQPT2* 的表达水平显著上升（图 3 - 3 - 5）。该结果证明，*NtERF115* 可通过上调这两个基因的表达来促进烟草烟碱的合成。

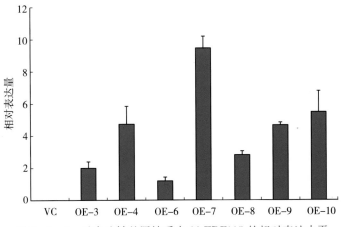

图 3-3-4 过表达转基因株系中 *NtERF115* 的相对表达水平

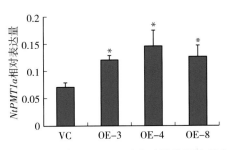 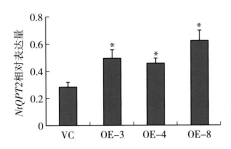

图 3-3-5 过表达转基因株系中 *NtPMT1a* 和 *NtQPT2* 的相对表达水平

（五）过表达 *NtERF115* 对烟碱含量的影响

对过表达 *NtERF115* 转基因株系叶片中烟碱的含量进行检测，结果表明，烟碱含量显著上升（25%～75%），平均提高 54.8%（图 3-3-6）。此结果证明，*NtERF115* 可以促进烟草烟碱的合成。

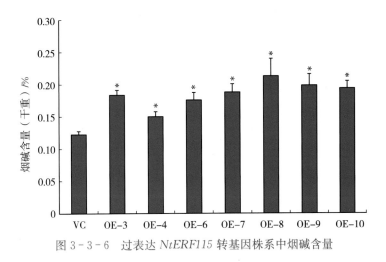

图 3-3-6 过表达 *NtERF115* 转基因株系中烟碱含量

三、材料与方法

（一）试验材料

烟草品种云烟87（YN87）及转基因株系盆栽于温室，昼夜温度为（25±1）℃/（20±1）℃。盆栽试验使用28 cm×28 cm塑料盆，盆栽介质为烟草育苗基质与沙，两者比例为1:1。每株施烟草专用肥［m（N）:m（P）:m（K）=1:1.5:2.8］30 g，分5次施入。

（二）试验处理及取样

为研究 *NtERF115* 在烟草中的表达模式，选取开花期云烟87不同组织作为研究对象，测定 *NtERF115* 的相对表达水平。采集转基因植株现蕾期整株叶片，叶片去梗后，60 ℃烘干，进行烟碱含量测定；采集根部组织，进行基因表达水平分析。利用试剂盒 RNeasy Plant Mini Kit（Qiagen，美国）对烟草组织的总 RNA 进行提取，方法参照说明书进行。cDNA 反转录选用试剂盒 PrimeScript™ First-Strand cDNA Synthesis Mix（Takara，日本）进行。

（三）*NtERF115* 基因的克隆及生物信息学分析

根据 *NtERF115*（序列号：AB828149.1）基因序列设计克隆引物：正向引物为5'-CGGGATCCATGAATCCCAATAATGCAACCT - 3'，反向引物为5' - ATGCGGC-CGCTTATAGCAGCATTTGTAGGTTC - 3'。以反转录得到的第一链 cDNA 作为模板，利用 *NtERF115* 基因克隆引物进行 PCR 扩增，选用 Phusion™ 高保真扩增酶反应体系，体系总体积50 μL：200 ng cDNA，5×Phusion HF 反应缓冲液10 μL，10 mmol/L dNTP 1 μL，2 U 的 Phusion™ 高保真 DNA 联合酶，10 μmol/L 的正、反向引物各1 μL，补水至50 μL。PCR 反应在 Mastercycler® pro 扩增仪上进行，反应程序为：98℃，30s，98℃，7s，57℃，30s，72℃，30s，35 个循环；72℃延伸7min。胶回收和纯化 PCR 产物。纯化产物与克隆载体 PCR-Blunt II - TOPO 连接，并转化大肠杆菌 DH5α，加液体培养基振荡培养后涂布至含100 mg/L 卡那霉素的 LB 平板上过夜培养，挑取菌落进行培养，取2 mL 菌液提取质粒，进行质粒 PCR 检测。筛选阳性克隆进行测序鉴定。DNA 测序和引物合成均由昆明晨绿生物科技有限公司完成。根据 *NtERF115* 基因上、下游克隆引物分别带有 *Bam*H I 和 *Not*I 的酶切位点，选择这两个酶对检测正确的质粒样品进行双酶切检测，将目的基因片段进行胶回收；对 pENTR™ 2B 进行 *Bam*H I 和 *Not*I 双酶切后，将目的载体片段进行胶回收。将目的基因、载体片段进行连接，转化感受态细胞 DH5α，通过 PCR 扩增检测获得构建成功的重组质粒 pENTR™ 2B - ERF115；通过 pENTR™ 2B - ERF115 和 pK2GW7 进行 LR 反应后，转化大肠杆菌 DH5a 感受态细胞，得到表达载体pK2 - ERF115。

使用 Gene Structure Display Server（http://gsds.cbi.pku.edu.cn/）分析 *NtERF115* 基因结构，并利用 NCBI 在线工具 ExPASy Proteomics tools 查找 *NtERF115* 的 ORF 并进行氨基酸序列翻译。使用在线工具 AtPAN（http://atpan.itps.ncku.edu.tw/）对其启动子进行分析。利用美国 NCBI 数据库（NCBI，https://www.ncbi.nlm.nih.gov/）和茄科基因组网络数据库（SGN，https://solgenomics.net）进行 Blast 比对，搜索 *NtERF115* 相关的同源基因。氨基酸序列比对利用在线工具 Clustal Omega软件进行，进化树的构建利用 MEGA 6 软件和邻接法（Neighbor Joining）进行。

（四）烟草的遗传转化

采用冻融法转化质粒 pK2 - ERF115 进入农杆菌 C58C1 感受态细胞，涂布在含有壮观霉素（50 μg/mL）和利福平（50 μg/mL）的 LB 平板上，28℃生长 2d 后，进行菌落 PCR 检测。检测结果呈阳性，表明重组质粒 pK2 - ERF115 已转入农杆菌。利用转化后的含有正确质粒的农杆菌转化烟草，步骤如下：①挑取含有目标重组载体的农杆菌克隆，在含有壮观霉素和利福平的 LB 平板上划线，28℃培养 2～3d；刮取划线菌斑并接菌于含有壮观霉素和利福平的 LB 液体培养基中，28℃，220 r/min 振荡培养；菌液浓度达到 OD＝0.5～0.8 时，6 000r/min 离心 5min 富集菌体；弃上清，再用 20 mL MS 液体培养基重悬菌体，得到含目标载体的农杆菌悬浮菌液；②将云烟 87 叶片置于 500 mL 广口瓶中，加入适量 75％乙醇，漂洗 30s；弃乙醇，加入 0.1％的氯化汞溶液，置摇床上室温振荡 5min；弃氯化汞溶液，用无菌水冲洗 6 遍；③将烟草叶片取出，用无菌吸水纸吸去表面液体，使用剪刀将无菌叶片切成约 1 cm×1 cm 的小片，并将切成小片的烟草叶片放入含目标载体的农杆菌悬浮菌液中，静置 15～20min；取出烟草叶片，使用无菌滤纸吸去多余菌液，于含有 6 - 苄氨基嘌呤（0.02 mg/L）和萘乙酸（2 mg/L）的 MS 培养基中 25℃暗培养 2d；随后，把烟草叶片转入分化培养基中，切口接触培养基，于温室条件下分化培养［分化培养基为含有 6 - 苄氨基嘌呤（0.5 mg/L）、萘乙酸（0.1 mg/L）、卡那霉素（100 mg/L）及头孢霉素（500 mg/L）的 MS 培养基］；每 2～3 周继代培养 1 次，切口处逐渐长出愈伤组织，最终分化出芽；④将长至 3～5 cm 的芽切下，转入 MS 培养基诱导生根，取出生根后的转基因植株用自来水洗净培养基，移植于灭菌的营养土中；⑤转基因植株经 *NtERF115* 基因特异引物进行 PCR 验证扩增，鉴定阳性植株。

（五）实时荧光定量 PCR

以 *NtActin* 为内参基因，并设计引物如下：*NtActin* 正向引物为 5' - CTGAGGTC-CTTTTCCAACCA - 3'，反向引物为 5' - TACCCGGGAACATGGTAGAG - 3'；*NtPMT1a* 正向引物为 5' - GCTATTATAGTGGACTCTTCTG - 3'，反向引物为 5' - TGT-GTGCATACAACTCCTCCT - 3'；*NtQPT2* 正向引物为 5' - GTTGAGGTTGAAAC-CAGGAC - 3'，反向引物为 5' - GAACAACCATATTGTCCAGCA - 3'。利用 T1 代转基因株系提取总 RNA，利用 Takara 公司的反转录试剂盒 Prime Script® RT reagent Kit 合成 cDNA 为模板。利用 ABI7500 系统（Applied Biosystems，美国），选用试剂盒 Ultra SYBR Mixture（With ROX）（康为，北京）进行 RT - qPCR 试验，反应体系和步骤按照 SYBR Green I 的说明书进行，*NtERF115* 相对表达量利用 $2^{-\triangle\triangle C_T}$ 方法计算。

（六）生物碱的提取与测定

取 100 mg 烟草烘干叶片样品置于三角瓶中，在含喹啉作为内标的 2g/L 的氢氧化钠溶液中浸泡 1h，超声提取 1h 后过滤，滤液用三氯甲烷萃取 3 次，合并有机相浓缩后用甲醇定容，采用气相色谱仪-质谱仪联用（GC - MS）测定烟碱的含量。

第四章　MYB 类烟碱代谢调控因子的鉴定与功能研究

第一节　烟碱代谢基因的富集材料创制与筛选鉴定

一、研究摘要

茉莉酸信号途径在烟碱合成代谢中发挥关键调控作用。本研究利用茉莉酸受体蛋白 NtCOI1 的基因沉默材料，进行茉莉酸途径介导的生物学表型分析和茉莉酸应答反应的高效鉴定方法研究，并开展与茉莉酸信号传导相关的调控因子鉴定。研究发现，*NtCOI1* 基因沉默引起的发育和代谢变化与 NtMYB305 的调控作用有关，而且 *NtCOI1* 基因沉默导致烟草叶片中烟碱含量和西柏烷含量的下降。在 *NtCOI1* 基因沉默材料中，过表达茉莉酸途径调控因子 NtMYC2 和 NtMYB305，可以部分恢复 *NtCOI1* 基因沉默材料的缺陷表型。在本研究中，还建立了基于盲蝽（一种昆虫）啃食的烟草材料鉴定方法。与蚜虫相比，盲蝽的迁飞能力强，对次生代谢变异材料的选择特异性好，能够准确鉴定与茉莉酸途径相关的次生代谢变异材料。该方法在茉莉酸途径调控基因的富集材料培育和筛选鉴定中发挥了关键作用。相关研究结果发表在 *Journal of Experimental Botany* 和 *Molecules* 等期刊上。

二、研究结果

（一）沉默 *NtCOI1* 抑制烟草代谢调控相关基因 *MYB305* 的表达

前期研究发现，MYB305 是一个调控烟草花蜜腺中类胡萝卜素合成和淀粉代谢的转录因子，并能结合一些淀粉代谢关键基因的启动子元件参与初生代谢过程（Liu and Thornburg，2012）。本研究为解析茉莉酸受体蛋白 COI1 调控烟草花蜜腺淀粉代谢及相关花蜜分泌和类胡萝卜素合成等生理过程的分子机理，对 *NtMYB305* 在烟草花蜜腺中的表达水平进行分析。结果证明，*NtMYB305* 在 *NtCOI1* 沉默植株开花过程中的表达水平受到极大程度的抑制，在花发育 S9 和 S12 期的表达水平都远低于对照材料中的表达水平（图 4-1-1）。在对照材料中，*NtMYB305* 的表达水平从 S9 到 S12 期有一个显著上升，但在沉默 *NtCOI1* 烟草花蜜腺中，观察不到这一现象（图 4-1-1）。由于 NtMYB305 与拟南芥花药发育调控因子 MYB21/24 具有同源性，因此，该研究结果为揭示茉莉酸信号途径调控淀粉代谢的分子机理提供了重要线索。

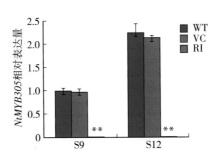

图 4 - 1 - 1 沉默 *NtCOI1* 烟草和对照烟草花蜜腺中 *NtMYB305* 的表达分析

注：WT 为野生型植株，VC 为空载体对照植株，RI 为沉默 *NtCOI1* 植株。*NtMYB305* 在 S9 期野生型烟草花蜜腺中的表达水平设为 1。数据为平均值±标准差。

（二）NtCOI1 调控烟草淀粉代谢的分子机理解析

为揭示 NtCOI1 调控烟草淀粉代谢的分子机理，对淀粉代谢相关功能基因和 *Nt-MYB305* 基因在花器官中的表达水平进行分析。如图 4 - 1 - 2 所示，对照烟草花药壁的 *NtMYB305* 表达水平从 S4 到 S9 期呈上升趋势，但沉默 *NtCOI1* 烟草花药壁的 *Nt-MYB305* 表达水平却无明显增加。此外，对照烟草花药壁淀粉代谢相关功能基因 *AGPs*（*ADP - GLUCOSE - PYROPHOSPHORYLASE*）、*SS2*（*SOLUBLE - STARCH - SYN-THASE - Ⅱ*）和 *BAM1*（*BETA - AMYLASE Ⅰ*）的表达水平从 S4 到 S9 期呈稳步上升趋势，但这些基因在沉默 *NtCOI1* 烟草花药壁的 S6 期有一个急剧增加过程（图 4 - 1 - 2），这

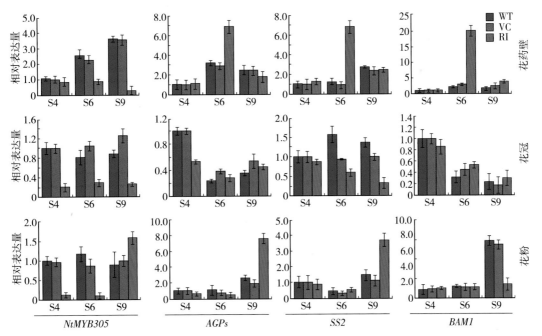

图 4 - 1 - 2 沉默 *NtCOI* 烟草和对照烟草花药壁、花粉和花冠的 *NtMYB305* 表达分析

注：WT 为野生型植株，VC 为空载体对照植株，RI 为沉默 *NtCOI1* 植株。每个基因在 S9 期野生型烟草花蜜腺中的表达水平设为 1；数据为平均值±标准差，* 表示与对照间差异显著（* 表示 $P < 0.05$，** P 表示< 0.005，t 检验）。

一表达趋势与沉默 *NtCOI1* 烟草的花药壁淀粉累积水平变异有一致性。*NtMYB305* 在沉默 *NtCOI1* 烟草花冠的表达水平受到显著抑制，但除 *SS2* 外的淀粉代谢相关功能基因在花冠的表达并无明显降低（图 4-1-2）。*NtMYB305* 在 S4 和 S6 期花粉中的表达水平受到显著抑制，但在 S9 期则表现出一个急剧上升，而且淀粉代谢相关功能基因 *AGPs* 和 *SS2* 也表现出相似的表达特征（图 4-1-2）。这些结果表明，淀粉代谢相关基因在烟草花器官中的表达受 NtCOI1 调控。

（三）沉默 *NtCOI1* 对烟草烟碱和西柏烷含量的影响

烟碱是烟草叶片中的关键次生代谢产物，对烟草的利用价值起着决定作用，同时也是烟草的重要虫害防御物质。烟碱主要合成部位是根部，烟碱通过木质部往上运输。当烟草植株受到植食性昆虫侵害时，会激活茉莉酸信号途径，诱导根部的烟碱合成迅速增加，并通过木质部运输到地上部分用于抵御虫害。在 2 月龄时（S1 期），野生型 TN90 烟草的叶片烟碱含量是沉默 *NtCOI1* 基因烟草叶片的 3 倍；在 4 月龄时（S2 期），野生型 TN90 烟草的叶片烟碱含量是沉默 *NtCOI1* 基因烟草叶片的 2 倍（图 4-1-3）。由此可见，在不打顶处理条件下，TN90 烟草的烟碱含量在 S1 和 S2 发育期差异不大，沉默 *NtCOI1* 烟草 S2 时期烟碱含量比 S1 时期略有增加（图 4-1-3）。

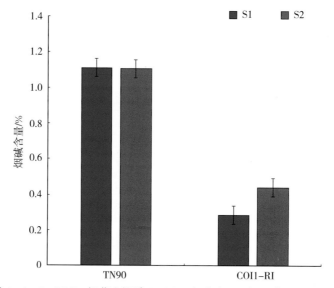

图 4-1-3　TN90 烟草和沉默 *NtCOI1* 烟草在 S1 和 S2 期的烟碱含量

沉默 *NtCOI1* 基因导致的另一个变化是叶片表面的腺毛分泌物明显减少（图 4-1-4）。在烟草叶片的腺毛分泌物中，西柏烷二萜类化合物是一类主要成分，约占烟草叶片腺毛分泌物总量的 60%，与烟草香气和病虫害抗性密切相关。通过 GC-MS 方法对野生型烟草 TN90 和沉默 *NtCOI1* 烟草的叶片西柏烷二萜类化合物含量进行检测，结果显示，在 S1 期，TN90 烟草的叶片西柏烷二萜类化合物含量是沉默 *NtCOI1* 烟草的 2 倍；在 S2 期，接近沉默 *NtCOI1* 烟草的 10 倍（图 4-1-4）。另一方面，TN90 烟草植株的叶片西柏烷二萜类化合物含量在 S2 期是 S1 期的 4.5 倍，沉默 *NtCOI1* 烟草植株的叶片西柏烷二萜类化合物含量在 S2 期高于 S1 期（图 4-1-4）。上述研究结果表明，茉莉酸受体蛋白 COI1 在烟草西柏烷二萜类化合物合成过程中发挥关键调控作用，野生型烟草 TN90 和沉默 *Nt-*

COI1 的烟草叶片西柏烷二萜类化合物含量均随发育时期增加而增加。

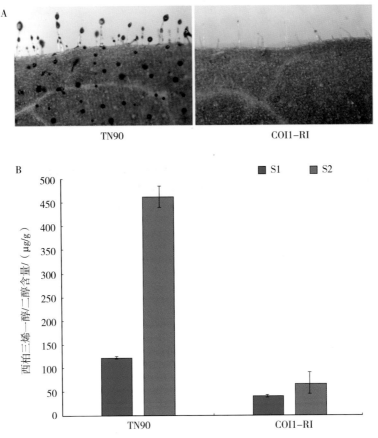

图 4-1-4　TN90 烟草和沉默 *NtCOI1* 烟草在 S1 和 S2 期的西柏烷含量

注：A 为叶片表面的腺毛分泌物染色。

（四）NtMYB305 参与 NtCOI1 介导的烟草代谢调控

NtMYB305 是拟南芥 MYB24 的烟草同源蛋白，在茉莉酸信号途径发挥重要作用。将 *NtMYB305* 在 *NtCOI1* 沉默烟草中进行过表达，并分析在 NtCOI1 介导的糖代谢和西柏烷二萜合成调控中的作用。碘-碘化钾染色显示，*NtMYB305* 的表达导致 *NtCOI1* 沉默烟草的腺毛分泌物显著增加，随后的分析显示腺毛分泌物中的多糖含量增加（图 4-1-5A、B、C）。然而，在腺毛分泌物中，没有观察到明显的颜色变化（图 4-1-5）。西柏烷二萜含量测定显示，在 *NtCOI1* 沉默烟草中过表达 *NtMYB305* 显著增加了腺毛分泌物中西柏烷二萜的含量（图 4-1-5D、E）。而且，*NtCOI1* 沉默烟草中的西柏烷二萜合成相关基因 *LTP1*、*CBTS* 和 *P450* 等的表达水平因 *NtMYB305* 的过表达而得到增强（图 4-1-5F）。这些证据表明，NtMYB305 参与了调节 NtCOI1 介导的烟草西柏烷代谢调控过程。

（五）NtMYC2a 参与 NtCOI1 介导的烟草西柏烷二萜合成

NtMYC2 是拟南芥 MYC2 的烟草同源蛋白，在茉莉酸信号途径中发挥重要作用。将 *NtMYC2a* 在 *NtCOI1* 沉默烟草中进行过表达，并分析在 NtCOI1 介导的糖代谢和西柏烷二萜合成调控中的作用。用碘-碘化钾进行腺毛染色，结果显示，*NtMYC2a* 过表达对 *Nt-*

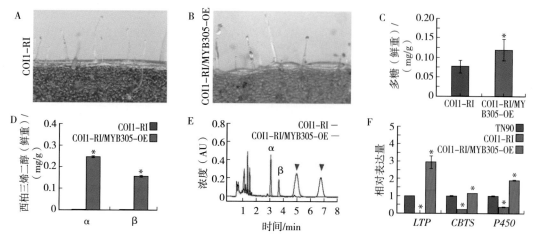

图 4 - 1 - 5　NtMYB305 在 NtCOI1 介导的烟草代谢调控中的作用分析

注：A、B 为烟草植株的腺毛分泌物碘-碘化钾染色。NtCOI1 - RI 为沉默 *NtCOI1* 烟草植株，COI1 - RI/ MYB305 - OE 为过表达 *NtMYB305* 的 *NtCOI1* 沉默烟草植株。C 为 COI1 - RI 和 COI1 - RI/MYB305 - OE 植株的腺 毛分泌物多糖含量测定。D 为 COI1 - RI 和 COI1 - RI/MYB305 - OE 植株的西柏烷二萜含量比较。E 为 COI1 - RI 和 COI1 - RI/MYB305 - OE 植株的西柏二萜 UPLC（超高效液相色谱）系统测定图谱。F 为 *LTP1*、*CBTS* 和 *P450* 在对照、COI1 - RI 和 COI1 - RI/MYB305 - OE 中的表达水平分析。每个基因在对照植株中的转录水平被设为 1。 C、D 和 F 中的数值是 3 个生物学重复的平均值（$n=3$）。C、D 和 F 中的 * 表述显著性差异。

COI1 沉默烟草中腺毛分泌物的体积没有明显影响，但会使分泌物颜色变深，并增加腺毛 分泌物的可溶性糖含量（图 4 - 1 - 6A、B、C）。随后的西柏三烯二醇含量测定结果显示， *NtMYC2a* 过表达显著增强了 *NtCOI1* 沉默烟草中的西柏三烯二醇含量（图 4 - 1 - 6D、

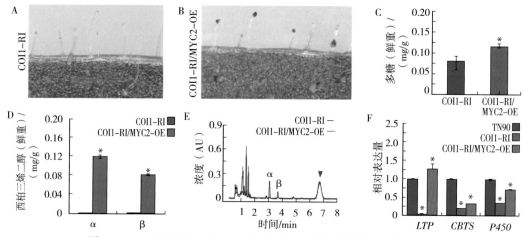

图 4 - 1 - 6　NtMYC2a 在 NtCOI1 介导的烟草代谢调控中的作用分析

注：A、B 为烟草植株的腺毛分泌物碘-碘化钾染色。COI1 - RI 为沉默 *NtCOI1* 烟草植株，COI1 - RI/MYC2 - OE 为过表达 *NtMYC2* 的 *NtCOI1* 沉默烟草植株。C 为 COI1 - RI 和 COI1 - RI/MYC2 - OE 植株的腺毛分泌物多糖含量测 定。D 为 COI1 - RI 和 COI1 - RI/MYC2 - OE 植株的西柏烷二萜含量比较。E 为 COI1 - RI 和 COI1 - RI/MYC2 - OE 植 株的西柏烷二萜 UPLC 系统测定图谱。F 为 *LTP1*、*CBTS* 和 *P450* 在对照、COI1 - RI 和 COI1 - RI/MYC2 - OE 中的 表达水平分析。每个基因在对照植株中的转录水平被设为 1。C、D 和 F 中的数值是 3 个生物学重复的平均值（$n=3$）。 C、D 和 F 中的 * 表述显著性差异。

E）。转录水平分析结果表明，在 *NtCOI1* 沉默烟草中，*NtMYC2* 的过表达增强了 *LTP1*、*CBTS* 和 *P450* 等西百烷二萜合成相关基因的表达水平（图 4 - 1 - 6F）。这一证据表明，NtMYC2 参与了 NtCOI1 介导的烟草西柏烷代谢调控过程。

（六）基于盲蝽啮食的茉莉酸途径变异材料鉴定

在烟草的抗虫性鉴定试验中，烟草蚜虫是常用的试验昆虫。然而，由于蚜虫的迁飞能力差，容易产生烟碱耐受性，本研究利用野生型烟草 TN90 和沉默 *NtCOI1* 烟草植株进行的试验分析很好地证明了这一特性。在试验中，取 5 株长势一致的 TN90 烟草（对照组，编号为 C）和 5 株长势一致的沉默 *NtCOI1* 烟草（试验组，编号为 T），分成五组，每株烟草接种 50 只蚜虫（由中国农业科学院植物保护研究所提供，原始种群采自田间，放在室温 25℃、相对湿度为 70%～85%、光周期为 16h 光照/8h 黑暗的条件下人工饲养得到虫卵），在不同试验阶段烟草植株上的蚜虫繁殖数量如表 4 - 1 - 1 和图 4 - 1 - 7 所示。可以看出，不同烟草植株上的蚜虫数量随着时间的推移增长，蚜虫繁殖的速率不同，总体上，在沉默 *NtCOI1* 烟草上的繁殖速度快于野生型烟草 TN90。然而，两类烟草试验组中存在多个蚜虫数量接近的植株，这一现象的原因与蚜虫较强的繁殖能力和适应能力有关，给鉴定烟草单株间的虫害抗性差异造成了较大困难。

表 4 - 1 - 1　不同烟草植株上的蚜虫数量统计

单位：只

分组	处理	0d	7d	14d	21d	28d
第一组	T1	50	285	612	945	1 180
	C1	50	138	556	875	1 067
第二组	T2	50	270	485	923	1 320
	C2	50	185	366	610	820
第三组	T3	50	345	780	1 234	1 562
	C3	50	88	210	280	353
第四组	T4	50	465	892	1 560	1 915
	C4	50	76	135	214	298
第五组	T5	50	186	389	675	978
	C5	50	184	275	452	789

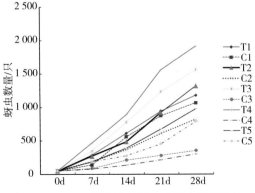

图 4 - 1 - 7　不同烟草植株上的蚜虫数量统计

注：C 为野生型烟草 TN90，T 为沉默 *NtCOI1* 烟草。

在克服蚜虫存在的抗虫性鉴定问题过程中，发现一种具刺吸式口器的杂食性害虫——盲蝽，这种昆虫具有很好的迁飞能力，而且不容易在烟草上形成虫落。随后，通过试验分析利用盲蝽啃食进行烟草抗虫性鉴定的可行性：将长势一致野生型烟草 TN90 和沉默 *NtCOI1* 烟草植株置于温度为 25℃、湿度为 70%～85%、光照周期为 16h 光照/8h 黑暗的实验室中进行培养和盲蝽接种试验。接种密度为每株 5 只，并定时观察烟草植株的盲蝽啃食情况。如图 4-1-8 所示，野生型烟草 TN90 的植株在近两个月的接种试验中基本没被盲蝽啃食，而沉默 *NtCOI1* 烟草的叶片则被盲蝽啃食得残缺不全。随机取 5 株长势一致的 TN90 烟草植株（对照组，编号为 C）和 5 株长势一致的沉默 *NtCOI1* 烟草植株（试验组，编号为 T）进行盲蝽啃食面积的统计分析。如图 4-1-9 所示，盲蝽对 TN90 烟草的啃食面积基本一致，面积较小，随着时间增加的幅度极其缓慢，表明野生型烟草 TN90 对盲蝽有一定抗性，然而，沉默 *NtCOI1* 烟草植株从幼苗期便开始发生严重的盲蝽啃食，而且啃食面积随着时间推移快速增加，在 70d 时，啃食面积已经接近 30%。而且，在两类烟草试验组中，不存在啃食面积接近的植株，为鉴定烟草单株间的虫害抗性差异提供了极大方便。图 4-1-10 所示为试验 70d 后蚜虫和盲蝽侵害沉默 *NtCOI1* 烟草叶片的情况。

TN90   COI1-RI

图 4-1-8　野生型烟草 TN90 和沉默 *NtCOI1* 烟草的盲蝽啃食对比

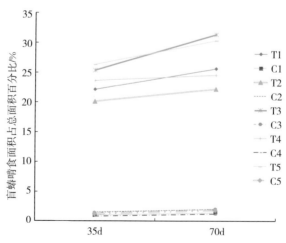

图 4-1-9　野生型烟草 TN90 和沉默 *NtCOI1* 烟草的盲蝽啃食面积

图 4 - 1 - 10　沉默 *NtCOI1* 烟草被盲蝽（左）和蚜虫（右）侵害 70d 后的比较

三、材料与方法

（一）植物试验材料

本研究以烟草品种 TN90（*Nicotiana tabacum* L. cv. TN90）为材料。野生型 TN90 烟草种子消毒后点播到 1/2 MS 培养基上，在温度 24℃、光照周期为 16h 光照/8h 黑暗的温室中培养。培养 4 周，待长到小"十"字期时假植至含有湿润营养土的 32 孔育苗盘中，继续在温室中培养，3 周后将烟苗移栽到含有湿润营养土花盆中，在温室中培养备用。

沉默 *NtCOI1* 烟草和空载体转化对照烟草使用编者所在研究团队前期培育的研究材料。缺失 COI1 功能最主要的一个生物表型是对茉莉酸不敏感，由于沉默 *NtCOI1* 烟草属于雄性不育，繁育后代时以 *NtCOI1* 沉默烟草植株做母本，TN90 株系做父本，通过杂交来实现。子代需要先用含潮霉素的 1/2 MS 培养基筛选出阳性植株，再进行后续试验。将沉默 *NtCOI1* 烟草种子消毒后点播在含潮霉素的 1/2 MS 培养基中，与对照放在同一温室中，培养 4 周后，将筛选到的阳性幼苗假植到含有湿润营养土的育苗盘中，三周后将烟苗移栽到含有湿润营养土的花盆中，继续培养备用。由于沉默 *NtCOI1* 烟草植株生长较缓慢，为保证能够繁育后代，能和 TN90 同时开花、授粉杂交，沉默 *NtCOI1* 烟草提前 3～5d 播种。

表达 *NtMYC2a* 和 *NtMYB305* 的烟草是使用农杆菌 LBA4404 介导的转化方法将目的载体导入烟草 TN90 获得的转基因烟草。在构建表达 *NtMYC2a* 和 *NtMYB305* 的载体时，将 *NtMYC2a*（用引物 5'- ATGACTGATTACAGCTTACCC - 3' 和 5'- GCGGTTTCAG-CAACTGGA - 3' 扩增）和 *NtMYB305*（用引物 5'- ATGGATAAAAAACCATGCAAC - 3' 和 5'- ATCGCCGTTAAGCAATTGCAT - 3' 扩增）的 cDNA 插入携带 2×35S 启动子的双元载体 pBin19 - attR - HA 中，分别获得目的载体 pBin19 - NtMYC2a - HA 和 pBin19 - NtMYB305 - HA。

在培育杂交植株时，将来自 *NtMYC2a* 过表达植株的花粉授到沉默 *NtCOI1* 烟草的柱头上，以获得 *NtMYC2a* 过表达烟草和沉默 *NtCOI1* 烟草的杂交植株，并以类似方法培育 *NtMYB305* 过表达烟草和沉默 *NtCOI1* 烟草的杂交植株。

接种烟草植株的蚜虫和盲蝽为编者所在研究团队前期采集和继代培养的。用茉莉酸甲酯（MeJA）处理野生型烟草 TN90 时，取 4 周龄幼苗，用 $100\mu mol/L$ 的 MeJA 溶液进行连续 7d 的叶面喷施，并在试验需要的时间点收集叶片样本用于下一步试验分析。以蒸馏水喷施处理烟草幼苗样品作为试验对照。

（二）腺毛分泌物的碘染色观察

观察腺毛分泌物时，用碘-碘化钾溶液［以 3% 碘化钾溶液配制的 1% 碘溶液］对烟叶进行染色，在立体显微镜下进行染色叶片观察并拍照。染色颜色越深表示测试样品的多糖含量越高。

（三）多糖含量测定

腺毛分泌物中的多糖含量通过蒽酮法进行测定。简单地说，通过洗涤叶片样品，用无水酒精提取腺毛分泌的多糖，然后向提取液中加入提取液体积 1/4 的蒸馏水进行稀释。随后，将 0.5mL 提取液与 2.5mL 冰冷的蒽酮溶液［0.2% 蒽酮在 72% 硫酸中的溶液］混合，并在 100℃ 的水浴中孵育 11min，然后立即将反应转移到冰上以停止反应。在 630nm 处测量反应的吸光度，并计算每个样品的多糖含量。

（四）烟碱的含量检测

烟草材料：编者所在实验室温室培育的 TN90 烟草和沉默 *NTCOI1* 烟草。

仪器：气象-质谱联用仪（GC-MS）（安捷伦 7890A-5975C，美国），电子分析天平（0.000 1g，梅特勒-托利多仪器有限公司），TDZ5-WS 低速多管架自动平衡离心机（湖南湘仪离心机仪器有限公司），KQ-300VDE 超声波清洗仪（昆山舒美超声仪器有限公司）。

试剂：烟碱（>98%，上海萨恩化学技术有限公司），2-4 联吡啶（>98%，上海萨恩化学技术有限公司），乙酸乙酯（分析纯，国药集团化学试剂有限公司），氢氧化钠（分析纯，国药集团化学试剂有限公司）。

10% 氢氧化钠溶液配制：称取 50.0g 氢氧化钠于 500mL 玻璃瓶内，装入 450mL 水，搅拌均匀。

标样配制：

$5 000\mu g/mL$ 2-4 联吡啶内标储备液：准确称取 0.500 0g 2-4 联吡啶，放入 50mL 小烧杯中，用乙酸乙酯溶解，转移至 100mL 容量瓶中，用乙酸乙酯定容。

含内标的乙酸乙酯溶液：准确移取上述 2-4 联吡啶储备液 20mL，放入 1 000mL 容量瓶中，用乙酸乙酯定容。

烟碱标准储备液：准确称取 1.000 0g 烟碱，放入 50mL 小烧杯中，用含有内标的乙酸乙酯溶解，转移至 100mL 容量瓶中，用含有内标的乙酸乙酯定容。

烟碱标准工作溶液：分别准确吸取上述烟碱标准储备液 0.5、1.0、2.0、3.0、4.0、5.0 mL，放入 50mL 容量瓶中，用含有内标的乙酸乙酯溶液定容。

样品处理：称取 0.100 0g 烟草制品粉末于 20mL 具塞试管内，加入 10% 氢氧化钠水溶液 1mL、含内标乙酸乙酯 5mL（准确加入），涡旋振荡混匀，将试管放入恒温超声机内超声抽提 15min，静置 2h，离心（3 000r/min，10min），取上层清液过 $0.22\mu m$ 滤膜，装入 2mL 气相色谱自动进样瓶中。

仪器条件：气相-质谱联用仪（安捷伦 7890A-5975C，美国）。色谱条件：色谱柱

HP‐5MS，325℃，30m×250μm×0.25μm；载气 He；流速 1.2mL/min；进样口温度
280℃。程序升温条件：起始 60℃保持 1min；以 20℃/min 升温至 240℃，保持 1min。质
谱条件：EI 离子源温度 230℃，接口温度 280℃，四级杆温度 230℃，EI 能量 70eV，质
量数扫描范围 40～550u。

（五）西柏烷的含量检测

烟草材料：编者所在实验室培育的 TN90 烟草植株和沉默 *NTCOI1* 烟草植株。

仪器：气象‐质谱联用仪（GC‐MS）（安捷伦 7890A‐5975C，美国），植物叶片取样
器，氮吹仪。

试剂：二氯甲烷（分析纯，国药集团化学试剂有限公司），乙醇（分析纯，国药集团
化学试剂有限公司），正己烷（分析纯，国药集团化学试剂有限公司）。

提取：用乙酸乙酯进行传统溶剂洗刷法，提取鲜烟叶表面西柏烷。具体提取步骤：取
同一部位的叶片，用打孔器取 8 个孔，取 3 个试管，分别装入 4mL 乙酸乙酯，烟叶叶片
样品在第一个试管中浸提 3 次，每次 2s，在第二、第三个烧杯中重复上述过程；乙酸乙
酯提取液合并，取 1mL 提取液过 0.22μm 滤膜，装入 2mL 气相色谱自动进样瓶中。

气质联用西柏烷二萜工作曲线配制：称取初步纯化的西柏烷 0.5g，用乙醇溶解，定
容至 100mL 容量瓶中，用乙醇定容，该溶液浓度为 5mg/mL；经标定，该溶液的浓度为
α‐西柏烷 2 184.3μg/mL，β‐西柏烷 1 142.9μg/mL；取以上溶液 5mL，放入 50mL 容量
瓶中，用正己烷定容，该溶液的浓度为 α‐西柏烷 218.43μg/mL，β‐西柏烷 114.29μg/mL；
分别取以上溶液 1、2、4、6、8、10mL，放入 25mL 容量瓶中，用正己烷定容，盛在棕色
瓶中，放在 4℃冰箱中储存，西柏烷标准样品浓度见表 4‐1‐2。

表 4‐1‐2　西柏烷标样浓度

单位：μg/mL

编号	α‐西柏烷	β‐西柏烷
1	8.737	4.572
2	17.47	9.143
3	34.95	18.29
4	52.42	27.43
5	69.9	36.57
6	87.37	45.72

仪器条件：气相‐质谱联用仪（安捷伦 7890A‐5975C，美国）。色谱条件：色谱柱
HP‐5MS，325℃，30m×250μm×0.25μm；载气 He；流速 1.2mL/min；进样口温度
280℃。程序升温条件：起始 140℃保持 1min；以 5℃/min 升温至 240℃，保持 2min。质
谱条件：EI 离子源温度 230℃，接口温度 280℃，四级杆温度 230℃，EI 能量 70eV，质
量数扫描范围 40～550u。

第二节　烟碱代谢调控因子 NtMYB305 的发现与作用机制研究

一、研究摘要

MYB 类转录因子在植物茉莉酸信号传导和次生代谢调控中发挥重要作用，然而，该类转录因子是否参与烟碱合成调控过程仍不明确。本研究利用茉莉酸途径调控基因的过表达材料构建烟碱代谢相关基因的富集文库，并通过酵母单杂交方法分离到与烟碱合成限速酶——腐胺甲基转移酶（PMT）基因启动子的核心调控模块 GAG（由 G - box、AT - rich 和 GCC - box 三个元件构成）结合的 MYB 类转录因子 NtMYB305a，进一步研究该调控因子参与烟碱代谢调控的作用机制。酵母单杂交试验、凝胶电泳迁移率滞阻试验和染色质免疫共沉淀试验分析表明，NtMYB305a 可在体外、体内与 GAG 调控模块结合，并以不依赖 G/C 碱基的方式特异性地与 GAG 中约 30bp 的 AT - rich 元件相互作用，这是国际上首次发现与 AT - rich 元件互作的 MYB 类调控因子。NtMYB305a 定位于烟草的细胞核中，并能够通过与 AT - rich 元件的特异互作激活 4×GAG 驱动的 GUS 报告基因表达。转基因试验证明，NtMYB305a 是烟碱合成的正调控因子，并可正向调控 NtPMT 和其他烟碱合成相关基因的表达。NtMYB305a 还能与 NtMYC2 共调控烟碱的合成代谢，但这两种调控因子之间并不存在蛋白相互作用。NtMYB305a 通过 GAG 调控模块中的 AT - rich 元件参与烟碱代谢的发现，为揭示烟碱代谢的调控机制奠定了关键分子基础。相关研究结果发表在杂志 Plant Physiology 上。

二、研究结果

（一）烟碱代谢基因富集文库构建与酵母单杂交筛选

PMT 是烟碱合成的关键限速酶，其基因表达受到启动子中一个由 G - box、AT - rich 和 GCC - box 元件构成的三元模块 GAG 调控，鉴定识别并结合 GAG 调控区段的转录因子对阐明烟碱合成机制至关重要。结合 G - box 和 GCC - box 元件的调控因子逐步得到鉴定，然而，结合 AT - rich 元件的调控因子长期无法确定。本研究利用茉莉酸途径调控因子的过表达材料对烟碱代谢调控基因进行富集表达，并利用相关材料构建基因富集文库，然后，通过酵母杂交试验进行烟碱代谢调控因子的筛选鉴定。

为通过基因富集文库筛选 GAG 调控模块的结合蛋白，合成 4 个首尾相连的 GAG 重复片段，通过 SmaⅠ和 EcoRⅠ位点克隆至酵母单杂交系统的报告载体 pHISi - 1 和 pLacZi（图 4 - 2 - 1A），并对构建的载体进行 PCR 扩增鉴定，获得阳性报告载体 4×GAG - pHISi - 1 和 4×GAG - pLacZi（图 4 - 2 - 1B）。随后，将 4×GAG - pHISi - 1 和4×GAG - pLacZi 载体质粒依次导入酵母菌 YM4271，涂布在 SD/- His/- Ura 固体培养基上于 30℃培养箱内倒置培养 2～3d，获得转化了报告载体的酵母报告子（图 4 - 2 - 1C）。为确定酵母杂交筛选试验的最适 3 - AT 浓度，挑取上述报告子酵母菌株的单克隆，用无菌水悬浮后再用无菌水依次稀释至 10 倍、100 倍、1 000 倍，并分别取 10μL 滴在含有不同浓度 3 - AT 的 SD/- His/- Ura 固体平板上。如图 4 - 2 - 1D 所示，酵母报告子在无 3 - AT 的平板上可以正常生长，在含有 45 mmol/L 3 - AT 平板上的生长则受到了明显抑制，这表明 45 mmol/L 的 3 - AT 可以有效抑制 *HIS1* 的渗漏表达。将该酵母报告子用于下一步的酵母单杂交文库筛选试验。

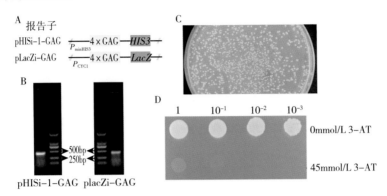

图 4 - 2 - 1　酵母单杂交报告子载体构建及最适 3 - AT 浓度筛选

注：A 为酵母单杂交报告子 4×GAG - pHISi - 1 和 4×GAG - pLacZi 载体结构示意，B 为 4×GAG - pHISi - 1 和 4×GAG - pLacZi 载体 PCR 鉴定，C 为报告子载体转化酵母菌菌株 YM4271，D 为酵母单杂交最适 3 - AT 浓度筛选。

随后，以过表达 *NtMYB305a*（NtMYB305a - HA）、*NtMYC2a*（NtMYC2a - HA）等茉莉酸途径调控因子基因的转基因烟草植株的 mRNA 为材料，构建茉莉酸应答基因被富集的烟草 cDNA 酵母表达文库，即前述基因富集文库，并利用上述 GAG 元件的酵母报告子，通过酵母单杂交试验，进行烟碱代谢调控因子的筛选和鉴定（图 4 - 2 - 2A）。在对烟草基因富集 cDNA 酵母表达文库进行筛选的过程中，使用含有 45 mmol/L 3 - AT 的高严谨酵母筛选培养基 SD/- His/- Ura/- Leu 进行酵母筛选，总计获得 11 个阳性单菌落（图 4 - 2 - 2B）。对这 11 个酵母单菌落进行测序，结果显示它们都含有 *NtMYB305a* 的基因序列。

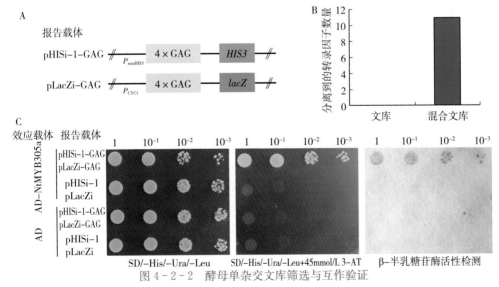

图 4 - 2 - 2　酵母单杂交文库筛选与互作验证

注：A 为报告载体的结构示意，B 为烟草 cDNA 表达文库的酵母单杂交筛选，C 为连续稀释酵母克隆在不同浓度 3 - AT 选择培养 SD/- His/- Leu/- Ura 上的生长情况。效应蛋白载体和报告载体信息标注在图片左侧。右侧为在无 3 - AT 选择培养基上培养的酵母克隆的 β - 半乳糖苷酶活性检测。

随后，将 *NtMYB305a* 全长编码区构建至 pGADT7 获得表达 NtMYB305a - AD 的酵母表达载体，并利用含有 4×GAG - pHISi - 1 和 4×GAG - pLacZi 报告子载体的酵母进行酵母单杂交验证。结果显示，NtMYB305a 蛋白可以使含有 4×GAG 的酵母菌报告子在含有终浓度为 45 mmol/L 的 3 - AT 高严谨度酵母筛选培养基 SD/- His/- Ura/- Leu 上正常生长，而只转化了 NtMYB305a - AD 载体或者只有报告子载体的酵母均不能在含有 45 mmol/L 3 - AT 的高严谨度酵母筛选培养基 SD/- His/- Ura/- Leu 上生长（图 4 - 2 - 2C）。此外，还使用不加 3 - AT 的酵母筛选培养基 SD/- His/-Ura/-Leu 培养的酵母进行了 β-半乳糖苷酶活性检测，结果显示，只有在表达 NtMYB305a 蛋白的酵母报告子中才能检测到 β-半乳糖苷酶活性，所有含空对照载体的酵母均不能激活 β-半乳糖苷酶的表达（图 4 - 2 - 2C）。这些结果表明，NtMYB305a 可以在酵母单杂交系统中与 *NtPMT1a* 启动子的 GAG 调控模块结合。

（二）*NtMYB305a* 及其同源基因的生物信息学分析

在检索 *NtMYB305a* 的同源基因时，用 *NtMYB305a* 的 CDS 序列在茄科基因组数据库（Sol Genomics Network）中进行 mRNA 序列比对。比对结果表明，烟草中共有 4 个与 *MYB305* 高度同源的基因，根据序列差异将烟草品种 TN90（*Nicotiana tabacum* L. cv. TN90）中的 *MYB305* 同源基因分为两大类，分别为 *NtMYB305a* 和 *NtMYB305b*。其中，*NtMYB305a* 包含 2 个基因，分别为 *NtMYB305a1*（LOC107821652）、*NtMYB305a2*（LOC107763989）；*NtMYB305b* 包含 2 个基因，分别为 *NtMYB305b1*（LOC107765438）、*NtMYB305b2*（LOC107818761）。上述同源基因的编码区序列比对结果如图 4 - 2 - 3A 所示。据图 4 - 2 - 3B 所示，*NtMYB305a1* 和 *NtMYB305a2* 的编码区序列一致，而 *NtMYB305b1* 和 *NtMYB305b2* 编码区序列差异较大。

（三）*NtMYB305a* 的表达特性和亚细胞定位研究

通过搜索 Sol Genomics Network 和 NCBI GenBank 基因组数据发现，烟草 TN90 基因组中的 *NtMYB305a* 与拟南芥 *AtMYB21/24* 和番茄 *SlMYB2* 的氨基酸序列同源性约为 60%，与观赏烟草 *LxS_MYB305* 的氨基酸序列同源性＞90%（图 4 - 2 - 4A）。然而，它们与单子叶植物中的 *MYB305* 同源基因，如玉米 *ZmMYB3305* 和水稻 *OsMYB305*，只有不到 40% 的氨基酸序列同源性（图 4 - 2 - 4A）。

半定量 RT - PCR 分析显示，在 16 周龄烟草植株所有组织中，*NtMYB305a* 的产物扩增丰度明显高于 *NtMYB305b*，这两个基因各自在叶、茎和根中的表达水平相似（图 4 - 2 - 4A）。RT - qPCR 分析表明，*NtMYB305a/b* 在茎中的表达水平略高于在叶和根中的表达水平（图 4 - 2 - 4B）。外源茉莉酸甲酯（MeJA）处理或打顶处理 24h，*NtMYB305a/b* 在烟草根中的表达水平分别增加了 30 倍或 10 倍以上（图 4 - 2 - 4C、D）。为确定 Nt-MYB305a/b 蛋白在烟草中的亚细胞定位特性，构建 NtMYB305a 和 NtMYB305b 编码区与黄色荧光蛋白（YFP）的融合表达载体 NtMYB305a - YFP 和 NtMYb305b - YFP，以只表达 YFP 蛋白的载体作为对照。如图 4 - 2 - 4E 所示，NtMYB305a - YFP 和 Nt-MYB305b - YFP 融合蛋白的荧光信号主要集中在细胞核中，而 YFP 的信号在细胞核和细胞质中均可看到，这表明 NtMYB305 a/b 是细胞核定位的蛋白。

上述结果表明，烟草 NtMYB305a/b 是受 JA 和打顶处理诱导表达的核定位转录因子。序列比对表明，NtMYB305a 和 NtMYB305b 与其他物种中同源蛋白的 DNA 结合域和自激活结构域具有高度序列同源性，这些蛋白在功能上可能存在相似性。鉴于烟草根中 *Nt-MYB305a* 的表达丰度最高，后续研究将以 *NtMYB305a* 作为重点对象。

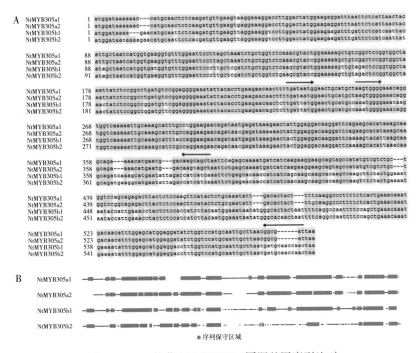

图 4 - 2 - 3　烟草 *NtMYB305a* 同源基因序列比对

注：A 为编码序列比对，红色箭头为 RT - qPCR 扩增区域，蓝色箭头为用于构建 RNAi 载体的区段；B 为 mR-NA 对应的 DNA 序列结构（包括内含子序列）。

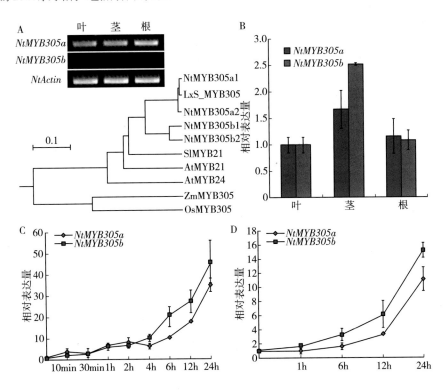

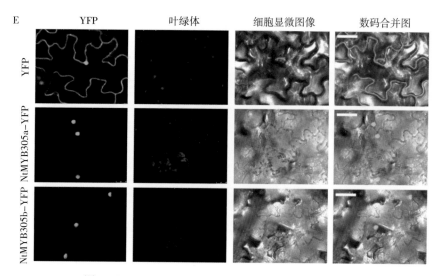

图4-2-4　NtMYB305a/b 的基因表达和亚细胞定位

注：A 为 NtMYB305a/b 的组织特异表达及其同源基因的系统发育树。系统发育树中的比例尺表示每个位点的氨基酸取代数。各基因的 GenBank 登录号如下：NtMYB305a1（LOC107821652），NtMYB305a2（LOC107763989），NtMYB305b1（LOC107765438），NtMYB305b2（LOC107818761），AtMYB21（At3g27810），AtMYB24（At5g40350），LxS-MYB305（EU111679），OsMYB305（AK111807），ZmMYB305（EU960450）。Sol Genomics Network 数据库的基因登录号：SlMYB21（Solyc02g067760）。B 为 NtMYB305a/b 组织特异表达的 RT-qPCR 分析。图中数据为平均值±标准差（n=3）。C、D 为烟草根中 NtMYB305a/b 在 MeJA（C）和打顶（D）处理后的表达分析。图中数据为平均值±标准差（n=3）。各处理的 0 点样本的基因表达设为 1。E 为 NtMYB305a/b 在烟草中的亚细胞定位分析。YFP 作为对照，比例尺表示 50μm。

（四）NtMYB305a 的转基因烟草植株鉴定与表型分析

在前期研究中，已培育了 3 个 NtMYB305a 的过表达烟草植株 OE1、OE2 和 OE6 以及 3 个基因沉默烟草植株 RI4、RI5 和 RI6，本研究用 NtMYB305a 的特异引物通过基因组 DNA PCR 和 RT-qPCR 对 NtMYB305a 在这些植株中的表达水平再次进行鉴定，基因组 DNA 的 PCR 鉴定结果如图4-2-5A 所示，RT-qPCR 鉴定结果如图4-2-5B 所示。结果表明，NtMYB305a 过表达植株 OE1、OE2 和 OE6 中的 NtMYB305a 表达水平 xx 对照植株高 30 多倍，而基因沉默植株 RI4、RI5 和 RI6 中的 NtMYB305a 表达水平比对照低 50%~70%。此外，还通过蛋白质印迹（Western blot）检测了 3 个 NtMYB305a 过表达株系中的蛋白表达情况，结果显示，在 3 个 NtMYB305a 过表达株系中，都可以检测到 NtMYB305a—HA 蛋白的表达（图4-2-5C）。对 NtMYB305a 过表达植株和沉默植株的表型进行观察发现，NtMYB305a 过表达植株的表型与对照烟草植株接近，但是 NtMYB305a 基因沉默植株存在花朵提前脱落现象，脱落时期一般为 S9 期，这表明 NtMYB305a 参与了烟草的生殖调控过程。

（五）NtMYB305a 与 PMT 基因启动子 GAG 调控区段结合分析

利用染色质免疫沉淀（ChIP）和转录激活分析研究 NtMYB305a 与 PMT 基因启动子中 GAG 区段的体内结合。用 Western blot 试验检测转基因植株根中 NtMYB305a-HA 蛋白的表达情况后，通过 ChIP-qPCR 试验分析 NtMYB305a 与 NtPMT1a 启动子中 GAG 区段的体内结合情况，以 NtActin 作为对照。试验结果显示，从过表达 Nt-

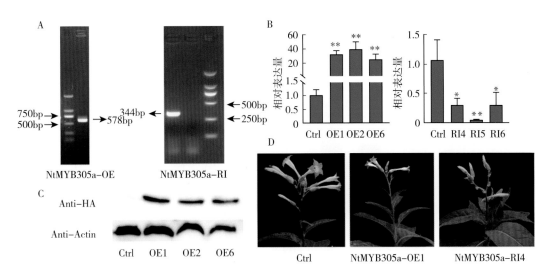

图 4-2-5　*NtMYB305a* 转基因烟草植株的鉴定及表型分析

注：A 为 *NtMYB305a* 过表达及沉默植株的 PCR 鉴定。B 为 *NtMYB305a* 过表达及沉默烟草植株的荧光定量 PCR 分析，展示数据为平均值±标准差（*n*=3），对照组的基因表达量设为 1。* 表示与对照组的差异显著性（* 表示 *P*<0.05，** 表示 *P*<0.005；*t* 检验）。C 为 *NtMYB305a* 过表达转基因烟草植株 HA 标签蛋白的检测；Western-blot 分析的一抗为小鼠抗 HA 标签蛋白，二抗为 HRP 标记山羊抗小鼠。D 为 *NtMYB305a* 转基因烟草植株与对照植株的表型。以空载体转化植株（Ctrl）为对照。

MYB305a-HA 植物中富集到了较高丰度（约 1%）*NtPMT1a* 启动子 GAG 区段的 DNA，而 GAG 上游区段的 DNA 富集度小于 0.3%，*NtActin* 的 DNA 富集度仅 0.1% 左右（图 4-2-6A）。这些结果为 NtMYB305a 与 *NtPMT1a* 启动子的 GAG 区段之间的体内相互作用提供了证据。

　　为确定 NtMYB305a 对 *NtPMT1a* 启动子的转录激活特性，以农杆菌介导的瞬时表达方法将表达 NtMYB305 的效应载体和空对照效应载体分别与 NtPMT1a-GUS 报告子共侵染 20d 龄的烟草幼苗后，进行 GUS 染色和 GUS 活性定量测定。结果显示，瞬时表达 *NtMYB305a* 幼苗的 GUS 染色颜色较深，其 GUS 活性比对照高 3 倍以上（图 4-2-6B），证明 NtMYB305 可以激活 *NtPMT1a* 启动子驱动的 *GUS* 报告基因表达。为进一步确定 NtMYB305a 对 *NtPMT1a* 启动子 GAG 区段应答 JA 信号的转录活性影响，分别将四次重复 GAG 片段（4×GAG）和删除 AT-rich 的四次重复 GAG 片段（4×GG）构建于 pBT10-GUS 载体的 CaMV 35S TATA 盒（−46 bp 至＋8 bp）的上游，获得二者的 *GUS* 基因报告载体（图 4-2-6C、D）。将 4×GAG-GUS 和 4×GG-GUS 报告子，分别与表达 *NtMYB305a* 的效应载体或空对照效应载体，通过农杆菌介导的瞬时表达方法，共同导入 20d 的烟草幼苗。相比较于用 4×GAG-GUS 报告载体和空对照效应载体共侵染的植株，用 4×GAG-GUS 报告载体和表达 *NtMYB305a* 效应载体共同侵染的植株的 GUS 染色颜色更深，其 GUS 活性比对照高 10 倍以上（图 4-2-6C、D），用 4×GG-GUS 报告载体和表达 *NtMYB305a* 的效应载体共侵染未导致 GUS 活性明显增加（图 4-2-6C、D）。这些结果表明，NtMYB305a 以依赖 AT-rich 元件的方式激活 4×GAG 驱动的 *GUS* 报告基因表达。

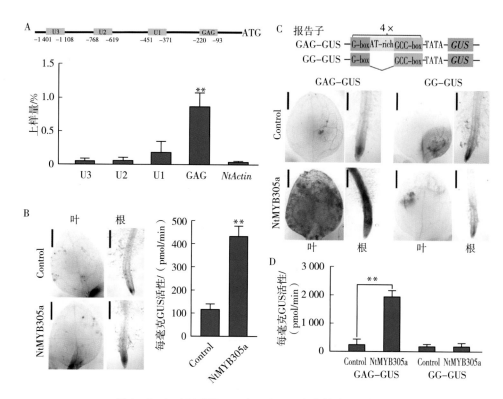

图 4 - 2 - 6　NtMYB305a 与 GAG 区段的体内相互作用

注：A 为 *NtPMT1a* 启动子的 ChIP 富集分析。ChIP - qPCR 扩增区段的位置如图所示，以 *NtActin* 作为试验对照。B 为 NtMYB305a 对 *NtPMT1a* 启动子的转录激活分析。左图为烟草植株的 GUS 染色，比例尺表示 1mm，右侧为 GUS 活性的定量测定结果。C、D 为 NtMYB305a 对 4×GAG 驱动的 *GUS* 报告基因的转录激活分析。C 图上部为报告载体的结构示意，下部为 GUS 染色，比例尺表示 1mm。D 图为 GUS 活性的定量测定结果。A、B 和 D 图数据为平均值±标准差 （*n*=3），* 表示与对照的差异显著性 （** 表示 *P*＜0.005，*t* 检验）。

（六）NtMYB305a 与 GAG 区段 AT - rich 元件之间的体外互作分析

为确定 NtMYB305a 结合 GAG 区段的特异元件，用凝胶电泳迁移率滞阻试验（EM-SA）分析 NtMYB305a 蛋白与 GAG 区段的体外相互作用。在加地高辛（DIG）标记 GAG 探针和 His 标签 NtMYB305a 蛋白的 EMSA 反应中，可以观察到蛋白滞阻的探针条带，而且条带强度随蛋白含量的增加而增强（图 4 - 2 - 7A、B），这表明 NtMYB305a 与 GAG 区段之且存在相互作用。随后，分析 NtMYB305a 蛋白与 GAG 突变片段的相互作用。删除 G - box 或 GCC - box 元件对 NtMYB305a 与 GAG 区段之间的体外相互作用没有影响，而删除 AT-rich（即 $\triangle AT_L$、$\triangle AT_M$ 或 $\triangle AT_R$）元件破坏了 NtMYB305a 与 GAG 区段之间的体外相互作用（图 4 - 2 - 7A、C）。在竞争 EMSA 试验中，删除 AT - rich 的未标记 GAG 片段对 NtMYB305a 与 GAG 区段之间的相互作用没有明显影响，而 AT - rich 元件的部分删除（从左侧或右侧）对 NtMYB305a 与 GAG 区段之间的体外互作有一定抑制作用，而且未标记的 GAG 探针可以竞争抑制 NtMYB305a 结合的大部分 DIG 标记 GAG 探针（图 4 - 2 - 7D）。这些结果表明，AT - rich 元件在 NtMYB305a 和 GAG 区段之间的相互作用中发挥关键作用。

意外的是，将 AT－rich 元件的每个碱基用其互补碱基取代，对 NtMYB305a 与 GAG 区段之间的结合活性没有明显影响（图 4－2－7E）。该结果与之前发现的用互补碱基取代 AT－rich 元件不影响 GAG 区段 JA 应答反应的结果一致（Sears et al.，2014）。随后，对 AT－rich 元件作进一步的突变分析，以鉴定影响 NtMYB305a 与 GAG 区段之间相互作用的关键碱基。结果显示，将 AT－rich 元件中单个或多个 G/C 碱基用 A/T 碱基替代对 NtMYB305a 与 GAG 区段之间的结合活性没有明显影响（图 4－2－7F）。上述结果表明，NtMYB305a 可以与完全由 A/T 碱基组成的 DNA 片段结合。为验证这一假设，分析 NtMYB305a 与 GAG 区段中两个 31bp 和 19bp 的 AT－rich 片段之间的体外结合，并以一个

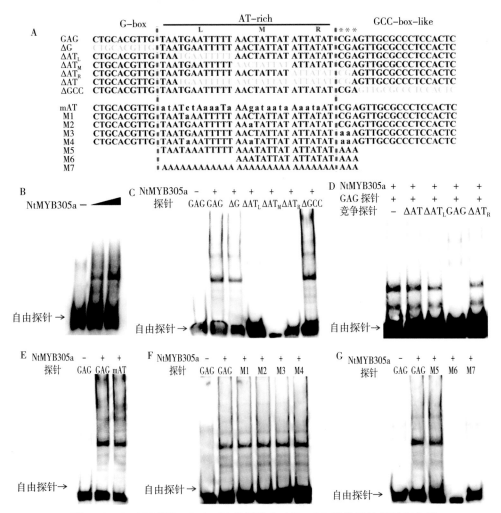

图 4－2－7 NtMYB305a 与 GAG 区段中 AT－rich 元件的体外互作分析

注：A 为进行体外互作分析的 GAG 区段及其突变片段的 DNA 序列。浅灰色字母为删除突变区段，小写字母为进行碱基替换的碱基。＊标注碱基也包含在突变序列中。B 为不同量 NtMYB305a 蛋白与 DIG 标记 GAG 的 EMSA 分析。C 为 NtMYB305a 蛋白与不同 GAG 突变片段的 EMSA 分析。D 为不同删除突变探针对 NtMYB305a 与 GAG 之间结合的竞争效应分析。E 为不同碱基替换突变 GAG 探针与 NtMYB305a 蛋白的 EMSA 分析。F 为不同 G/C 碱基替换突变 GAG 探针与 NtMYB305a 蛋白的 EMSA 分析。G 为 NtMYB305a 蛋白与只有 A/T 碱基的 AT－rich 片段的 EMSA 分析。未突变 GAG 探针用作图 C～G 的 EMSA 试验阳性对照。

31bp 的 poly（A）/poly（T）互补片段作对照（图 4 - 2 - 7A、G）。结果表明，Nt-MYB305a 可以与 31bp 的 AT - rich 片段结合，但不能与 19bp 的 AT - rich 片段或 31bp 的 poly（A）/poly（T）互补片段结合（图 4 - 2 - 7A、G）。这些结果表明，NtMYB305a 通过 AT - rich 元件与 GAG 区段特异结合，并能与无 G/C 碱基约 30bp 长度的 AT - rich 元件结合。NtMYB305a 结合的 AT - rich 元件不同于目前已知的 MYB 类转录因子结合元件（Prouse et al.，2012；Millard et al.，2019）。

（七）NtMYB305a 对烟碱合成的调控

通过测定 *NtMYB305a* 过表达植株（NtMYB305a - HA）（Sui et al.，2018）和 RNAi 介导的基因沉默植株 NtMYB305a - RI（选用 *NtMYB305a* 表达抑制超过 70% 的植株）中的烟碱含量，分析 NtMYB305a 在调控烟碱合成中的作用。NtMYB305a - RI 植株表现出雄性不育现象，需通过与野生型植物杂交进行繁殖，这与拟南芥 AtMYB21/24 功能相似（Song et al.，2011）。在根伸长试验中，NtMYB305a - RI 幼苗对 MeJA（5 μmol/L）的敏感性低于对照，而 NtMYB305a - HA 幼苗对 MeJA 的敏感性与对照相似（图 4 - 2 - 8B）。相较于对照植株（空载体转化），NtMYB305a - HA 植株在打顶前的叶片烟碱含量增加了近 40%（图 4 - 2 - 8C）。这些结果表明，NtMYB305a 在调控烟碱合成方面发挥着重要作用。*NtMYB305a* 基因沉默植株在打顶处理前的烟碱含量下降了 50% 以上（图 4 - 2 - 8C）。随后，测定 NtMYB305a - HA、NtMYB305 - RI 和对照植株在打顶处理 2 周后的叶片烟碱含量。与对照植株相比，NtMYB305a - HA 植株中的烟碱含量增加了约 30%，NtMYB305a - RI 植株中的烟碱含量减少了约 40%（图 4 - 2 - 8C）。尽管 *NtMYB305a* 与 *NtMYB305b* 的序列相似度较高，但所培育的 NtMYB305a - RI 植株中的 *NtMYB305b* 表达水平没有明显降低，推测与烟草中 *NtMYB305b* 的表达丰度较低有关（图 4 - 2- 4A）。上述研究结果证明，NtMYB305a 是烟草烟碱合成的关键调控因子。

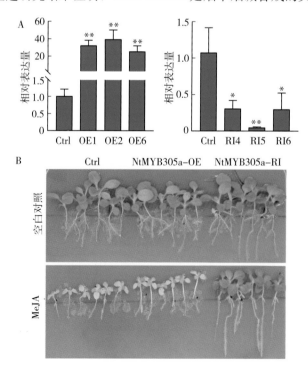

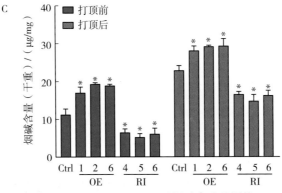

图 4 - 2 - 8　NtMYB305a 对烟碱合成的调控

注：A 为 *NtMYB305a* 在 NtMYB305a - HA（OE）、NtMYB305a - RI（RI）和对照（Ctrl）植株中的表达分析。B 为 NtMYB305a - HA、NtMYB305a - RI 和对照植株幼苗的 MeJA 敏感性分析。C 为 NtMYB305a - HA（OE）、NtMYB305a - RI（RI）和对照（Ctrl）植物在打顶前和打顶后 2 周的叶片烟碱含量。A 和 C 中的数据为平均值±标准差（$n=3$）。＊表示与对照的差异显著性（＊表示 $P<0.05$，＊＊表示 $P<0.005$；t 检验）。

（八）NtMYB305a 对烟碱代谢相关基因的调控

为确定 NtMYB305a 对烟碱合成相关基因的表达调控，通过 RT - qPCR 检测 *Nt-PMT*、*NtODC*、*NtADC*、*NtQPT*、*NtA622* 和 *NtBBL* 在 5 周龄 NtMYB305a - HA、NtMYB305a - RI、对照植株根中的表达水平差异。结果表明，*NtMYB305a* 过表达植株中的 *NtPMT* 表达水平升高，而在 NtMYB305a - RI 植株中的表达水平下降（图 4 - 2 - 9A）。MeJA 处理使 *NtMYB305a* 过表达植株中的 *NtPMT* 表达量增加了 3 倍以上，而 Nt-MYB305a - RI 植株中的 *NtPMT* 表达不受 JA 处理诱导，这些结果证明 NtMYB305a 是 *NtPMT* 基因的正调节因子。*NtODC*、*NtADC* 和 *NtQPT* 的表达不受 NtMYB305a 过表达的影响，但在 MeJA 处理和未处理的 NtMYB305a - RI 植株中的表达均受到了抑制。*NtA622* 和 *NtBBL* 的表达模式与 *NtPMT* 的表达模式相似，但在未用 MeJA 处理的 Nt-MYB305a - RI 植物中没观察到 *NtA622* 的表达变化。上述结果表明，NtMYB305a 正调控 JA 介导的烟碱代谢基因表达。

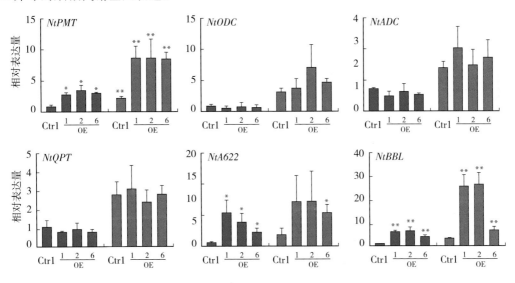

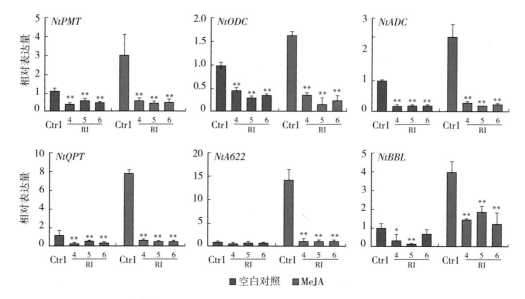

图4-2-9　烟碱代谢基因在5周龄NtMYB305a-HA（OE）、NtMYB305a-RI（RI）
和对照（Ctrl）植株根中的相对表达水平

注：每个基因在未处理对照中的表达水平被设为1。展示数据为平均值±标准差（$n=3$）。＊表示与对照的差异显著性（＊表示$P<0.05$，＊＊表示$P<0.005$；t检验）。

为研究NtMYB305a对打顶处理后烟碱合成基因的表达调控作用，提取转基因烟草植株及对照烟草植株在打顶处理前的根部样品RNA，并对烟碱合成基因的表达水平进行分析。随后，对这些烟草植株进行打顶处理，分析打顶处理6h和12h烟碱合成基因在上述转基因烟草植株和对照烟草植株根中的表达水平变化。如图4-2-10所示，NtPMT、NtODC、NtA622、NtBBL的基因表达在打顶处理前的NtMYB305a过表达植株中得到上调。在沉默NtMYB305a烟草植株中，除NtA622外其他烟碱合成基因的表达水平均出现了下调。打顶处理6h和12h，NtPMT、NtA622、NtBBL在NtMYB305a过表达植株根中的表达均高于对照烟草植株，在NtMYB305a沉默烟草植株中，所有烟碱合成基因的表达量均低于对照烟草植株（图4-2-10）。

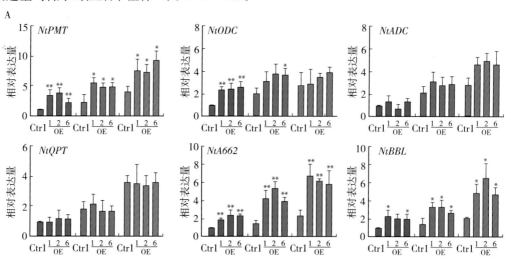

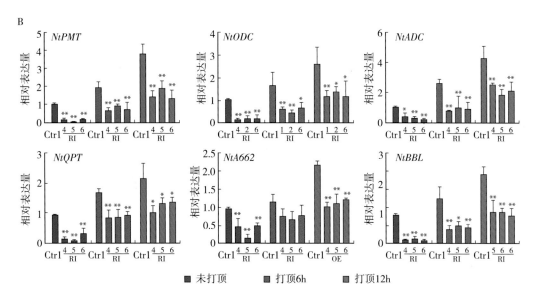

图 4-2-10　NtMYB305a 对打顶处理后烟碱合成基因的表达调控

注：A 为烟碱合成基因在未打顶、打顶 6h 和打顶 12h 的 *NtMYB305a* 过表达植株和对照植株根中的表达水平。B 为烟碱合成基因在未打顶、打顶 6h 和打顶 12h 的 *NtMYB305a* 沉默植株和对照植株根中的表达水平。所示数值为平均值±标准差（$n=3$）。各基因在未处理对照组中的表达量设为 1。＊表示与相同处理中对照的差异显著性（＊表示 $P<$ 0.05，＊＊表示 $P<0.005$；t 检验）。

（九）NtMYB305a 可与多个烟草烟碱合成基因启动子中的 AT‐rich 元件结合

NtMYB305a 可以特异识别并结合烟碱合成限速酶基因 *NtPMT1a* 启动子中 GAG 调控区的 AT‐rich 元件并参与烟草的烟碱合成调控，而且 NtMYB305a 不仅可以调控 *NtPMT1a* 表达，还参与了其他烟碱合成基因的表达。据此推测，NtMYB305a 有可能与其他烟碱合成基因启动子中的顺式元件发生互作。

为验证这一假设，通过 NCBI 对烟碱合成基因 *NtODC*、*NtADC1*、*NtQPT1*、*NtA622* 以及 *NtBBLa* 的启动子序列进行检索，并找出这些基因起始密码子 ATG 上游的类 AT‐rich 元件序列，具体信息如图 4‐2‐11A 所示。随后，依据这些烟碱合成基因启动子中的类 AT‐rich 元件序列，合成地高辛（DIG）标记探针，并用纯化的 NtMYB305a 蛋白进行 EMSA 试验分析。EMSA 试验结果如图 4‐2‐11B 所示，第一个泳道为未添加 NtMYB305a 蛋白的阴性对照（只加 *PMT* 基因的 AT‐rich 探针），其他泳道为 NtMYB305a 蛋白与标示的烟碱合成基因启动子中的 AT‐rich 元件探针。结果显示，NtMYB305a 可与所有烟碱合成基因启动子中的 AT‐rich 元件结合。由此可见，NtMYB305a 不仅可以结合 *NtPMT1a* 启动子中的 AT‐rich 元件，还可结合其他烟碱合成基因启动子中的特定 AT‐rich 元件。

图 4‐2‐11A 所示为上述烟碱合成基因启动子中的类 AT‐rich 元件的位置示意图，针对 AT‐rich 元件序列的 ChIP‐qPCR 扩增分析显示，参照基因 NtActin 的富集度约 0.1%，而 *NtODC*、*NtADC1*、*NtQPT1*、*NtA622* 及 *NtBBLa* 启动子中 AT‐rich 元件的富集度均在 0.5% 以上，该结果表明，NtMYB305a 可以在烟草体内与上述烟碱合成基因启动子中的 AT‐rich 元件结合。随后，使用 MEME 软件（https：//meme-suite.org）

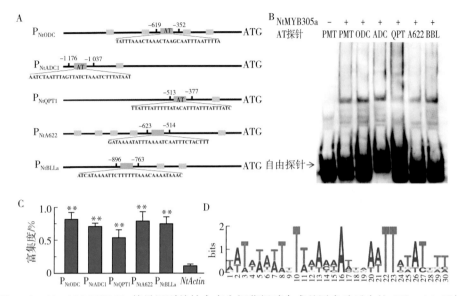

图 4 - 2 - 11　NtMYB305a 特异识别并结合多个烟草烟碱合成基因启动子中的 AT - rich 元件

注：A 为烟碱合成基因启动子中的类 AT - rich 元件序列及 ChIP - qPCR 引物位置示意图。B 为 NtMYB305a 蛋白与烟碱合成基因启动子 AT - rich 元件互作的凝胶迁移滞阻试验分析。C 为 NtMYB305a 蛋白与烟碱合成基因启动子 AT - rich 元件互作的 ChIP - qPCR 分析。用 HA 抗体免疫沉淀 NtMYB305a - HA 烟草植株的染色质，并通过 qPCR 方法对免疫共沉淀的 DNA 进行定量分析。目的基因启动子的富集度为 Input DNA 的百分比含量。D 为与 NtMYB305a 蛋白结合的 AT - rich 元件的序列标识图（Sequence Logo）分析。图中数值为平均值±标准差（$n=3$）。* 表示与相同处理对照组的差异显著性（* 表示 $P<0.05$，** 表示 $P<0.005$；t 检验）。NtActin 作为非特异扩增对照。

对上述烟碱合成基因启动子中的 AT - rich 元件进行序列分析，可以发现，与 Nt-MYB305a 蛋白结合的 AT - rich 元件序列中的 A 和 T 碱基具有极大的保守性，而且中间的 A 碱基和两侧的 T 碱基对 NtMYB305a 与 AT - rich 元件的相互结合具有重要影响（图 4 - 2 - 11D）。同时，该结果也显示，NtMYB305a 与烟碱合成基因启动子中 AT - rich 元件的结合不依赖于 G/C 碱基，这与前面的研究结果一致。综上所述，NtMYB305a 不仅通过与 NtPMT1a 启动子 GAG 调控区 AT - rich 元件的特异结合参与烟碱代谢调控，同时，还可以与其他烟碱合成基因启动子中的 AT - rich 元件结合，通过调控其他烟碱合成基因的表达来调控烟草中的烟碱合成。

（十）　NtMYB305a 和 NtMYC2a 对烟碱合成的协同调控

NtMYB305a 是拟南芥 AtMYB21/24 的同源基因，可与 bHLH 类转录因子 AtMYC2 互作调控 JA 介导的应答反应（Song et al.，2011；Qi et al.，2015）。本研究通过比较表达 NtMYB305a 植株、NtMYC2a 植株或二者共表达植株的基因表达和烟碱积累，探讨 NtMYC2a 与 NtMYB305a 在烟碱合成中的协同作用。转录分析表明，NtMYB305a 和 Nt-MYC2a 在二者杂交植株中的表达水平与在它们过表达植株中的水平接近（图 4 - 2 - 12A）。基因表达分析显示，NtPMT、NtADC、NtQPT、NtA622 和 NtBBL 基因在 Nt-MYB305a 和 NtMYC2a 共表达植株中的表达水平高于 NtMYB305a 或 NtMYC2a 单个基因表达植株，表明二者对烟碱合成基因的表达存在协同调控作用（图 4 - 2 - 12B）。然而，NtODC 的表达不受二者共表达的影响（图 4 - 2 - 12B）。在未打顶处理时，对照植株的烟碱含量为 12 μg/mg，表达 NtMYB305a - HA 或 NtMYC2a - HA 植株的烟碱含量为 16 μg/mg；二者共表达植株的烟碱含量为 22 μg/mg（图 4 - 2 - 12C）。因此，与表达单一蛋白植株相比，NtMYC2a - HA 与 NtMYB305a - HA 的共表达使得烟碱含量增加了 38%。打顶处理后，对照植株的烟碱含量为 19 μg/mg，表达 NtMYB305a - HA 或 NtMYC2a - HA 植株的烟碱含量为 28 μg/mg，二者共表达植株的烟碱含量为 32 μg/mg（图 4 - 2 - 12C），表明打顶处理后的共调控作用有所减弱。

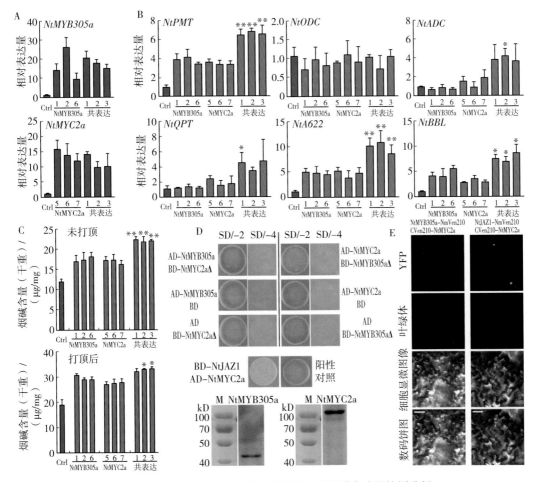

图 4 - 2 - 12　NtMYB305a 和 NtMYC2a 对烟碱合成的协同分析

注：A 为 *NtMYB305a* 和 *NtMYC2a* 在表达 NtMYB305a - HA、NtMYC2a - HA 或共表达两种蛋白质植株中的表达水平分析。B 为烟碱代谢相关基因在表达 NtMYB305a - HA、NtMYC2a - HA 或共表达两种蛋白的 5 周龄幼苗根部的相对表达量。对照中每个基因的表达设为 1。C 为表达 NtMYB305a - HA、NtMYC2a - HA 或共表达两种蛋白质植株叶片中的烟碱含量测定。A～C 中的数据为平均值±标准差（$n=3$）。* 表示表达 NtMYB305a - HA 的植株和表达 NtMYC2a - HA 植株之间存在显著差异（* 表示 $P<0.05$，** 表示 $P<0.005$；t 检验）。D、E 为 NtMYB305a 和 NtMYC2a 蛋白互作的 Y2H（D）和 BiFC（E）分析。Y2H 分析中的 SD/-2 和 SD/-4 分别表示 SD/- Leu/- Trp 培养基和 SD/- Ade/- His/- Leu/- Trp 培养基（含 X-α-Gal）。D 图底部为 NtMYB305a 和 NtMYC2a 在酵母中蛋白表达的蛋白质印迹检测，M 表示蛋白分子量参照。NtMYC2a 和 NtJAZ1 的蛋白相互作用分析为阳性对照。E 图中的比例尺表示 50 μm，未展示 BiFC 试验的阴性对照。

为确定 NtMYB305a 和 NtMYC2a 之间是否存在蛋白相互作用，通过酵母双杂交（Y2H）和双分子荧光互补（BiFC）试验进行分析，并以存在互作的 NtMYC2a 和 Nt-JAZ1 蛋白组合作为阳性对照。在 Y2H 试验中，以删除自身激活域的 NtMYB305a 和 Nt-MYC2a 作为诱饵蛋白，并用它们的全长蛋白作为猎物蛋白，试验显示，NtMYB305a 和 NtMYC2a 之间不存在蛋白相互作用（图 4 - 2 - 12D）。而且，在 BiFC 试验中，也没检测到两种蛋白质之间的相互作用（图 4 - 2 - 12E）。这些结果表明，在烟草中，这两种蛋白的调控模式与其拟南芥同源蛋白的调控方式存在差异。

三、材料与方法

（一）烟草材料和培养条件

本研究使用烟草品种 TN90（*N. tabacum* L. cv TN90）进行基因表达分析和转基因烟草培育。烟草植株在温度 23℃、光周期 14h 黑暗/10h 光照的室内温室进行培养。前期获得的 HA 标签 NtMYB305a（NtMYB305a - HA）和 HA 标签 NtMYC2a（NtMYC2a - HA）的过表达载体和转基因植株（Sui et al.，2018）在本研究中继续使用，并用于培育 NtMYB305a - HA 和 NtMYC2a - HA 的杂交植株。为构建 RNAi 介导的 *NtMYB305a* 基因沉默载体，用引物 5' - TGATAATGGAACTGCATGCTAA - 3' 和 5' - ATCGCCGT-TAAGCAATTGCAT - 3' 扩增 *NtMYB305a* 的编码序列，并克隆到 pENTR™/D - TO-PO™ 载体（Invitrogen，美国），整合到 Gateway 克隆兼容的 pBin19 - attR - RNAi 载体中。pBin19 - attR - RNAi 载体为通过将 pBin19 - attR - YFP（Subramanian et al.，2006）载体的基因表达模块替换为 pHZPRi - Hyg（Zhang et al.，2012）的 RNAi 模块获得的 RNAi 载体。将 *NtPMT1a* 的启动子序列克隆至 pBT10 - GUS 载体（Sprenger-Haussels and Weisshaar，2000）的 *GUS* 报告基因上游，获得 *NtPMT1a* 基因启动子驱动的 *GUS* 基因报告载体。将获得的双元载体导入根癌农杆菌 LBA4404 中，并用于转基因烟草植株的培育（Wang et al.，2014）。

进行 MeJA 处理的基因表达分析时，将表面消毒的烟草种子播种在含有特定抗生素的 1/2 MS 培养基上，培养 1 周发芽后转移至 1/2 MS 液体培养基中继续培养 4 周，每周更换一次新鲜培养基；然后，用含有 100 μmol/L MeJA 的新鲜 1/2 MS 液体培养基处理，并在试验需要的时间点收集根样品。用于 JA 敏感性检测的根伸长试验，按 Wang 等（2014）所述方法进行。

用于烟碱含量测定的烟草植株，培养在花盆的营养土中，培养至花期（约 16 周龄）时进行打顶处理，并收集打顶前、后的叶片样品和根部样品，分别用于烟碱含量测定和烟碱代谢相关基因的表达分析。

（二）酵母单杂交（Y1H）试验

为分离 GAG 调控模块的结合蛋白，将 GAG 模块的四次重复片段（4×GAG）克隆至 pHISi - 1 和 pLacZi 载体（Clontech，美国），构建酵母单杂交试验的报告载体 pHISi-1 - GAG 和 pLacZi - GAG。随后，将 pHISi - 1 - GAG 和 pLacZi - GAG 载体导入酵母菌株 YM4271（Clontech，美国），获得 GAG 的酵母报告子。使用 BD Matchmaker 文库构建与筛选试剂盒（Clontech，美国），以表达茉莉酸途径调控因子基因的烟草 cDNA 构建酵母表达文库，即烟碱代谢基因富集文库，并使用含有 45mmol/L 3 - AT 的选择培养基

SD/－His/－Ura/－Leu 进行烟草 cDNA 富集文库的酵母单杂交筛选。

为检测 NtMYB305a 与 GAG 调控模块间的特异结合，用 pHISi－1 和 pLacZi 空载体构建空对照酵母报告子，并将 NtMYB305a 的编码序列用基因特异引物（表 4－2－1）扩增后克隆到 pGADT7－Rec2 载体（Clontech，美国）。然后，将 NtMYB305a 表达载体和 pGADT7－Rec2 空载体分别转化到 GAG 酵母报告子或空对照酵母报告子中，进行 Nt-MYB305a 与 GAG 调控模块的酵母单杂交互作分析。获得的酵母转化子在 SD/－His/－Ura/－Leu 选择培养基上进行培养，然后在含 3－AT 的选择培养基上进行互作分析，并用未加 3－AT 的 SD/－His/－Ura/－Leu 选择培养基上的菌落进行 β-半乳糖苷酶活性检测。

表 4－2－1　酵母单杂交试验基因克隆引物

基因	登录号	引物序列
NtMYB305a	KC792284	5'－ATGGATAAAAAACCATGCA－3' 5'－TTAATCGCCGTTAAGCAATTG－3'
NtMYC2a	NM_001326072	5'－ATGACTGATTACAGCTTA－3' 5'－TTAGCGTGTTTCAGCAAC－3'
NtERF189	BAN57618	5'－ATGGAAATGAATCTAGCTGACGAAA－3' 5'－TTAAGCTAATCTCTGTAAATTTAAGC－3'
NtERF10	CQ808845	5'－ATGTTTCCTAATTGCTTG－3' 5'－CTATAGCACCGGTAGCTC－3'
NtERF115	BAN58165	5'－ATGAATCCCAATAATGCA－3' 5'－TTATAGCAGCATTTGTAG－3'
NtERF163	BAN58168	5'－ATGAATTCAGCTGATCTT－3' 5'－TTACACAAATAGTTTTCT－3'

（三）蛋白和 DNA 的序列分析

使用前期克隆的 NtMYB305a 蛋白质序列（GenBank 登录号：KC792284），通过 BLAST 检索方法从 NCBI 的 GenBank 和 Sol Genomics Network 数据库（https：//sol-genomics.net）中检索 NtMYB305a 的烟草同源基因。同时，从 NCBI 的 GenBank 中检索拟南芥、花烟草 N. alata、水稻和玉米中的 NtMYB305a 同源基因，从 Sol Genomics Net-work 中检索番茄中的 NtMYB305a 同源基因。随后，利用 NtMYB305a 及其不同物种同源基因的蛋白质序列和 MEGA 7.0 软件进行系统发育树构建，用 Clone Manager 8.0 进行烟草 NtMYB305a 及其不同物种同源基因的 DNA 序列比对分析，并使用 DNAMAN 6.0 进行 NtMYB305a 及其同源基因的蛋白序列比对分析。

（四）基因表达分析

用于基因表达分析的样品总 RNA 使用 TRIzol 试剂（Invitrogen，美国）提取。用 PrimeScript 第一链 cDNA 合成试剂盒（Takara，日本）将样品总 RNA 逆转录为 cDNA。在用半定量 RT－PCR 进行基因表达分析时，NtMYB305a/b 扩增 30 个循环，内参对照 NtActin 扩增 26 个循环，扩增产物在 1.0% 琼脂糖凝胶中进行电泳分离。RT-qPCR 基因表达分析使用试验盒 ChamQ Universal SYBR qPCR Master Mix（Vazyme，中国）在 QuantStudio 5 实时 PCR 系统（Thermo Fisher Scientific，美国）上进行扩增，以 *NtActin* 作为内参对照（Zhang et al.，2012）。扩增结果使用 $2^{-\Delta\Delta C_T}$ 方程进行基因相对表达水平计算（Zhang et al.，2012）。各基因的表达水平为三次重复的平均值±标准差，使用双尾 *t* 检验进行差异显著性分析。各基因的 RT－qPCR 扩增引物如表 4－2－2 所示。

表 4－2－2　RT－qPCR 扩增引物

基因	登录号	引物序列
NtMYB305a1	LOC107821652 (gene _ 72219 @ Sol Genomics Network)	5'－AAGTGGGGAAACAGGTGGTC－3'
NtMYB305a2	LOC107763989 (gene _ 49136 @ Sol Genomics Network)	5'－AGCTGCTTGTCCATTCATGT－3'
NtMYB305b1	LOC107765438 (gene _ 4225 @ Sol Genomics Network)	5'－AAATGGGGAAATAAGTGGTCA－3'
NtMYB305b2	LOC107818761 (gene _ 31433 @ Sol Genomics Network)	5'－GATGGTCTAATATTCATGCTT－3'
NtPMT	AF126810	5'－AAAATGGCACTTCTGAACAC－3' 5'－CCAGGCTTAATAGAGTcGGA－3'
NtODC	AF233849	5'－GTTTCCGACGACTGTGTTTG－3' 5'－ATTGGACCCAGCAGCTTTAG－3'
NtADC	AF127240	5'－ACTTCGGGCTAAGCTCAGGA－3' 5'－GCAGCAACTGAAGGCAATCC－3'
NtQPT	AJ748262	5'－TTGATCAATGGGAgTTTGA－3' 5'－TCAGGGCACCcCTAGAAATG－3'
NtA622	AB071165	5'－GATGGAAATCCCAAAGCAAT－3' 5'－GCAGGTGGTCTCATGTGAAG－3'
NtBBL	AB604219	5'－CTGCTGATAATGTCGTTGAT－3' 5'－CACCTCTGATTGCCCAAAACAC－3'
NtActin	X63603	5'－CCACACAGGTGTGATGGTTG－3' 5'－GTGGCTAACACCATCACCAG－3'

（五）蛋白的亚细胞定位特性分析

为确定 NtMYB305a 和 NtMYB305b 的亚细胞定位特性，分别构建了 NtMYB305a 和 NtMYB305b 的 YFP 融合蛋白表达载体 NtMYB305a－YFP 和 NtMYb305b－YFP。NtMYB305a 的编码序列用引物 5'－AAACCGCGGATGGATAAAAAACCATGCAAC－3' 和 5'－ATCGCCGTTAAGCAATTGCAT－3' 扩增后，克隆到 pENTR™/D－TOPO™ 载体中，然后使用 Gateway 克隆方法整合到携带 2×35S 启动子的双元载体 pBin19－attR－YFP（Subramanian et al.，2006）中。NtMYB305b 的编码序列用引物 5'－AAACCGCG-

GATGGATAAAAGACATGCAA‑3' 和 5'‑GTTGGTTGCATCATTAAGCA‑3' 扩增，使用相同方法克隆到 pBin19‑attR‑YFP 中。用改造 pBin19‑attR‑YFP 载体获得的 YFP 表达载体作为试验对照。获得的双元载体被导入根癌农杆菌菌株 GV3101 中，用 YEB 培养基于 28℃ 培养至 OD$_{600}$＝1.0，然后重悬于侵染缓冲液 [10mmol/L 2‑（N‑吗啡啉）乙磺酸‑氢氧化钾（MES‑KOH），pH 5.5，10mmol/L 氯化镁，100μmol/L 乙酰丁香酮] 中，用无针注射器注入烟草叶片。在室内温室中培养 48h 后，用 Leica TCS‑SP8 共聚焦显微镜（Leica Microsystems，德国）进行荧光观察。YFP 的检测用 488 nm 激发光和 520～540 nm 发射光进行，叶绿素的检测用 552 nm 激发光和 650～760 nm 发射光进行。

（六）染色质免疫共沉淀（ChIP）分析

收集 3 周龄的 NtMYB305a‑HA 表达植株根部样品（1.5g），在 1% 甲醛中真空固定 10min。样品的染色质制备、超声波打断和 ssDNA/蛋白 G 琼脂糖预处理等按 Zhang 等（2012）所述方法完成，处理后的染色质用 HA 抗体（Roche，德国）和 ssDNA/蛋白 G 琼脂糖进行免疫沉淀。免疫沉淀富集的染色质 DNA 用于特定 DNA 区段的 qPCR 扩增分析，并以 NtActin 的特定片段作为内参对照。扩增不同启动子区域和 NtActin 对照 DNA 的 ChIP‑qPCR 引物见表 4‑2‑3。

表 4‑2‑3 ChIP‑PCR 引物

基因	登录号		引物序列
NtPMT1a	LOC107771646 或 AF126810	GAG:	5'‑CACCGAGACAAACTTATATT‑3' 5'‑CATTTAAATACAATTTGGAC‑3'
		U1:	5'‑GGCTAGCTGGTCAGCAAAGA‑3' 5'‑TAAGAGGGAGATGGGGCACA‑3'
		U2:	5'‑CTGGCCAAACCCAAAGATGAAT‑3' 5'‑TCTCCACCTAAGGCTTGAATGATA‑3'
		U3:	5'‑CAAATAGCAATTGGTTTGGTA‑3' 5'‑CCAAATGACCCCTGGGAGTT‑3'
NtODC	LOC107815922		5'‑GTGAAATTACAAGTACAAGAT‑3' 5'‑ATCCAACGGTGCATGATTTTT‑3'
NtADC1	LOC107796783		5'‑AAGTCCAAAGCCAAGGGTTCCT‑3' 5'‑ATTAACTGAAGAACAATAGCCTCGC‑3'
NtQPT1	LOC107829123		5'‑TTGCAGGAGCAACTCTCATAAGT‑3' 5'‑ATCGGTTCAGAGACAAAAGATCAA‑3'
NtA622	LOC107784748		5'‑ATTAGCACCACTTTCCAGC‑3' 5'‑AAGTCATTTTCCAATCCCCTGA‑3'
NtBBLa	LOC107791775		5'‑TGAGCCTTCGAGACGTCGTAA‑3' 5'‑AATGACTTCTGTCCAAACGTAGGAG‑3'
NtActin	X63603		5'‑CCACACAGGTGTGATGGTTG‑3' 5'‑GTGGCTAACACCATCACCAG‑3'

（七）NtMYB305a 的转录激活特性分析

为确定 NtMYB305a 激活 *NtPMT1a* 启动子取得的基因表达活性，将 *NtPMT1a* 基因启动子构建于 pBT10 - GUS 载体的 *GUS* 报告基因上游，获得 *NtPMT1a* 基因启动子的报告载体（Sprenger-Haussels and Weisshaar，2000）。用删除 Kan 抗性的 pBin19 - Nt-MYB305a - HA 载体作为效应载体，并以相同方式获得空载体对照。将上述效应载体与报告载体分别配对，按 Parkhi 等（2005）所述的方法共转化根癌农杆菌 LBA4404。将获得的农杆菌［具有 Kan 和 Chl（氯霉素）抗性］培养物，用含有 $100\mu mol/L$ 乙酰丁香酮的液体1/2MS培养基重悬至 $OD_{600}＝1.0$，并用于侵染 20d 龄烟草幼苗，然后，将被侵染的烟草幼苗移至含 $100\mu mol/L$ 乙酰丁香酮的固体 MS 培养基上暗培养 2d，并转到含 250 mg/L Cef 的固体 MS 培养基上继续培养 3d。随后，对烟草幼苗进行 GUS 染色和 GUS 活性的定量测定。GUS 活性的定量检测，用利用 4 - 甲基伞形酮（MU）标准品制备的校准曲线进行计算，并以每分钟每毫克蛋白中 MU 含量（pmol）表示 GUS 活性。

为确定 NtMYB305a 是否通过 GAG 调控模块中 AT - rich 元件激活 *NtPMT1a* 启动子表达活性，分别将四次重复的 GAG 片段（4×GAG）和删除 AT - rich 的四次重复 GAG 片段（4×GG）构建于 pBT10 - GUS 载体的 CaMV 35S TATA 盒上游（－46bp 至＋8 bp），获得二者的 *GUS* 基因报告载体。然后，将这些报告载体分别与 NtMYB305a 效应载体配对，共转化根癌农杆菌 LBA4404 并侵染 20d 龄的烟草幼苗，通过 GUS 活性测定分析 NtMYB305a 对不同报告载体的转录激活特性。

（八）凝胶电泳迁移率滞阻（EMSA）分析

用引物 5'- AAACCATGGATAAAAAACCATGCAA －3' 和 5'- AAACTCGAGATCGC - CGTTAAGCAATTGCA －3' 扩增 NtMYB305a 的编码区，并通过 *Nco*I 和 *Xho*I 限制性酶切位点克隆至 pET28b 载体（Novagen Madison，美国），并在大肠杆菌菌株 BL21 中表达 Nt-MYB305a 的 His 标签蛋白（NtMYB305a - His）。将大肠杆菌细胞置于 16℃ 下进行培养，并用 0.5mmol/L IPTG 进行蛋白的诱导表达。然后，按 Zhang 等（2012）所述方法，用 Ni - NTA Sefinose Resin 制备的亲和柱纯化表达目的蛋白。用于 EMSA 试验的探针，在合成后，根据需要，用地高辛（DIG）进行标记。制备 EMSA 反应体系时，将 2 μg NtMYB305a - His 蛋白和 2 ng DIG 标记 DNA 探针加入 $20\mu L$ 结合缓冲液［25 mmol/L HEPES - KOH，pH 7.4，100 mmol/L 氯化钾，0.1 mmol/L EDTA，8％甘油，1 mmol/L DTT 和 100 ng 聚（dA - dT）］，于室温反应 20min 后，用 6％聚丙烯酰胺凝胶在 0.5×TBE 缓冲液中进行电泳分离。在进行竞争 EMSA 分析时，在反应体系中加入试验需要的未标记探针 DNA。电泳结束后，将分离物转移至 Hybond-N$^+$ 膜上，并用 DIG 检测试剂盒（Roche Basel，瑞士）进行杂交显色。在 EMSA 试验中使用到的探针见表 4 - 2 - 4。

表 4 - 2 - 4　EMSA 探针序列

探针	序列
GAG	CTGCACGTTGTAATGAATTTTTAACTATTATATTATATCGAGTTGCGCCCTCCACTC
ΔG	TAATGAATTTTTAACTATTATATTATATCGAGTTGCGCCCTCCACTC
ΔAT$_L$	CTGCACGTTGTAAAACTATTATATTATATCGAGTTGCGCCCTCCACTC

（续）

探针	序列
ΔAT_M	CTGCACGTTGTAATGAATTTTTATTATATCGAGTTGCGCCCTCCACTC
ΔAT_R	CTGCACGTTGTAATGAATTTTTAACTATTATAGTTGCGCCCTCCACTC
ΔAT	CTGCACGTTGTAAAGTTGCGCCCTCCACTC
ΔGCC	CTGCACGTTGTAATGAATTTTTAACTATTATATTATATCGA
mAT	CTGCACGTTGATATCTAAAATAAAGATAATAAAATAATCGAGTTGCGCCCTCCACTC
M1	CTGCACGTTGTAATAAATTTTTAACTATTATTATATCGAGTTGCGCCCTCCACTC
M2	CTGCACGTTGTAATGAATTTTTAAATATTATTATATCGAGTTGCGCCCTCCACTC
M3	CTGCACGTTGTAATGAATTTTTAACTATTATTATATAAAGTTGCGCCCTCCACTC
M4	CTGCACGTTGTAATAAATTTTTAAATATTATTATATAAAGTTGCGCCCTCCACTC
M5	TAATAAATTTTTAAATATTATATTATATAAA
M6	AAATATTATATTATATAAA
M7	AAAAAAAAAAAAAAAAAAAAAAAAAAAAAAA

注：下划线标注碱基为进行碱基替换的碱基。

（九）烟碱含量测定

烟叶的烟碱含量测定，按 Zhang 等（2012）和 Ma 等（2016）所述方法进行。将 0.1g 烟叶样品干燥并研成粉末，在 1mL 10％氢氧化钠中浸泡 20min，将样品在等体积二氯甲烷中通过涡流提取。制备的样品使用配备了 DB-5MS 色谱柱的安捷伦 7890A GC/MS 色谱仪进行烟碱含量检测。使用 Sigma-Aldrich 的烟碱纯品作为标准对照。每个样本的测定值为三个生物学重复的平均值。

（十）蛋白互作分析

为通过酵母双杂交（Y2H）试验检测 NtMYB305a 和 NtMYC2a 间的蛋白相互作用，分别将删除自身激活域的 NtMYB305a 和 NtMYC2a 编码序列克隆至 pGBK-T7 载体（Takara Bio，美国）获得表达删除自身激活域的 NtMYB305a 和 NtMYC2a 诱饵载体，并将 NtMYB305a 和 NtMYC2a 的全长编码序列克隆至 pGAD-T7 载体（Takara-Bio，美国）获得表达 NtMYB305 和 NtMYC2a 的猎物载体。将获得的目的载体按试验需要配对组合，并转化酵母菌株 AH109（Takara Bio，美国），于 30℃在 SD/-Leu/-Trp 培养基上进行培养。随后，将获得的酵母克隆点在含 20 mg/L X-α-Gal 的 SD/-Ade/-His/-Leu/-Trp 培养基上，于 30℃培养 3d，以检测蛋白间的相互作用。检测酵母中的 NtMYB305a 和 NtMYC2a 蛋白表达时，用 AD 抗体（Takara Bio，美国）作为一抗，用 HRP（辣根过氧化物酶）标记的山羊抗小鼠抗体作为二抗，通过蛋白质印迹（Western blot）试验进行检测，检测结果用 ECL（化学发光底物）进行检测。在试验中，用表达 NtJAZ1 的 pGBK-T7 载体和表达 NtMYC2a 的 pGAD-T7 载体共转化酵母，作为阳性对照。载体构建所需扩增引物见表 4-2-5。

表 4-2-5　蛋白互作试验基因克隆引物

载体	基因	引物序列
pGAD-T7	NtMYB305a	5'-AAACCATGGATAAAAAACCATGCA-3' 5'-AAAGGATCCTTAATCGCCGTTAAGCAATTG-3'
	NtMYC2a	5'-AAACCATGGGAATGACTGATTACAGCTTACCC-3' 5'-AAAGGATCCTTAGCGTGTTTCAGCAACTCT-3'
pGBK-T7	NtMYB305aΔ	5'-AAACCATGGATAAAAAACCATGCA-3' 5'-AAAGGATCCTTAAGCAGACGACATATGGCTAC-3'
	NtMYC2aΔ	5'-AAACCATGGGTCAGGCCTTATACAATTC-3' 5'-AAAGGATCCTTAGCGTGTTTCAGCAACTCT-3'
	NtJAZ1	5'-AAACCATGGGGTCATCGGAGATTGTA-3' 5'-AAAGGATCCCTAAAAGAACTGCTCAGTTTT-3'
pDOE-01	NtMYB305a	5'-CATTTACAATTACCATGGATAAAAAACCATGCAA-3' 5'-TCCTCGCCCTTGCTCACATCGCCGTTAAGCAATT-3'
	NtMYC2a	5'-CATTTACAATTACAATGACTGATTACAGCTTACCCAC-3' 5'-AATTGTGGATGAGACCAGCGTGTTTCAGCAACTCTGG-3'
	NtJAZ1	5'-CATTTACAATTACCATGGGGTCATCGGAGATT-3' 5'-TCCTCGCCCTTGCTCACAAAGAACTGCTCAGTTTTCAC-3'

　　为通过双分子荧光互补（BiFC）试验分析 NtMYB305a 和 NtMYC2a 在烟草体内的相互作用，将 NtMYB305a 和 NtMYC2a 的编码序列克隆至 pDOE mVenus210 BiFC 系统的 pDOE-01 载体中（Gookin and Assmann，2014），获得共表达 NtMYB305a 的 NmVen210 标签蛋白和 NtMYC2a 的 CVen210 标签蛋白的载体。将获得的载体导入根癌农杆菌 GV3101（pSoup-P19）中，并用于侵染 4 周龄的 N. benthamiana 烟草叶，在温室培养 2d 后，在 Leica TCSSP8 共焦显微镜下用前述激发光和发射光进行叶片的应该成像观察。用共表达 NtJAZ1 的 NmVen210 标签蛋白和 NtMYC2a 的 CVen210 标签蛋白的载体作为阳性对照。载体构建的扩增引物见表 4-2-5。

第五章 GAG 调控模块的上游调控因子鉴定与作用机制研究

第一节 NtJAZ1 互作蛋白 NtAIDP1 的克隆与功能研究

一、研究摘要

NtJAZ1 蛋白是烟草茉莉酸信号途径中非常重要的组成部分，负调控烟碱合成。本研究利用酵母双杂交（Y2H）技术进行筛选，获得了 NtJAZ1 的互作蛋白 NtAIDP1，通过下拉（pull-down）试验、酵母双杂交（YZH）及荧光素酶互补（LCI）试验都证实了 NtJAZ1 与 NtAIDP1 的互作。除 NtJAZ1 外，NtAIDP1 与其他 JAZ 家族蛋白，如 NtJAZ2b、NtJAZ2b2、NtJAZ5、NtJAZ7、NtJAZ11 及 NtJAZ12 互作，同时也与 NtNINJA 等蛋白互作。凝胶阻滞试验（EMSA）及 ChIP - qPCR 试验结果证实，NtAIDP1 与 *NtPMT1a* 启动子 GAG 模块中 AT 序列结合。进一研究发现，NtAIDP1 与 NtMYC2a 拮抗调控烟碱合成途径重要基因 *PMT* 的表达。此外，基因编辑敲除试验结果表明，该基因正调控烟碱合成。相关研究结果发表在杂志 *Journal of Plant Physiology* 上。

二、研究结果

（一）通过酵母双杂交获得 NtJAZ1 候选互作蛋白基因

本部分研究构建 MeJA 处理的 BY2 细胞的 cDNA 文库，利用 *NtJAZ1* 作为诱饵（Bait）蛋白进行酵母双杂交筛选试验。从约 200 万个酵母克隆中获得 102 个 *NtJAZ1* 候选互作克隆。将获得的候选酵母克隆中的载体提取后，再次验证这些候选基因蛋白与 *NtJAZ1* 蛋白之间的互作，同时对这些基因进行测序分析，最后获得 70 个 *NtJAZ1* 候选互作蛋白基因（表 5 - 1 - 1）。

表 5 - 1 - 1 NtJAZ1 酵母文库筛选的候选蛋白

筛选的互作候选蛋白数量	候选蛋白信息	序列覆盖最高分	序列覆盖总分	检索序列覆盖率/%	E 值	一致性/%
8	Predicted：AT - rich interactive domain-containing protein 3 - like isoform×1 (*Solanum tuberosum*)	251	251	37	2.00×10^{-74}	94

（续）

筛选的互作候选蛋白数量	候选蛋白信息	序列覆盖最高分	序列覆盖总分	检索序列覆盖率/%	E值	一致性/%
10，12	Predicted：116kDa U5 small nuclear ribonucleoprotein component-like	452	452	63	4.00×10^{-147}	98
133	Predicted：15.4kDa class V heat shock protein-like （Solanum tuberosum）	256	256	37	1.00×10^{-81}	90
25	40S ribosomal protein SA – like （Solanum tuberosum）	275	275	56	2.00×10^{-87}	91
28，200	S – adenosylmethionine decarboxylase pro-enzyme （Nicotiana tabacum）	311	311	44	7.00×10^{-100}	99
124，1	jasmonate ZIM – domain protein 1 （Nicotiana tabacum）	366	366	61	7.00×10^{-124}	95
70，86，143	jasmonate ZIM – domain protein 3 （Nicotiana tabacum）	287	287	41	1.00×10^{-92}	95
37，39，61，64	jasmonate ZIM – domain protein 3b （Nicotiana tabacum）	289	289	40	100×10^{-93}	100
112，154	RecName：Full = Ninja-family protein mc410 （Nicotiana tabacum）	524	524	84	0	98
46	glutamyl tRNA Reductase （Nicotiana tabacum）	459	459	78	2.00×10^{-155}	94
50，394	arginine decarboxylase （Nicotiana tabacum）	453	453	78	2.00×10^{-150}	94
52	Predicted：leucine-rich repeat receptor-like protein kinase TDR – like （Solanum tuberosum）	268	268	42	4.00×10^{-78}	87
197	Predicted：transcription factor ORG2 – like （Solanum lycopersicum）	105	105	19	3.00×10^{-23}	80
67，31，324	Predicted：fructose-bisphosphate aldolase cytoplasmic isozyme-like isoform 1 （Solanum lycopersicum）	520	520	74	0	95
120，106	quinolinate phosphoribosyltransferase （Nicotiana tabacum）	258	258	41	2.00×10^{-79}	100

在这些基因中，发现几个 JAZ 家族基因：JAZ1、JAZ3、JAZ3b 及 JAZ12，与 JAZ1 互作，这与过去的报道一致。另外，发现一个 AT 元件互作蛋白，在本研究中被命名为 NtAIDP1。考虑到烟碱合成途径基因 *NtPMT1a* 启动子中重要的调控区域 GAG 中含有一段 AT 富集元件，本研究集中对该蛋白进行研究。

（二）NtAIDP1 定位于细胞核中且与 NtJAZ1 互作

分析 *NtAIDP1* 基因的 CDS 序列发现，该基因编码 1 个含 2 个保守域——AT 元件结合域（ARID）及热激蛋白结构域（HSP）、共 569 个氨基酸的蛋白。随后，利用该基因蛋白序列比对 NCBI 烟草基因组数据，发现 12 个同源基因。另外，在拟南芥基因组中发现 10 个同源基因，在水稻中发现 6 个同源基因。构建这些基因蛋白的进化树时发现，这些蛋白可以分成 4 个亚组：HSP、PHD、HMG 及 ELM2（图 5 - 1 - 1）。

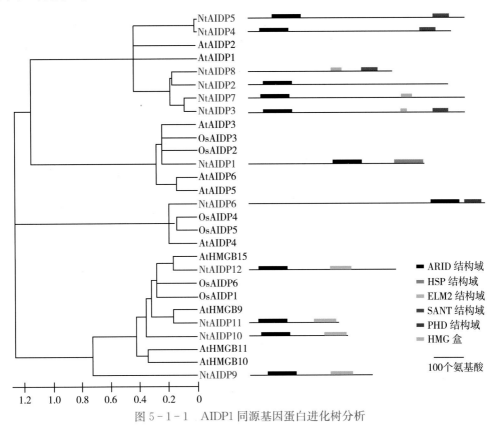

图 5 - 1 - 1　AIDP1 同源基因蛋白进化树分析

为了进一步研究 NtAIDP1 与 NtJAZ1 的互作关系，本研究将全长 NtAIDP1、N 端 NtAIDP1（*NtAIDP1n*，1bp 至 1 311bp）、C 端 NtAIDP1（*NtAIDP1c*，1 312bp 至 1 707 bp）作为诱饵蛋白（bait），全长 NtJAZ1、N 端 NtJAZ1（*NtJAZ1n*，1bp 至 540bp）、C 端 NtJAZ1（*NtJAZ1c*，541bp 至 717bp）作为猎物蛋白（prey）进行酵母双杂交验证试验。研究结果表明，只有 NtAIDP1c 与全长 NtJAZ1 在酵母双杂交检测体系中显示互作（图 5 - 1 - 2）。

接着，本研究利用 pull-down 技术进一步分析了纯化的 His-NtAIDP1 与 MBP - Nt-AIDP1 的互作关系。试验结果表明，它们之间互作（图 5 - 1 - 3）。同时，本研究也利用 LCI 技术分析了 NtAIDP1 与 NtAIDP1 的互作关系，结果表明，它们之间也存在互作关系（图 5 - 1 - 4）。

另外，通过在拟南芥叶肉细胞中共表达 NtAIDP1 - EYFP 及 m - Cherry 标记的核定位信号，发现 *NtAIDP1* 基因在细胞核中表达（图 5 - 1 - 5）。

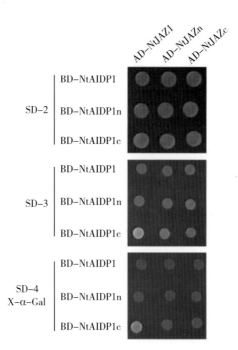

图 5 - 1 - 2　NtAIDP1（全长、N 端、C 端）与 NtJAZ1（全长、N 端、C 端）互作检测

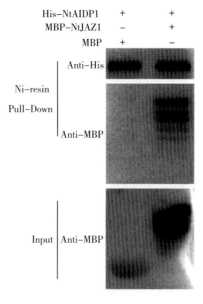

图 5 - 1 - 3　NtAIDP1 与 NtJAZ1 体外互作检测

注：His-NtAIDP1、MBP - NtJAZ1 及 MBP 在大肠杆菌中表达纯化后，His - NtAIDP1 分别与 MBP - Nt-
JAZ1 或 MBP 温育。利用 anti - His 抗体进行 pull - down 试验，利用 anti - MBP 抗体进行互作检测。

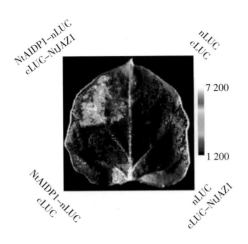

图 5 - 1 - 4　NtAIDP1 与 NtJAZ1 体内互作检测

注：全长 *NtAIDP1* 克隆到 *LUC* 基因 5' 端形成 NtAIDP1 - nLUC，全长 *NtJAZ1* 克隆到 *LUC* 基因 3' 端形成 cLUC - NtJAZ1，空载体为对照。

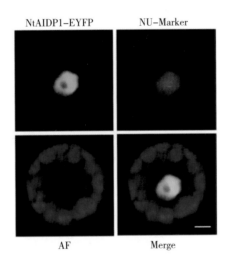

图 5 - 1 - 5　NtAIDP1 亚细胞定位

（三）NtAIDP1 与其他 NtJAZ 及 NtDELLA 的互作

在烟草基因组中，有 17 个 *NtJAZ* 同源基因，本研究进一步探索其中其他受 MeJA 调控的 NtJAZ 是否与 NtAIDP1 互作。试验结果表明：NtJAZ2b、NtJAZ2b2、NtJAZ5、NtJAZ7、NtJAZ11 及 NtJAZ12 与 NtAIDP1c 互作，但是 NtJAZ3、NtJAZ3b 及 Nt-JAZ10 与 NtAIDP1 不互作。另外，过去的研究表明，JAZ 蛋白与 NINJA 蛋白互作调控茉莉酸信号途径，与 DELLA 蛋白互作调控茉莉酸途径与赤霉素途径的联动。因此，本研究检测 NtAIDP1 与 NtNINJA、NtDELLA1 及 NtDELLA2 的互作关系。试验结果表明 NtAIDP1 与 NtNINJA、NtDELLA1 及 NtDELLA2 互作，但不与茉莉酸信号途径中的另外 2 个组分 NtTPL、NtTPR 互作（图 5 - 1 - 6）。

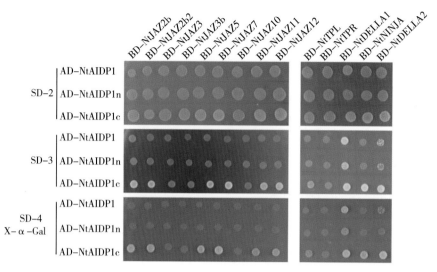

图 5-1-6　NtAIDP1 与其他 NtJAZ 蛋白的互作检测

（四）NtAIDP1 结合 NtPMT1a 启动子 GAG 模块中的 AT 元件

过去的研究发现，在 NtPMT1a 基因启动子区域有 1 个 GAG 模块，该模块包含 1 个 G‐box、1 个 GCC‐box 及 1 个富含 AT 的区域。该 GAG 模块是 NtPMT1a 基因受茉莉酸信号调控所必需的序列。文献显示，bHLH 家族转录因子，比如 NtMYC2a、Nb‐bHLH2 等结合 G‐box，ERF 家族转录因子结合 GCC‐box，来调控 NtPMT1a 的表达。由于 NtAIDP1 被预测能结合富含 AT 的序列，本研究进一步分析该蛋白是否结合 GAG 中的 AT 元件。EMSA 试验结果显示，NtAIDP1 特异结合 GAG 中的 AT 元件（图 5-1-7）。同时，本研究开展 ChIP‐qPCR 试验，结果显示了 GAG 序列片段的富集（图 5-1-8）。以上数据显示，NtAIDP1 是一个转录因子，通过结合 GAG 中的 AT 元件调控茉莉酸诱导基因的表达。

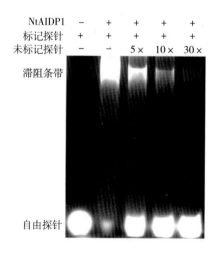

图 5-1-7　EMSA 检测 NtAIDP1 是否结合 GAG 中 AT 区域

MYC2 是茉莉酸信号途径中重要的转录调控因子，通过与 JAZ 的互作介导茉莉酸信号途径。NtMYC2a 是 bHLH 家族中调控烟碱合成的主效转录调控因子，因此，本研究进一步探索 NtMYC2a 与 NtAIDP1 之间可能存在的互作关系。通过酵母双杂交（Y2H）技术（利用 NtAIDP1、NtAIDP1n 和 NtAIDP1c 作为猎物蛋白），没有发现它们与 Nt-MYC2a 之间存在明显的互作信号（图 5-1-9）。但是，通过 LCI 技术发现，NtAIDP1 与 NtMYC2a 互作，且该互作依赖于 NtAIDP1 的 C 端（图 5-1-10）。

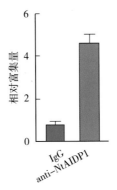

图 5-1-8　GAG 片段的富集

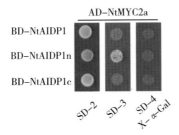

图 5-1-9　NtAIDP1 与 NtMYC2a 互作分析（Y2H）

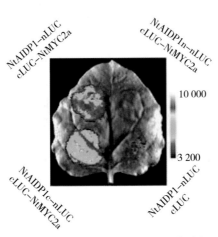

图 5-1-10　NtAIDP1 与 NtMYC2a 互作分析（LCI）

　　另外，本研究利用 p4×GAG-GUS 作为报告载体，检测 NtAIDP1 及 NtMYC2a 对 GAG 的激活作用。试验结果表明，NtAIDP1 及 NtMYC2a 各自对 GAG 起激活作用，但两者共同作用却强烈抑制 GAG 的表达活性（图 5-1-11）。

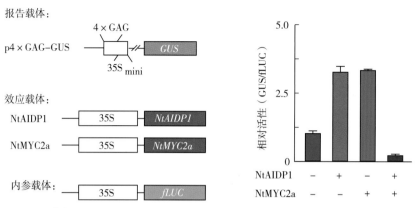

图 5-1-11　NtAIDP1、NtMYC2a 对 GAG 表达活性的影响

（五）过表达 *NtAIDP1* 对部分烟碱合成途径基因表达的影响

本研究发现，在 BY2 细胞中，*NtAIDP1* 不受茉莉酸诱导表达（图 5-1-12A）。在烟草植株中，该基因在根、茎、叶、花等组织中表达（图 5-1-12B）。在 *NtAIDP1* 过达转基因植株中，植物防御基因 *PDF1.2* 受到 NtAIDP1 正向调控，而烟碱合成途径中重要基因 *NtPMT1a* 及 *NtQPT2* 的表达未受到明显的影响（图 5-1-13）。

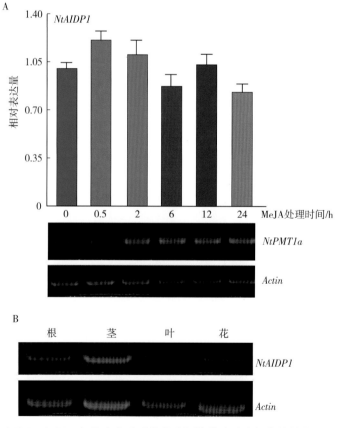

图5-1-12　*NtAIDP1* 在 BY2 细胞中表达受茉莉酸调控模式及在烟草植株中组织特异性表达模式

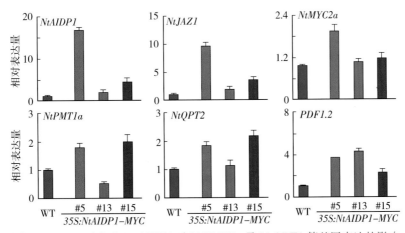

图 5-1-13　过表达 *NtAIDP1* 对 *NtPMT1a* 及 *NtQPT2* 等基因表达的影响

（六）二倍体本氏烟中 ***NbAIDP1*** 基因的克隆

根据已知序列信息设计特异引物对目的片段进行扩增，经测序验证获得 1 710 bp 的 *NbAIDP1* cDNA 序列（图 5-1-14）。由 SnapGene Viewer 翻译其编码蛋白的氨基酸序列，发现 *NbAIDP1* 基因共编码 569 个氨基酸，与四倍体烟草 NtAIDP1 的氨基酸数目一致，且两者保守结构域——ARID（AT-rich interaction domain）与 HSP（Heat shock protein 20）结构域的位点保持高度一致（图 5-1-15）。该结果表明，本部分研究获得了二倍体本氏烟中 *NbAIDP1* 的 cDNA 及其编码蛋白的氨基酸序列，可以用来构建 *Nbaidp1* 突变体。

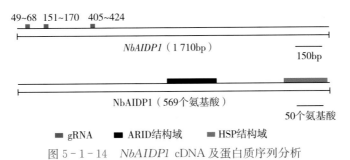

图 5-1-14　*NbAIDP1* cDNA 及蛋白质序列分析

（七）二倍体本氏烟 ***Nbaidp1*** 突变体的获得

比较 NbAIDP1 与 NtAIDP1 氨基酸序列发现，其 C 端含保守的 ARID 和 HSP 结构域，而 N 端特异性更好。因此，为了保证基因编辑的特异性，在 *NbAIDP1* 的 5'区域设计 3 个 20 bp 的 gRNA：分别位于 49bp 至 68bp、151bp 至 160bp 和 405bp 至 424bp（图 5-1-14、表 5-1-3）。经过植物表达载体的构建、农杆菌介导的烟草叶片转化、抗性愈伤的筛选、愈伤根和芽的诱导等一系列步骤，培育成不同的抗性转化小苗。将小苗移栽到含灭菌土的小盆继续培育到开花结果，按单株收获 T1 代种子。将每一个株系的 T1 代种子铺于含抗生素的 MS 固态培养基进行抗性筛选，符合 3：1 分离比例的为单插入的阳性苗。随后，将每一个株系 20 株左右的阳性苗分别移栽到含灭菌土的小盆继续培养。提取阳性苗叶片总 RNA，经 RT-PCR 及测序分析，检测目标基因的编辑情况。利用 Clone Manager 软件（https：//scied.com/pr_cmbas.htm）对野生型与转基因株系中

图 5 - 1 - 15　二倍体本氏烟中 NbAIDP1 与四倍体烟草 NtAIDP1 的氨基酸序列比较

注：红色代表不同的氨基酸；下划线代表 ARID 和 HSP 结构域。

NbAIDP1 序列进行比对，最终获得一株在 266bp 至 348bp 位置缺失的 *Nbaidp1* 突变体株系♯44（图 5 - 1 - 16）。该突变最终导致成熟 mRNA 在 357bp 处提前终止翻译（图 5 - 1 - 17）。按单株收获该株系的 20 株转基因烟草的 T2 代种子继续培养，每一个株系种 20 棵植物，进行 RNA 提取、RT - PCR、测序及序列比较，最终获得 *Nbaidp1* 纯合突变体。对纯合突变体的抗性基因进行筛选，得到无抗性的纯合突变体。该结果意味着，基因编辑载体在自交繁殖过程中经同源重组被去除。

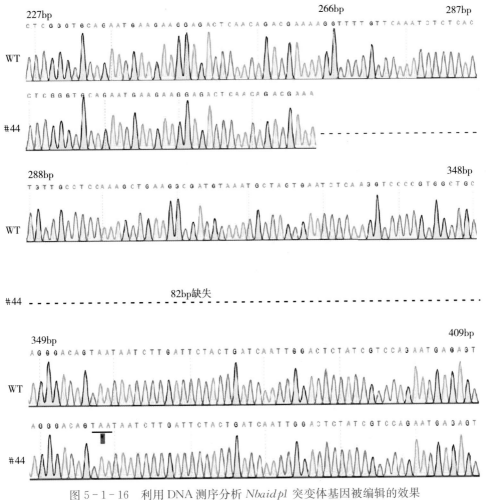

图 5-1-16　利用 DNA 测序分析 *Nbaidp1* 突变体基因被编辑的效果

注：WT 表示野生型 *NbAIDP1* 的 cDNA 片段，♯44 表示一株 *Nbaidp1* 突变体中 *NbAIDP1* 被编辑后的 cDNA 片段。

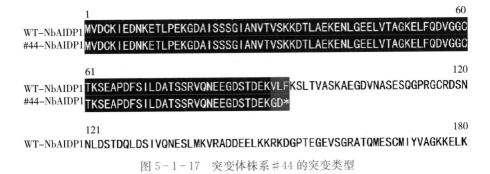

图 5-1-17　突变体株系♯44 的突变类型

（八）*Nbaidp1* 烟草中茉莉酸诱导烟碱合成相关基因的表达减弱

利用茉莉酸甲酯（MeJA）溶液浸泡处理生长四周的二倍体本氏烟野生型和 *Nbaidp1* 突变体♯44 根部，12h 后收集材料。提取总 RNA，经 RT-qPCR 检测烟碱合成相关基因的表达。结果表明，与野生型植株相比，*Nbaidp1* 突变体植株表现出 MeJA 诱导的

NbQPT2、*NbA622*、*NbMYC2α*、*NbJAZ1* 及 *NbERF115* 表达受到显著抑制，但茉莉酸诱导的 *NbPMT1a* 表达不受影响（图 5-1-18）。该结果证明，*NbAIDP1* 基因的突变会减弱烟碱合成相关基因的转录，暗示 NbAIDP1 通过结合目标基因启动子中的 AT-rich 元件正调控茉莉酸响应基因的表达。

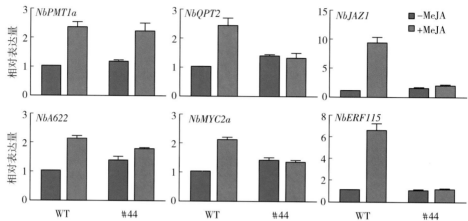

图 5-1-18　利用 RT-qPCR 分析野生型（WT）和 *Nbaidp1* 株系♯44 中茉莉酸诱导的烟碱合成相关基因的表达

注：MeJA 处理烟草植株 12h 后（+MeJA）提取根部总 RNA，进行 RT-qPCR 检测相关基因表达。*NbActin* 为内参基因，茉莉酸处理 0h（-MeJA）的相对表达量设置为 1。本试验重复 3 次，数据为平均值±标准差，变化大于 2 倍为差异显著。

（九）*Nbaidp1* 突变体烟草根部茉莉酸诱导的烟碱含量减少

为探究 *NbAIDP1* 是否影响烟草烟碱的合成，利用 MeJA 溶液浸泡处理生长四周的二倍体本氏烟野生型和 *Nbaidp1* 突变体♯44 根部，72h 后分别收集根部和叶片材料，利用 GC-MS 测定烟碱含量。结果表明，与野生型相比，♯44 植株根部积累的烟碱含量明显减少，而叶片烟碱含量无变化（图 5-1-19）。这些结果表明，抑制 *NbAIDP1* 的表达可以降低烟草烟碱的生物合成。而叶中烟碱含量无明显变化可能是由于 MeJA 处理时间不够，烟碱仍然存留在根部，而没有储存于叶细胞的液泡中。

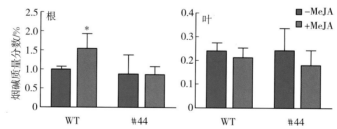

图 5-1-19　利用 GC-MS 分析野生型（WT）和 *Nbaidp1* 株系♯44 中茉莉酸诱导前后的烟碱含量变化

三、材料与方法

（一）cDNA 文库的构建和酵母双杂交（Y2H）

烟草 BY2 悬浮细胞置于含有 3% 蔗糖和 0.2 mg/L 2,4-D，pH 5.8 的 MS 培养基中培养。将培养 4d 的烟草 BY2 细胞悬浮在无 2，4 - D 的新鲜培养基中继代培养，24h 后在培养基中添加茉莉酸甲酯（MeJA）至终浓度为 100μmol/L。利用 FastTrack® MAG mR-NA 提取试剂盒提取经 MeJA 处理的 BY2 悬浮细胞的 mRNA，随后利用 CloneMiner™ Ⅱ cDNA 文库构建试剂盒构建 cDNA 文库。将构建好的文库链接入载体 pDEST - GADT7 后，与构建好的 pDEST - GBKT7 - NtJAZ1 载体一同转化酵母 *Saccharomyces cerevisiae* AH109 进行双杂交筛选试验。酵母转化效率通过计算 SD 培养基（缺乏 His 及 Leu）上的酵母数量获得，在缺乏 His 及 Leu 的 SD 培养基中生长出来的酵母为阳性克隆，将该克隆中的质粒提取出来后，转化大肠杆菌并测序分析。

（二）载体构建

扩增获得基因 *NtAIDP1*、*NtMYC2a*、*NtNINJA*、*NtDELLA1*、*NtTPL* 及 *TOP-LESS-related gene*（*TPR*）的 CDS，将以上 CDS 克隆入载体 pE2c（带有 His 标签）或 pE3c（带有 Myc 标签）中。将 *NtAIDP1* 基因的 CDS 扩增后克隆到载体 pE6c（带有 EY-FP 标签）中。另外，将 N 端 NtAIDP1（*NtAIDP1n*，1bp 至 1 311bp）、C 端 NtAIDP1（*NtAIDP1c*，1 312bp 至 1 707bp）、N 端 NtJAZ1（*NtJAZ1n*，1bp 至 540bp）、C 端 Nt-JAZ1（*NtJAZ1c*，541bp 至 717bp）扩增后克隆到载体 pENTR™/D - TOPO™。将 pE2c、pE3c 及 pE6c 中的目标基因克隆到 pMDC32 中形成植物表达载体。

利用 Gateway LR Ⅱ试剂盒将 pE2c 或者 pENTR™/D - TOPO™ 载体中的目标基因克隆到 pDEST - GAD7 中形成猎物载体或者 pDEST - GBKT7 中形成诱饵载体。将 4 个拷贝的 GAG 序列克隆到 pGPTV 载体的 *Bam*HⅠ和 *Asc*Ⅰ之间形成 p4×GAG - GUS 载体。将扩增获得的全长 *NtJAZ1* 克隆到载体 pHis - 6p - MBP - RSFD 的 *Eco*RⅠ和 *Hind*Ⅲ之间形成 MBP - NtJAZ1 融合蛋白。利用 Gateway LR Ⅱ试剂盒将 pE2c - NtAIDP1 与 pET28a - DEST 重组后形成 NtAIDP1 - His 融合蛋白。对于荧光素酶互补（LCI）试验，将 *Nt-AIDP1*、*NtAIDP1n* 和 *NtAIDP1c* 序列克隆到 35S - nLUC 的 *Bam*HⅠ及 *Xho*Ⅰ之间形成 35S - NtAIDP1 - nLUC、35S - NtAIDP1n - nLUC、35S - NtAIDP1c - nLUC。

以上所有克隆都经过测序验证，所涉及的引物见表 5 - 1 - 2。

表 5 - 1 - 2　相关引物

登录号	基因名称	引物序列（5'→3'）
XM_016618073.1	*Actin* - FP	GTGGCGGTTCGACTATGTTT
	Actin - RP	ATTCTGCCTTTGCAATCCAC
XM_016605059.1	*NtAIDP1* - FP	AATTGGACTCCATCGTCCAG
	NtAIDP1 - RP	GAGGCACACCTCTTCACTCC
D28506.1	*NtPMT1α* - FP	TATGCACACAGGCTGAAAGC
	NtPMT1α - RP	AGTCAACTTCTGGCCCTTCA
NM_001326216.1	*NtQPT2* - FP	AGGTGTCGGCAAAGCTCTAA
	NtQPT2 - RP	CCTCCGTATCAAACCTTCCA
AB433896.1	*NtJAZ1* - FP	CGTGCCAATATCACAATCCA

（续）

登录号	基因名称	引物序列（5'→3'）
AB433896.1	*NtJAZ1* – RP	GCCATGCCTTATTTTCCTCA
NM_001326072.1	*NtMYC2α* – FP	TCTGGTGCGATGAAGTCAAG
	NtMYC2α – RP	CTGCTTCGACGTGATTCAAA
XM_016580291.1	*NtPDF1.2* – FP	CACCTAGTACCCCCGGTTTT
	NtPDF1.2 – RP	ATTAGAGCCGGGTTTGTCCT

注：FP 表示正向引物，RP 表示反向引物。

（三）烟草基因转化

使用 75％乙醇处理烟草种子 2min，无菌水清洗 1min，随后使用 10％次氯酸钠灭菌 8～10min，再次无菌水清洗 5 次，每次 1min。灭菌后的种子置于 MS 固体培养基（含 30g/L 蔗糖、8g/L 琼脂，pH＝5.8）上，随后放置于光照培养箱中萌发生长（16h 光/8h 暗周期，25℃）4～5 周。将表达载体 35S – NtAIDP1 – MYC 转化入农杆菌菌株 GV3101，随后进行烟草转化。烟草转化采用叶盘法，采用来自 4 周大小无菌烟草幼苗的叶片进行转化。转化株在抗性培养基（含 0.2mg/L 吲哚乙酸、10mg/L 潮霉素及 500mg/L 头孢噻肟）上进行筛选。阳性植株种植于温室收种。

（四）实时定量 PCR

使用试剂盒 GoTaq® qPCR Master Mix（Promega，美国）和 PCR 仪（ABI7500）进行实时定量 PCR 检测。qPCR 反应程序为：50℃ 2min，95℃ 10min，40 个循环（95℃ 15s，60℃ 1min）。*Actin* 基因作为内参，涉及的引物序列见表 5 – 1 – 2。

（五）酵母双杂交分析

为确定 NtAIDP1 和 NtJAZ1 的互作关系，将全长 NtAIDP1、N 端 NtAIDP1 及 C 端 NtAIDP1 克隆到 pDEST – GBKT7 载体形成诱饵载体，将全长 NtJAZ1、N 端 NtJAZ1 及 C 端 NtJAZ1 克隆到载体 pDEST – GADT7 形成猎物载体。将诱饵载体及猎物载体共转化酵母 AH109。另外，将全长 NtMYC2a 克隆到 pDEST – GADT7 形成猎物载体，与全长 NtAIDP1、N 端 NtAIDP1 及 C 端 NtAIDP1 克隆到 pDEST – GBKT7 载体形成的猎物载体共转化酵母 AH109，来检测它们之间的互作关系。本研究进一步检测 NtAIDP1 与 NtJAZ 家族成员之间的互作关系，包括 NtJAZ2b、NtJAZ2b2、NtJAZ3、NtJAZ3b、NtJAZ5、NtJAZ7、NtJAZ10、NtJAZ11 及 NtJAZ12。同时检测 NtAIDP1 与茉莉酸信号途径重要基因 *NtNINJA*、*NtTPL* 及 *NtTPR*，赤霉素信号途径重要基因 *NtDELLA1* 及 *NtDELLA2* 的互作关系。

（六）NtAIDP1 的亚细胞定位

用 35S – NtAIDP1 – EYFP 和 mCherry 标记的核定位信号共转化拟南芥原生质体细胞（Col – 0 ecotype）。在 22℃黑暗培养 18～24h，之后利用激光共聚焦显微镜（Zeiss LSM 700）观察 EYFP 及 mCherry 的荧光信号并照相。

（七）凝胶阻滞试验（EMSA）

通过大肠杆菌表达融合蛋白 His – NtAIDP1。在培养基中添加 IPTG 至终浓度 1mmol/L。融合蛋白的纯化使用填料 Ni Sepharose™ 6 Fast Flow（Thermo Fisher Scientific，美国）。利用荧光生物素标记 GAG 探针，探针-蛋白复合物在室温下于 $1\times$ 结合缓冲液（5% 甘油，5mmol/L 氯化镁）中温育 20min，随后通过聚丙烯酰胺胶电泳分离。未标记探针作为竞争抑制剂。

（八）Pull‐down 试验

通过 BL21（DE3）细胞表达融合蛋白 His‐NtAIDP1 及 MBP‐NtJAZ1。在 16℃ 条件下，利用 0.1mmol/L IPTG 处理 8h，诱导融合蛋白的表达，随后通过超声将细胞裂解［裂解液：50 mmol/L 三羟甲基氨基甲烷-盐酸（Tris-HCl）（pH 7.4），200 mmol/L 氯化钠，1 mmol/L β-巯基乙醇，0.5% Triton™ X‐100，10% 甘油］，离心取上清液开展 pull‐down 试验。利用 MBP 抗体（ZA‐0643，ZSGB‐BIO，中国）检测 MBP‐NtJAZ1 及 MBP。

（九）荧光互补（LCI）试验

将含有 35S‐NtAIDP1‐nLUC、35S‐NtAIDP1n‐nLUC、35S‐NtAIDP1c‐nLUC、35S‐nLUC、35S‐cLUC‐NtJAZ1、35S‐cLUC‐NtMYC2a 或者 35S‐cLUC 农杆菌悬浮于渗透液［渗透液为含有 10 mmol/L MES（pH 5.6）及 150 mmol/L 乙酰丁香酮的 MS 培养基］中，至 OD_{600} 为 1.0 左右。将菌液按照 1∶1 比例混匀，用混合好的菌液注射 4 周大小的本氏烟叶片。农杆菌被注射入烟草叶片 24h 后，使用 LumazoneFA1300 成像系统（Roper Scientific，美国）进行分析。

（十）反式激活分析

以 p4×GAG‐GUS 作为报告载体，NtAIDP1‐c‐MYC、MYC2a‐HA 作为表达载体共转化拟南芥原生质体，经过 $18\sim24$ h 黑暗（22℃）培育后，将原生质体裂解，分析 GUS 及 LUC 的活性。以 LUC 的活性均一化 GUS 的活性进行分析。

（十一）染色质免疫共沉淀（ChIP‐qPCR）技术

采取 1g 过表达 NtAIDP1 本氏烟烟叶，放置于 4℃ 1% 福尔马林溶液中浸泡 10min 后采用甘氨酸中和。染色质-蛋白质复合物分离后，进行超声破碎，将 DNA 片段的长度降低至 500bp 左右。$7\mu g$ Anti‐MYC 抗体与 $40\mu L$ 磁珠 Dynabeads™ 蛋白 G 在 4℃ 温育至少 6h 后，与染色质-蛋白质复合物 4℃ 温育过夜。利用试剂盒 GoTaq® qPCR Master Mix 进行 qPCR，对共沉淀 DNA 丰度进行分析。NtPMT1a 基因的第一个外显子及 IgG 作为本研究的对照。另外使用 $50\mu L$ 剪切过的染色质作为上样对照。

（十二）统计学分析

本部分研究涉及的统计学分析都是双尾 t 检验（Student's t-tests），$P<0.05$ 被认为是统计学上显著差异。

（十三）本氏烟的培养

取适量本氏烟种子于 1.5mL 离心管中用 75% 乙醇消毒 5min，之后在超净台内用无菌水对种子进行多次清洗，吹干后均匀置于 1/2 MS 固态培养基中并封口。4℃ 春化 2d，之后在光照培养箱中按照昼（25℃，16h，光强 6 000 lx）/ 夜（21℃，8h）节律竖直培养 7d（也可不经消毒直接撒种到灭菌土中套袋培养 7d 左右）。待长出小苗后即可移植到灭菌土中，在人工气候室按照昼（25℃，16h，光强 6 000lx）/ 夜（21℃，8h）节律继续生长到开花结果。

(十四) *NbAIDP1* 的克隆及序列分析

利用试剂盒 Eastep® Super Total RNA Extraction Kit (Promega, 美国) 从生长四周的本氏烟根部提取总 RNA。随后选用试剂盒 TransScript® First-Strand cDNA Synthesis SuperMix (全式金, 中国) 进行第一链 cDNA 合成。利用所获得的 cDNA 进行 PCR 扩增, 并克隆连接到 pEASY - Blunt 载体 (全式金, 中国)。最后经测序验证, 与 *NtAIDP1* 进行序列比较分析。所采用方法具体见试剂盒说明书。所用引物序列见表 5 - 1 - 3。

表 5 - 1 - 3 相关引物序列

基因名字	引物序列 (5'→3')
RT - qPCR 引物	
ACTIN - RT - FR	AGCACCTCTTAACCCGAAGG
ACTIN - RT - RR	GGACAGTGTGGCTAACACCA
NbPMT - RT - FR	TTGGATGGAGCAATTCAACA
NbPMT - RT - RR	CGATTGAAGGATAGCGAAGC
NbQPT - RT - FR	TCCATGCTTAAGGAGGCTGT
NbQPT - RT - RR	AAGGGCGAGCTCTGTATCAA
NbJAZ1 - RT - FR	TCTGAACCAGAAAAGGCACA
NbJAZ1 - RT - RR	TTCGCGTACGAAGTTCTTGA
NbA622 - RT - FR	GTCCTTGTGGGAGGACAAAA
NbA622 - RT - RR	CAGTGGCTTCGACACCTGTA
NbERF115 - RT - FR	CAAGATTGGAGGCGGTACAT
NbERF115 - RT - RR	GAAAGCGGCTTGATCGTAAG
NbMYC2α - RT - FR	AGCTTCTGGTGCGATGAAGT
NbMYC2α - RT - RR	CTGCTTCGACGTGATTCAAA
克隆基因引物	
NbAIDP1 - FR	ATGGTTGATTGTAAGATAGAAGATA
NbAIDP1 - RR	CTAAATATTTGATTGTTCAAATGGTAC
gRNA 序列	
gRNA1	GGGGATGCCATTTCCAGTAG
gRNA2	AAGGAGCTGTTTCAAGATGT
gRNA3	GAGTCTTATGAAAGTTAGAG

注: FR 表示正向引物, RR 表示反向引物。

(十五) 本氏烟草 *Nbaidp1* 突变体植株的获得

根据 *NbAIDP1* 的 cDNA 序列, 以及 CRISPR/Cas9 靶点设计原则, 在 *NbAIDP1* 的

5' 端区域设计出 3 个 sgRNA 编辑位点（图 5-1-14）。构建以 CaMV 35S 为启动子，含 3 个靶点的植株表达载体。利用叶盘法转化烟草，经抗性愈伤筛选、诱导生根和长芽，获得转化小苗。将转化小苗移栽到人工气候室培养，待开花结果后收集 T1 代种子。经抗生素筛选后的阳性苗移栽到人工气候室继续种植，取部分叶片提取总 RNA，经 RT-PCR 获得 *NbAIDP1* 序列，克隆后测序分析基因编辑效果。继续培养基因编辑过的阳性苗，获得 T2 代种子。从 T2 代开始从抗生素筛选的阴性苗中提取总 RNA，经 RT-PCR 获得 *NbAIDP1*，克隆后测序分析基因编辑效果，最终获得 T3 或 T4 代稳定遗传的不含编辑靶点载体序列的 *Nbaidp1* 纯合突变体植株。

（十六）实时荧光定量 PCR（RT-qPCR）分析烟碱合成相关基因的表达

将生长四周并且生长状态良好的烟草野生型（WT）及 *Nbaidp1* 植株连盆放置于终浓度为 100 μmol/L 的茉莉酸甲酯（MeJA）溶液中，收集 MeJA 处理 0 和 12h 的根部材料于无核酸酶的 1.5mL 离心管中，迅速用液氮速冻并冻存于 -80 ℃ 冰箱备用。提取总 RNA，经反转录获得第一链 cDNA，具体方法见本章（十四）。

使用试剂盒 GoTaq® qPCR Master Mix（Promega，美国）进行实时荧光定量 PCR 反应。每组 3 个重复，反应条件为 95 ℃，2min，之后为 95 ℃，15s；60 ℃，60s（40 个循环），最后为 60～95 ℃ 的溶解过程，内参基因为本氏烟草 *Actin*。仪器选用 ABI Quant Studio 6 Flex 系统定量 PCR 仪（Applied Biosystems，美国）。所用引物序列见表 5-1-3。

（十七）烟碱含量的测定

将生长四周并且生长状态良好的烟草植株连盆放置于终浓度为 100μmol/L 的 MeJA 溶液中，收集 MeJA 处理后 0 和 72 h 的叶片和根部材料于 1.5mL 离心管中，迅速用液氮速冻并冻存于 -80 ℃ 冰箱。取 100 mg 烟草叶片和根部样品置于三角瓶中，在含喹啉作为内标的 2 mol/L 氢氧化钠溶液中浸泡 1h，超声提取 1 h 后过滤，滤液用三氯甲烷萃取 3 次，合并有机相浓缩后用甲醇定容，气相色谱仪-质谱仪联用（GC-MS，SCIONSQ-456GC，美国）测定烟碱含量。

第二节　磷酸激酶途径调控因子参与烟碱代谢的作用机制研究

一、研究摘要

通过文献查询、同源比对、转录组数据分析等技术手段，获得参与调控烟碱合成的蛋白磷酸化信号途径基因 *NtPP2C2b*、*NtMPK4* 及 *NtMPKK2a*。转基因研究结果表明，*NtPP2C2b* 负调控烟碱合成，*NtMPK4* 正调控烟碱合成。利用双荧光素酶试验系统获得的试验结果显示，NtPP2C2b 通过 NtERF221 负调控 *QPT* 基因的表达；NtMPK4 通过 NtERF221 正调控 *QPT* 基因的表达。进一步研究发现 NtPP2C2b 与 NtMPK4 互作，并导致 NtMPK4 的去磷酸化。此外，本研究还发现 NtMPKK2a 正调控烟碱合成，与 Nt-MPK4 互作。相关研究结果发表在杂志 *Journal of Experimental Botany* 上。

二、研究结果

（一）*NtPP2C2b* 基因的克隆

本部分研究利用拟南芥 PP2C 蛋白序列比对烟草基因组数据库，去除冗余序列及不含 PP2C 催化结构域的序列，共发现 164 个烟草 PP2C 蛋白家族成员基因，翻译 137～1 083 个氨基酸长度的蛋白质，等电点值变化范围为 4.03～9.73，分子量变化范围为 15.07～121.22ku。进化树分析表明 PP2C 可以分成 16 个亚组（图 5 - 2 - 1）。

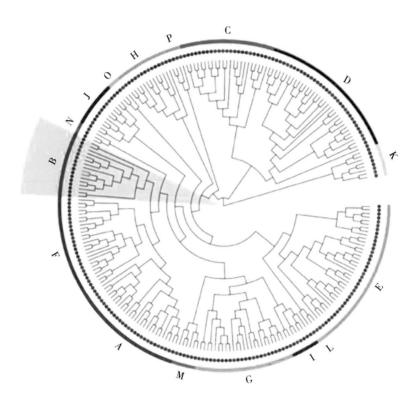

图 5 - 2 - 1   烟草及拟南芥 PP2C 家族成员进化树分析

注：使用 MEGA6.0 构建烟草及拟南芥 PP2C 蛋白进化树。蓝色点代表烟草 PP2C 蛋白，红色点代表拟南芥 PP2C 蛋白，淡红色标记的是 B 亚组。

因为 B 亚组 PP2C 蛋白能够调控 MAPK 磷酸激酶的活性及参与激素信号传导途径，本研究特别关注该亚组的 PP2C 蛋白。例如，在拟南芥及苜蓿中，B 亚组 PP2C 是 MAPK 酶的调控因子。烟草 B 亚组 PP2C 包含 10 个成员，它们与 6 个拟南芥 PP2C 聚类在一起。其中两个 PP2C 与苜蓿及拟南芥 B 亚组 PP2C 蛋白同源性较高（49%～52% 氨基酸相同），本研究将它们命名为 NtPP2C2a 及 NtPP2C2b。NtPP2C2a 与 NtPP2C2b 在氨基酸水平上 90% 相同，可能分别来自绒毛状烟草及林烟草。烟草、拟南芥及苜蓿 B 亚组 PP2C 蛋白在 N 端都含有一个蛋白激酶结合区域（KIM；R [3～4] - X [1～6] - L/I）（图 5 - 2 - 2），这个区域对该蛋白与 MAPK 激酶的互作非常重要。另外，序列分析显示，在烟草、拟南芥及苜蓿 B 亚组 PP2C 蛋白中，有保守的磷酸、金属离子结合区域。故而，本研究推测

NtPP2C2a 及 NtPP2C2b 可能与茉莉酸途径中的 MAPK 激酶互作，调控烟碱的生物合成。

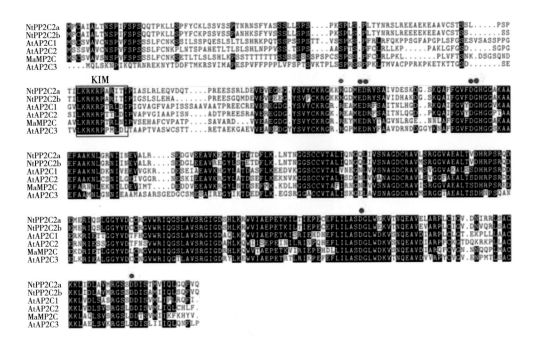

图 5-2-2　烟草、拟南芥及苜蓿中 PP2C 蛋白序列比对

注：黑色标注为相同的氨基酸，保守的激酶互作区域（KIM）用红色方形标出，可能参与磷酸、金属离子结合的氨基酸分别用蓝色及红色点标出。

（二）NtPP2C2 受茉莉酸调控及与烟碱合成途径基因共表达

烟碱在烟株根部合成，然后通过维管系统转运至地上部的叶子中储存。在许多代谢途径中，功能相关基因的表达常常表现出相似的时空模式。比如烟碱合成途径基因 Nt-PMT、NtQPT1 等与调控位点 NIC2 的基因几乎都在根中表达。由此，本研究推测有关烟碱合成调控的基因可能具有相似的表达模式。利用转录组数据，本研究进行共表达分析，发现：与烟碱合成途径基因相似，NtPP2C2a 与 NtPP2C2b 都主要在烟株根部表达（图 5-2-3），由于这两个基因具有很高的序列同源性及相似的表达模式，本研究选择其中的 NtPP2C2b 进行进一步的研究。

茉莉酸（JA）调控很多次生代谢物的合成。例如类固醇糖苷生物碱（SGA）、萜类吲哚生物碱及烟碱。体外施加茉莉酸或体内茉莉酸含量的上升都会导致烟碱合成途径基因及调控基因的表达上调，本研究通过定量 PCR 检测分析发现：与 NtERF221、NtPMT 及 NtQPT 相似，NtPP2C2b 也受茉莉酸的诱导（图 5-2-4）。

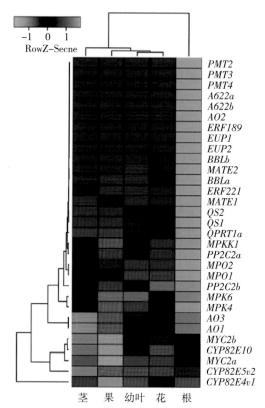

图 5-2-3　烟碱合成相关基因及 *NtPP2C2a*、*NtPP2C2b*、*NtMPK4* 在各组织中的共表达分析

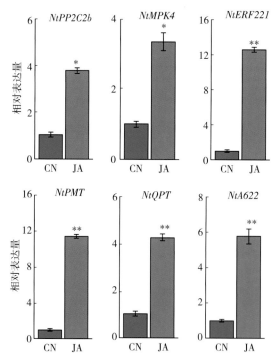

图 5-2-4　*NtNtPP2C2b* 等基因受茉莉酸诱导表达

注：CN 为对照处理。

另外，本研究检测烟株根部在水杨酸（SA）、脱落酸（ABA）、乙烯（前体物 ACC）及生长素（2,4-D）处理下 *NtPP2C2b* 的表达变化。试验结果显示，在以上激素的处理下，*NtPP2C2b* 的表达轻度上调（图 5-2-5）。

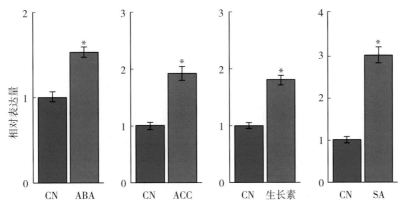

图 5-2-5　烟株根部 *NtPP2C2b* 受 ABA、ACC、生长素及 SA 调控表达模式

注：CN 为对照处理。

（三）*NtPP2C2b* 过表达改变烟碱合成途径及调控基因的表达水平（毛状根体系）

为了鉴定 *NtPP2C2b* 在烟碱合成调控方面的功能，本研究构建 *NtPP2C2b* 过表达载体，获得过表达烟草毛状根。通过 qPCR 检测转基因毛状根中 *NtPP2C2b* 的表达水平，两个毛状根系的表达水平比对照提高 12～18 倍（图 5-2-6）。对过表达毛状根 OE1、OE2 中烟碱合成途径基因〔*NtPMT*、*NtQPT*、*NtBBL*（*BERBERINE BRIDGE EN-ZYME-LIKE*）、*NtA622*〕及调控转录因子基因（*NtMYC2a*、*NtERF221*、*NtERF189*）的表达水平进行检测，发现，*NtERF221* 的表达水平下降 40% 左右，而 *NtMYC2a* 及 *NtERF189* 的表达水平没有显著变化（图 5-2-7A）；*NtPMT*、*NtQPT*、*NtBBL* 及 *NtA622* 的表达水平下降 52%～67%；负责烟碱转运的基因 *NtMATE*（*MULTIDRUG AND TOXIC COMPOUND EXTRUSION*）在两个过表达毛状根系中也下降 53%～74%。通过烟碱含量检测发现，两个过表达毛状根系中的烟碱含量都下降约 15%（图 5-2-7B）。

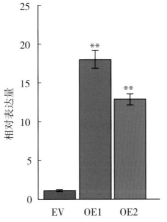

图 5-2-6　过表达毛状根中 *NtPP2C2b* 表达水平分析

注：EV 为空载体转化对照。

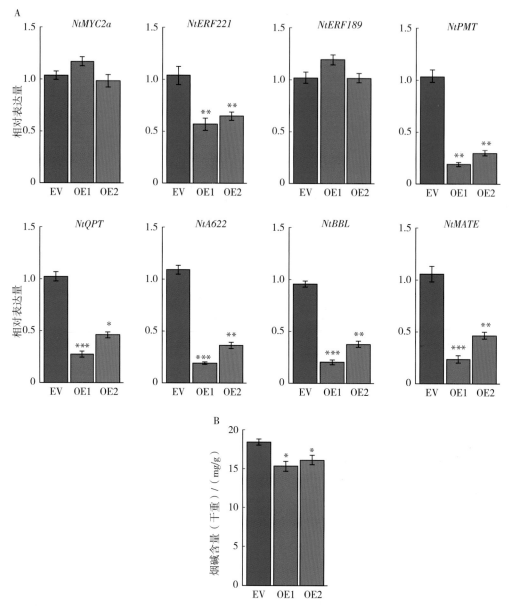

图 5 - 2 - 7 *NtPP2C2b* 过表达毛状根系中烟碱合成调控相关基因表达水平及烟碱含量分析

注：EV 为空载体转化对照。

（四）*NtPP2C2b* 过表达改变烟碱合成途径及调控基因的表达水平（转基因植株体系）

为进一步确定 *NtPP2C2b* 在调控烟碱合成中的功能，本研究通过转基因获得 *Nt-PP2C2b* 过表达烟草株系，其 *NtPP2C2b* 的表达量较对照提高 18～25 倍（图 5 - 2 - 8）。与过表达毛状根的研究结果相似，*NtERF221*、*NtPMT*、*NtQPT*、*NtBBL* 及 *NtMATE* 的表达量下降 38%～82%（图 5 - 2 - 9），烟碱含量下降 28%～35%（图 5 - 2 - 10）。利用转基因毛状根体系及转基因植株进行研究，都发现了过表达 *NtPP2C2b* 导致烟碱合成途径基因表达量的下降。一种可能的解释是过表达 *NtPP2C2b* 改变了烟碱合成调控因子，比如 NtERF221 的磷酸化水平，从而调控烟碱合成途径基因的表达水平。虽然 *NtERF221* 与

NtERF189 是同源基因，但它们受到调控的模式可能并不一样。例如，过去的研究表明，*NtERF221* 受到茉莉酸快速诱导，而 *NtERF189* 受到茉莉酸诱导的效应较为缓慢。至于 *Nt-MYC2*，根据本研究的结果推测，应该不受 NtPP2C2b 的调控。虽然烟碱合成途径基因的表达量显著下降，但过表达毛状根及烟草植株中的烟碱含量并没有大幅度下降。

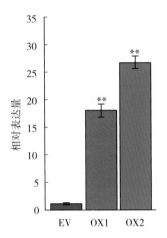

图 5-2-8　过表达烟草株系中 *NtPP2C2b* 表达水平分析

注：EV 为空载体转化对照。

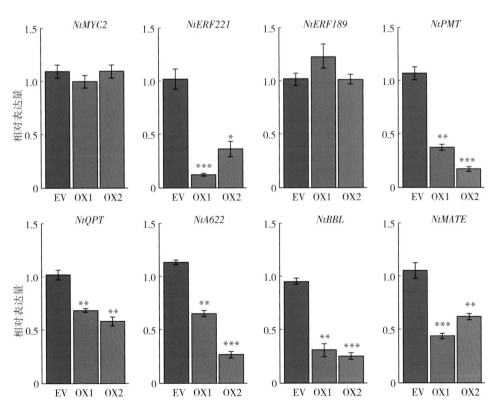

图 5-2-9　*NtPP2C2b* 过表达植株中烟碱合成调控相关基因表达水平分析

注：EV 为空载体转化对照。

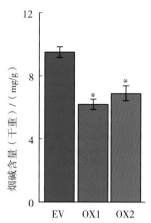

图 5-2-10　*NtPP2C2b* 过表达植株中烟碱含量分析

注：EV 为空载体转化对照。

（五）NtPP2C2b 抑制 NtQPT 基因启动子

本研究通过荧光素酶报告系统检测 NtPP2C2b 在 NtERF221 调控 *QPT* 启动子中的作用。试验结果表明：NtERF221 能够独自显著诱导 *QPT* 启动子活性（28 倍），但是 NtPP2C2b 与 NtERF221 共同作用降低了 NtERF221 独自作用的诱导幅度，说明 NtPP2C2b 负调控 NtERF221 的活性（图 5-2-11）。由此，推测 NtERF221 可能被磷酸激酶磷酸化，而磷酸激酶可能是与 NtPP2C2b 共表达的 NtMPK4。

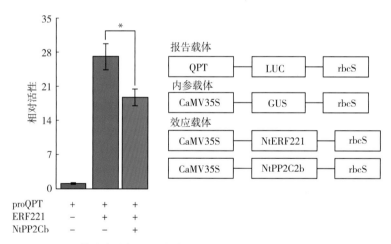

图 5-2-11　荧光素酶报告系统检测 NtERF221、NtPP2C2b 和 NtERF221
调控 *QPT* 启动子活性

（六）烟草 MAPK 基因分析

过去的研究表明，B 亚组 PP2C 与 MAPK 互作调控磷酸激酶的活性，由此推测 NtPP2C2b 可能与烟草 MAPK 互作。过去的研究通过分析表达序列标签，发现烟草基因组中有 17 个 *MAPK* 基因。对现有烟草基因组数据库进行分析，发现，烟草基因组中共有 29 个 *MAPK* 基因，这些基因可以分成 4 个亚组（A～D）。MAPK 激酶含有酶活激活环，通过磷酸化其中的苏氨酸及酪氨酸（TXY 元件，X 为任意氨基酸）激活酶活。在拟南芥及烟草中，A、B 及 C 亚组的 MAPK 都含有 TEY 元件，而 D 亚组含有 TDY 元件（图 5 - 2 - 12）。其他的变体也在被报道，如 MEY 元件。

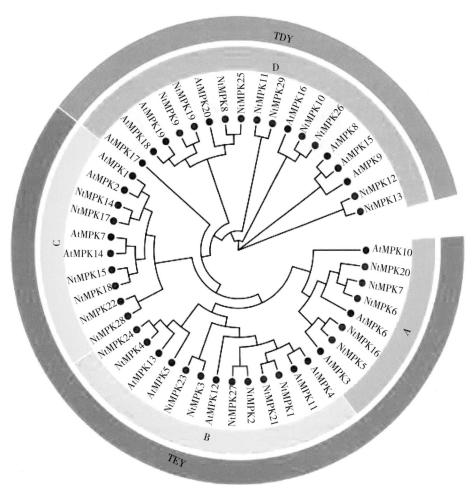

图 5 - 2 - 12　拟南芥及烟草 MPK 进化树分析

注：紫色点表示拟南芥 MPK，蓝色点表示烟草 MPK。红色分支表明具有 MEY 元件的蛋白。

过去的研究发现，烟草中的 NtMPK3、NtMPK4 及 NtMPK6 在茉莉酸、受伤及防御反应中发挥作用。另外，拟南芥 B 亚组的 PP2C 被发现通过将 AtMPK4 及 AtMPK6 去磷酸化调控茉莉酸及乙烯的合成，进而调控免疫反应。与拟南芥 AtMPK4 及 AtMPK6 一样，烟草 NtMPK4 及 NtMPK6 也分别属于 B 及 A 亚组。另外，NtMPK4 及 NtMPK6 分别与 AtMPK4 及 AtMPK6 的氨基酸同源性很高（超过 85% 的氨基酸相同）（图 5 - 2 - 13）。由此推测，NtMPK4 及 NtMPK6 可能是 NtPP2C2b 的底物并参与烟碱合成调控。随后，开展 NtMPK4 和 NtMPK6 受茉莉酸调控研究及 NtMPK4 和 NtMPK6 与 NtPP2C2b 的互作研究。

图 5-2-13　拟南芥及烟草 MPK4 及 MPK6 氨基酸序列比对

注：黑色表示相同的氨基酸残基。

（七）*NtMPK4* 与烟碱合成途径基因共表达及受茉莉酸诱导表达

NtMPK4 主要在烟株根部表达（图 5-2-3）。通过检测茉莉酸处理的毛状根，发现 *NtMPK4* 与 *NtPP2C2b* 及烟碱合成途径基因一样，受茉莉酸诱导表达。*NtMPK4* 与 *Nt-PP2C2b* 及烟碱合成途径基因相似的组织特异性表达模式表明，*NtMPK4* 可能参与了烟碱合成的调控。

（八）NtMPK4 与 NtPP2C2b 互作研究

利用酵母双杂交技术分析 NtMPK4 与 NtPP2C2b 的互作关系。试验结果显示，Nt-MPK4 与 NtPP2C2b 在酵母中互作（图 5-2-14），但 NtMPK4 与 NtPP2C2a 在酵母中不互作（图 5-2-15）。

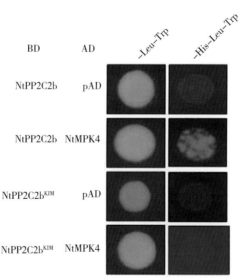

图 5-2-14　酵母双杂交检测 NtMPK4 及其突变蛋白与 NtPP2C2b 的互作

1. AD-NtMPK4+BD-NtPP2C2a
2. AD（空载体）+BD-NtPP2C2a

图 5-2-15　酵母双杂交检测 NtMPK4 与 NtPP2C2a 的互作

文献显示，拟南芥 AP2C1 与 AtMPK4 的互作依赖于 AP2C 中完整的 KIM 序列，KIM 序列突变导致互作的减弱或消除。序列分析显示，NtPP2C2b 含有一个可能的 KIM 序列（图 5-2-2）。突变其中的保守氨基酸（赖氨酸-丙氨酸，K89A；精氨酸-谷氨酰胺，R90Q）便消除了与 NtMPK4 的互作（图 5-2-14）。与 KIM 类似的序列也存在于 MAP-KK 中，通过 KIM，MAPKK 与 MAPK 互作并磷酸化 MAPK。B 亚组 PP2C 与 MAPKK 中都存在 KIM 序列表明，这两个蛋白可能会竞争性地结合 MAPK。

为研究 NtPP2C2b 与 NtMPK4 的互作能否导致 NtMPK4 的去磷酸化，在本氏烟烟叶中瞬时表达 NtMPK4-FLAG、NtMPK4-FLAG 及 NtPP2C2b-eGFP，通过 Western blot 检测发现，NtMPK4 被 NtPP2C2b 去磷酸化（图 5-2-16）。另外，单独瞬时表达 NtMPK4-FLAG 会产生磷酸化 NtMPK4 条带，据此推测，NtMPK4 在植物细胞中可能维持较高的磷酸化状态。

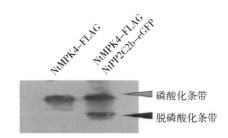

图 5-2-16　NtMPK4 被 NtPP2C2b 去磷酸化检测

注：利用 anti-FLAG 抗体检测，去磷酸化 NtMPK4 较磷酸化 NtMPK4 迁移快，形成两条带。

（九）烟草毛状根中诱导表达 NtMPK4 导致烟碱调控基因表达上调

为研究 NtMPK4 在烟碱合成调控中的作用，在烟草毛状根中过表达 NtMPK4，检测烟碱合成相关基因的表达。由于利用 CaMV 35S 启动子表达 NtMPK4 会导致毛状根的生长受到抑制，选择使用地塞米松（DEX）诱导启动子表达 NtMPK4 基因。本研究共获得 10 多个转基因毛状根系。经检测 2 个毛状根系中 NtMPK4 的表达量比对照高 2~3 倍（图 5-2-17）。

随后，检测毛状根系中烟碱合成、转运及调控相关基因的表达水平。结果显示，NtERF221、NtPMT、NtQPT 及 NtBBL 在 DEX 诱导毛状根系中的表达量较对照提高 2~4 倍，NtMATE 的表达量也有所上调（图 5-2-18）。

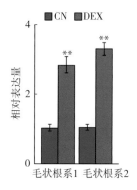

图 5 - 2 - 17　*NtMPK4* 过表达毛状根中 *NtMPK4* 诱导前后的表达量

注：CN 为对照，未经 DEX 处理。

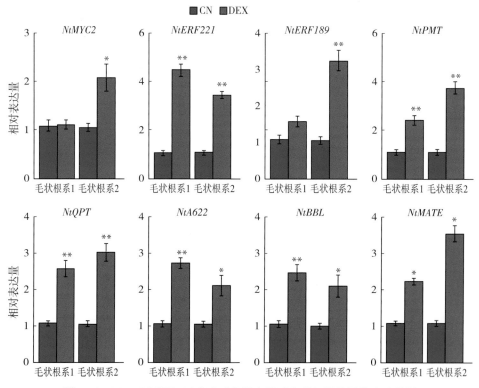

图 5 - 2 - 18　*NtMPK4* 过表达毛状根中烟碱合成相关基因的表达分析

对以上毛状根系的烟碱含量进行检测后发现，过表达毛状根系中烟碱含量提高 35%～62%（图 5 - 2 - 19）。

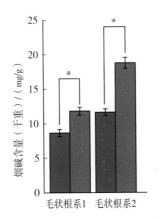

图 5 - 2 - 19　*NtMPK4* 过表达毛状根中烟碱分析

（十）瞬时表达 *NtMPK4* 激活 *QPT* 启动子

利用荧光素酶报告系统研究 NtMPK4 对 NtERF221 活性的影响。试验结果显示，单独表达 *NtERF221* 诱导 *QPT* 启动子活性达 26 倍，共表达 *NtMPK4* 及 *NtERF221* 诱导 *QPT* 启动子活性达 35 倍（图 5 - 2 - 20）。这一结果表明，NtMPK4 可能通过磷酸化 NtERF221 激活 NtERF221 的活性。

基于过表达 *NtMPK4* 能够上调烟碱合成、转运相关基因的表达水平，推测 NtMPK4 可能通过磷酸化激活 NtERF221 的活性，进而激活烟碱合成相关基因的表达水平，影响烟碱的合成。另外，过表达 *NtMPK4* 能够提高 *NtERF221* 的表达，表明 NtMPK4 可能通过某个调控因子调控 *NtERF221* 的表达。

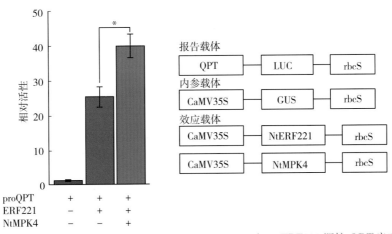

图 5 - 2 - 20　荧光素酶报告系统检测 NtMPK4、NtMPK4 和 NtERF221 调控 *QPT* 启动子活性

（十一）NtMPK6 与 NtPP2C2b 互作，但不影响烟碱合成

与 *NtMPK4* 相似，*NtMPK6* 的表达也受茉莉酸的诱导（图 5 - 2 - 21A）。另外，Nt-MPK6 也与 NtPP2C2b 互作（图 5 - 2 - 21B）。利用烟草毛状根过表达 *NtMPK6* 获得两个过表达毛状根系（图 5 - 2 - 21C）；检测毛状根系中 *NtPMT*、*NtQPT* 的表达量，试验结果显示，*NtPMT*、*NtQPT* 的表达量没有显著差异（图 5 - 2 - 21D）。

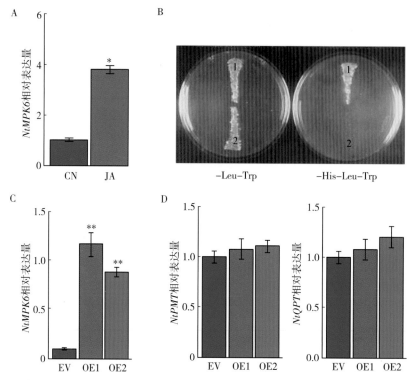

图 5 - 2 - 21　*NtMPK6* 表达受茉莉酸调控、与 NtPP2C2b 互作及 *NtMPK6*
过表达毛状根系中 *NtPMT* 及 *NtQPT* 的表达变化
注：CN 为对照处理，EV 为空载体转化对照。

（十二）NtMPKK2 与 NtMPK4 互作并通过 ERF221 激活 *PMT* 的启动子活性

通过查阅文献发现，SlPKK（与拟南芥 MPKK2 同源）磷酸化激活 NtMPK4 的活性，进一步研究烟草中 SlPKK 同源蛋白基因是否参与烟碱的合成调控。经过序列分析发现，烟草基因组中有两个 SlPKK 同源蛋白基因，暂命名为 *NtMPKK2a*、*NtMPKK2b*。

通过酵母双杂交试验检测 NtMPKK2a、NtMPKK2b 是否与 NtMPK4 互作，结果显示，NtMPKK2a、NtMPKK2b 都与 NtMPK4 互作（图 5 - 2 - 22）。

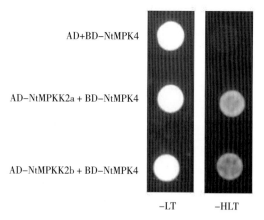

图 5 - 2 - 22　NtMPKK2a、NtMPKK2b 与 NtMPK4 互作检测

随后，通过荧光素酶报告系统检测 NtMPKK2a、NtMPKK2b 对 EFR221 活性的影响。结果发现，NtMPKK2a、NtMPKK2b 促进了 ERF221 激活 *PMT* 启动子的活性（图 5-2-23）。

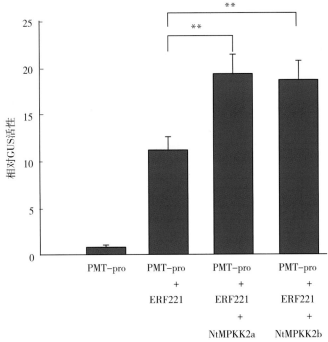

图 5-2-23　NtMPKK2a、NtMPKK2b 对 ERF221 活性的影响

构建 NtMPKK2a-DEX 诱导过表达载体，获得两个过表达转基因毛状根系；同时，构建 *NtMPKK2a* 及 *NtMPKK2b* 的 RNAi 载体，获得两个 RNAi 毛状根系。对这些转基因毛状根进行研究后发现，过表达 *NtMPKK2a* 导致部分烟碱合成途径基因和调控基因上调（图 5-2-24）以及烟碱含量的提升（图 5-2-25）。

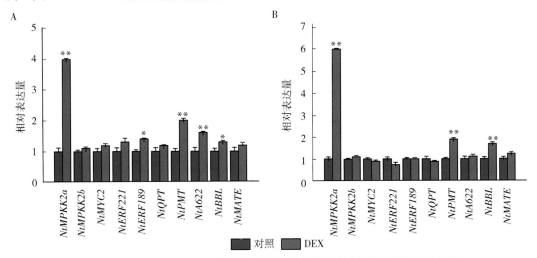

图 5-2-24　*NtMPKK2a* 过表达毛状根系中烟碱合成相关基因的表达水平

注：A 为毛状根系 1，B 为毛状根系 2。

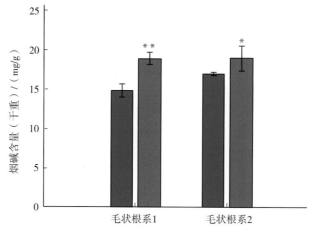

图 5-2-25　*NtMPKK2a* 过表达毛状根系中烟碱含量

通过 RNAi 降低 *NtMPKK2a* 及 *NtMPKK2b* 的表达，会显著降低烟碱合成途径基因的表达水平（图 5-2-26）及烟碱含量（图 5-2-27）。

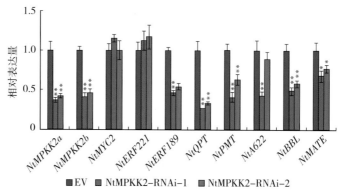

图 5-2-26　RNAi 毛状根系中烟碱合成相关基因的表达水平

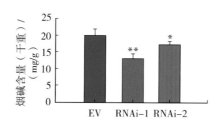

图 5-2-27　RNAi 毛状根系中烟碱含量

三、材料与方法

（一）试验材料

烟草品种 Samsun NN 作为本部分研究中基因克隆、毛状根及转基因植株外植体的实验材料。烟草品种 Xanthi 细胞作为本部分研究中瞬时表达分析的试验材料。

（二）使用激素等处理毛状根

使用 $100\mu mol/L$ 茉莉酸（MeJA）、$100\mu mol/L$ 脱落酸（ABA）、$100\mu mol/L$ 乙烯前

体（ACC）、$50\mu mol/L$ 生长素（2,4－D）或者 $20\mu mol/L$ 水杨酸（SA）处理烟草毛状根。将 $30\mu mol/L$ 地塞米松（DEX）溶解于 MS 培养基处理毛状根，处理 12h 后提取毛状根的 RNA 及代谢产物。

（三）转基因毛状根及植株的产生

将通过 PCR 获得的 *NtPP2C2b*、*NtMPK4* 及 *NtMPK6* 基因克隆入载体 pCAM-BIA2301（带有 CaMV35S 启动子及 rbcS 终止子）。将 *NtMPK4* 克隆入诱导表达载体 pTA7001。将以上构建好的载体转入农杆菌 R1000，随后，进行叶盘法转化，产生转基因毛状根；将以上构建好的载体转入农杆菌 GV3580，通过叶盘法转化获得转基因植株。构建载体相关的引物见表 5－2－1。

表 5－2－1　本部分研究涉及的引物

基因名称	正向引物（5'→3'）	反向引物（5'→3'）
*NtPP2C2b*①	agatctATGCCTTGTGCAATAGCATTAAC	tctagaTTATTGAACAAATTGACTTAGCTGAA
*NtMPK4*①	ggatccATGGAAGCAATTTCAGGTGATC	tctagaTCAGTGAGTTGGATCGGATTA
*NtMPK6*①	ggatccATGGATGGTTCTGGTCAGCAG	tctagaTCACATATGCTGGTATTCAGG
*NtERF221*①.	ggatccATGAATCCCGCTAATGCAACC	ctgcagTTATAGCAACATTTGTAGGTTCC
*NtPP2C2b*②	AATCACCTCTATCGCCGTTG	CCAATCGGAATCGTGATCCT
*NtMPK4*①	TGCCAGTCTTGGATTTCTCC	AGCTCCAGGAGATGAATTGG
*NtMPK6*②	ATCAGGGTTTATCTGAGGAGCA	AGTTGGCATTCAACAGGAGATT
NtMYC2	TGCGATGAAGTCAAGTGGAG	ATTTGCTGGCTTCCTTCCTC
*NtERF221*②	GTTTTGGCAGCTTCCCTTCA	TCGGACTCGGACTTTTCTTC
NtPMT1a	ATGGCACTTCGAACATCGAA	AGCTCGTTGCCATTGTCATG
NtQPT2	TTGATCAATGGGAGGTTTGA	TCAGGGCACCACTAGAAATG
NtBBL	GATGGACGGTTATTAGACCG	ATTTTCCAGGCATAAACAATG
NtA622	GATGGAAATCCCAAAGCAAT	GCAGGTGGTCTCATGTGAAG
NtMATE	TTGCTTGGCAGTGAATGGAC	TGCTGACTTTGAGTGTGCTG
NtJAZ	TTGTAGATTCCGGCAAGGTC	GTTGGTTCAAAACTGCGGTAG
NtEF	ACCACTGGTGGTTTTGAAGC	ACACCAAGGGTGAAAGCAAG
NtTub	GGTATTCAGGTCGGAAATGC	ATCTGGCCATCAGGCTGAAT
ntpII	ATGGGGATTGAACAAGATGGA	TCAGAAGAACTCGTCAAGAAG
hpt	ATGAAAAAGCCTGAACTCACCGCGA	CTATTTCTTTGCCCTCGGACGAGTGC
rolB	CTTATGACAAACTCATAGATAAAAGGTT	TCGTAACTATCCAACTCACATCAC
rolC	CAACCTGTTTCCTACTTTGTTAAC	AAACAAGTGACACACTCAGCTTC
virC	TTTTGCTCCTTCAAGGGAGGTGCC	GGCTTCGCCAACCAATTTGGAGAT

注：①曲引物用于载体构建，②用于基因表达检测。

（四）定量 PCR

使用试剂盒 RNeasy Plant Mini Kit（QIAGEN，美国）从烟草植株的幼苗、叶片或毛状根中提取总 RNA，进一步合成 cDNA 用于定量 PCR。使用 $2^{-\triangle\triangle C_T}$ 方法计算基因相对表达量。使用 *EF1a*（D63396）及 *α-tubulin* 基因作为内参基因，涉及的引物见表 5-2-1。

（五）酵母双杂交

将全长 *NtMPK4* 或者全长 *NtMPK6* 克隆入 pADGAL4-2.1，将 *NtPP2C2a* 或 *Nt-PP2C2b* 克隆入 pBD-GAL4Cam（Stratagene，美国），以上载体利用聚乙二醇-氯化锂（PEG/LiCl）方法转入农杆菌 AH109（Clontech，美国），转化子在二缺培养基 SD-Leu-Trp 上进行筛选，在 SD-Leu-Trp-His 培养基上确认蛋白与蛋白之间的互作。

（六）荧光素酶报告系统

将 *NtPMT1a* 及 *NtQPT2* 启动子序列构建于荧光素酶上游形成报告载体质粒，将 *NtERF221*、*NtPP2C2a*、*NtPP2C2b* 及 *NtMPK4* 序列构建于改良的 pBS 载体上形成表达载体质粒。35S 启动子激活的 *GUS* 基因作为内参基因。

第六章 烟碱代谢分子标记开发与烟碱含量性状育种

第一节 烟碱代谢变异材料的高通量筛选鉴定

一、研究摘要

建立高通量的烟碱代谢变异材料筛选技术体系是获取目标烟碱含量性状材料及关联功能基因的必要手段。编者所在实验室在鉴定烟碱含量性状变异材料过程中，首次建立了基于盲蝽（一种昆虫）啃食的烟碱代谢变异材料筛选方法，并结合前期开发的茉莉酸敏感性筛选方法，完成多个烟碱含量性状变异的常规育种材料和茉莉酸途径调控因子表达增强材料的筛选鉴定。本研究所鉴定的常规育种烟碱性状变异材料为高、低烟碱含量材料的选育提供了关键基础，所鉴定的烟碱代谢变异的茉莉酸途径调控因子表达增强材料为烟碱代谢调控机制研究提供了帮助。相关研究结果发表在杂志 *Frontiers in Plant Science* 上，并获得授权发明专利 1 项。

二、研究结果

（一）烟碱代谢变异材料的盲蝽啃食筛选

烟草合成的烟碱和西柏烷类物质均属于抗虫成分，而且其代谢过程均与茉莉酸信号途径的调控作用相关。在以野生型烟草和沉默茉莉酸受体蛋白基因 *NtCOI1* 烟草为材料的研究中，比较了蚜虫和盲蝽两种昆虫在烟草代谢变异材料鉴定中的差异，并发现盲蝽的迁飞能力和啃食能力较强，对寄主的选择特异性较好，在烟草虫害抗性鉴定方面具有可靠性和稳定性。本研究以盲蝽的啃食性为手段，对常规育种杂交分离群体和表达茉莉酸途径调控因子材料的虫害抗性进行鉴定，以获得烟碱代谢发生变异的烟草材料。

在利用盲蝽啃食鉴定烟碱代谢变异材料过程中，首先利用表达 bHLH、MYB、ERF 及 bZIP 等茉莉酸途径调控因子材料进行虫害抗性鉴定和烟碱含量测定分析。在 2 个月的试验期，野生型烟草 TN90 的叶片啃食面积极小，基本观察不到；沉默 *NtCOI1* 烟草植株从幼苗期开始发生严重的盲蝽啃食，且啃食面积随着时间推移快速增加，啃食面积为叶片总面积的 30%；过表达 NtMYC2 的沉默 *NtCOI1* 烟草植株也有啃食空洞，但其叶片的啃食情况要显著轻于沉默 *NtCOI1* 烟草；过表达 NtMYB305 的沉默 *NtCOI1* 烟草植株的叶片啃食情况与沉默 *NtCOI1* 烟草接近；然而，同时过表达 NtMYC2 和 NtMYB305 的沉默 *NtCOI1* 烟草的啃食情况明显减轻，其表型与野生型烟草 TN90 相似（图 6-1-1）。烟碱含量检测显示，野生型烟草 TN90 的叶片烟碱含量约 1.8%，沉默 *NtCOI1* 烟草的叶片烟碱含量约 0.5%，过表达 NtMYC2 的沉默 *NtCOI1* 烟草的叶片烟碱含量约 0.7%，过表达 NtMYB305 的沉默 *NtCOI1* 烟草的叶片烟碱含量约 0.6%，同时过表达 NtMYC2 和 Nt-MYB305 的沉默 *NtCOI1* 烟草的叶片烟碱含量约 1.5%（图 6-1-1）。上述研究结果表明，NtMYC2 和 NtMYB305 均参与了烟草的烟碱代谢调控。编者所在实验室在研究中，还使用盲蝽啮食方法进行了数十个材料的抗虫性鉴定，并进行了烟碱含量检测，为烟碱代谢调控研究提供了多个有价值的试验材料。这些材料还被用于烟碱代谢基因的富集文库构建及烟碱代谢调控因子鉴定研究。

烟草材料:对照	NtCOI1-RI	NtCOI1-RI NtMYC2-OE	NtCOI1-RI NtMYB305-OE	NtCOI1-RI NtMYC2-OE NtMYB305-OE
烟碱含量: 1.8%	0.5%	0.7%	0.6%	1.5%

图 6-1-1　表达茉莉酸途径调控因子材料的盲蝽啮食鉴定

烟碱代谢调控因子 NtMYB305 便是在利用该方法鉴定的虫害抗性材料中发现的。该方法还为揭示烟碱代谢调控因子间的协同作用机制提供了帮助。

（二）烟碱代谢变异材料的 JA 敏感性筛选

用 $10\mu mol/L$ MeJA（甲基茉莉酸）对 3000 份 T1 代烟草激活标签突变材料进行 JA 敏感性筛选，获得 48 份与对照存在 JA 敏感性差异的材料。在这 48 份材料中，20 份 JA 敏感性降低，28 份 JA 敏感性升高。在 20 份 JA 敏感性降低的材料中，3 份表现出 JA 极度不敏感，并被归类为"不敏感"，占 T1 代总株系的 0.10%；另外 17 份被归类为"低敏感"，占 T1 代总株系的 0.57%。在 28 份 JA 敏感性升高的材料中，有 4 份表现出高度的 JA 敏感性，并被归类为"高敏感"，占 T1 代总数的 0.13%；另外 24 份被归类为"敏感"，占 T1 代总数的 0.80%。烟碱含量检测显示，17 份材料在打顶前、后的烟碱含量不一致，另外 10 份材料的烟碱含量在打顶前、后表现出相同变化趋势，即打顶前、后的烟碱含量均高于或低于对照材料。在这 10 份打顶前、后烟碱含量一致的材料中，6 份材料的烟碱含量降低，4 份材料的烟碱含量升高。在 6 份烟碱含量降低的材料中，2 份烟碱含量大幅降低并被归类为"低烟碱"，另外 4 份被归类为"偏低烟碱"；在 4 份烟碱含量升高的材料中，2 份烟碱含量明显升高并被归类为"高烟碱"，另外 2 份被归类为"偏高烟碱"（表 6-1-1）。根据烟碱含量从低到高的顺序，分别将这些烟碱代谢变异材料命名为 *nit1*、*nit2*、*nit3*、*nit4*、*nit5*、*nit6*、*nit7*、*nit8*、*nit9* 和 *nit10*（表 6-1-2）。

表 6-1-1　萌发时间和根长具有相同 JA 敏感性的 T1 代烟碱代谢变异材料分析

分类	打顶前		打顶后		变化相同的株系	
	数目	T1 代总占比/%	数目	T1 代总占比/%	数目	T1 代总占比/%
低烟碱	5	0.17	4	0.13	2	0.07

（续）

分类	打顶前		打顶后		变化相同的株系	
	数目	T1 代总占比/%	数目	T1 代总占比/%	数目	T1 代总占比/%
偏低烟碱	6	0.20	7	0.23	4	0.13
正常	25	0.83	22	0.73	16	0.53
偏高烟碱	8	0.27	9	0.30	2	0.07
高烟碱	4	0.13	6	0.20	2	0.07

表 6-1-2　烟碱代谢变异材料的茉莉酸应答和烟碱含量相关性

材料	编号	JA 应答特性	烟碱含量	一致性
nit1	11MHT1009492	不敏感	低烟碱	是
nit2	11MHT1009915	不敏感	低烟碱	是
nit3	11MHT1009979	低敏感	偏低烟碱	是
nit4	11MHT1009785	低敏感	偏低烟碱	是
nit5	11MHT1009410	低敏感	偏低烟碱	是
nit6	11MHT1009060	低敏感	偏低烟碱	是
nit7	11MHT1010449	敏感	偏高烟碱	是
nit8	11MHT1010579	高敏感	高烟碱	是
nit9	11MHT1009196	高敏感	高烟碱	是
nit10	11MHT1009936	高敏感	高烟碱	是

随后，以筛选出的 T1 代 10 个烟碱代谢变异材料进行 T2 和 T3 代的 JA 敏感性和烟碱含量验证，筛选同时具有稳定的 JA 敏感性和烟碱含量的株系。结果共有 5 个代谢变异材料连续 3 代表现出稳定的 JA 敏感性和烟碱含量，分别是 *nit3*、*nit6*、*nit7*、*nit9* 和 *nit10*。JA 敏感性分析进一步验证了 *nit3* 和 *nit6* 是"低敏感"材料，它们比对照提前 1d 萌发，根长是 0.762 cm 和 0.755 cm，分别比对照长 0.341 cm 和 0.334 cm；烟碱含量测定结果进一步证明 *nit3* 和 *nit6* 烟碱含量低于对照并被归类为"偏低烟碱"。打顶前它们的烟碱含量分别是 0.212 mg/g 和 0.213 mg/g，约为对照的 50%；打顶后，它们的烟碱含量分别是 0.615 mg/g 和 0.992 mg/g，也明显低于对照。*nit7* 被证实为 JA "敏感"和"偏高烟碱"代谢变异材料，其打顶前、后的烟碱含量分别是 0.512 mg/g 和 2.074 mg/g，都明显高于对照。JA 敏感性分析同样验证了 *nit9* 和 *nit10* 是"高敏感"代谢变异材料，具有极高的 JA 敏感性，它们的萌发时间分别是 12d 和 14d，比对照萌发时间推迟一周以上；*nit9* 和 *nit10* 的根长分别为 0.187 cm 和 0.153 cm，分别比对照短 0.234 cm 和 0.268 cm；烟碱测定结果表明 *nit9* 和 *nit10* 烟碱含量大幅升高，属于"高烟碱"代谢变异材料，打顶前烟碱含量分别为 0.701 mg/g 和 0.811 mg/g，打顶后分别为 4.612 mg/g 和 4.205 mg/g（表 6-1-3、表 6-1-4）。

表 6-1-3　JA 敏感性稳定的烟碱代谢变异材料

材料	萌发时间/d	根长/cm	JA 应答类别
对照	5	0.421±0.056	对照
nit3	4	0.762±0.101	低敏感
nit6	4	0.755±0.084	低敏感
nit7	7	0.314±0.054	敏感
nit9	12	0.187±0.018	高敏感
nit10	14	0.153±0.021	高敏感

表 6-1-4　烟碱含量稳定代谢变异材料

材料	打顶前（鲜重）/ (mg/g)	打顶后（鲜重）/ (mg/g)	烟碱含量类别
对照	0.416±0.098	1.532±0.211	对照
nit3	0.212±0.042	0.615±0.024	偏低烟碱
nit6	0.213±0.031	0.992±0.029	偏低烟碱
nit7	0.512±0.024	2.074±0.242	偏高烟碱
nit9	0.701±0.132	4.612±0.358	高烟碱
nit10	0.811±0.154	4.205±0.342	高烟碱

　　NtMYC2 是 JA 信号途径重要的转录调控因子（Zhang et al.，2012），*NtMYC2* 定量结果表明，第一类 5 个烟碱代谢变异材料中，JA 敏感性升高的变异材料 *nit7*、*nit9* 和 *nit10* 在 MeJA 处理后 *NtMYC2* 的转录水平明显升高，而 JA 敏感性降低的代谢变异材料 *nit3* 和 *nit6* 的 *NtMYC2* 转录水平明显降低（图 6-1-2）。第二类 3 个特殊烟碱代谢变异材料中，MeJA 处理后，JA 敏感性升高的代谢变异材料 *nit17* 的 *NtMYC2* 转录水平明显升高，JA 敏感性降低的代谢变异材料 *nit11* 和 *nit14* 的 *NtMYC2* 转录水平降低（图 6-1-2）。所有代谢变异材料的茉莉酸敏感性和 *NtMYC2* 的表达水平高度一致，这个结果提供的分子信息进一步表明，突变与 JA 敏感性息息相关。

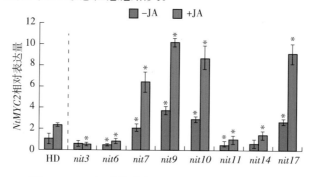

图 6-1-2　烟碱代谢变异材料 *NtMYC2* 表达分析

　　注：−JA 指未经 MeJA 处理的材料，＋JA 指 MeJA 处理 24h 的材料。将未处理的野生型 HD 的 *NtMYC2* 表达水平设为 1。＊指的是在相同处理下与野生型 HD 转录水平存在显著差异（$P < 0.05$，t 检测）。数据为平均值±标准差。HD 指野生型红花大金元，*nit3*、*nit6*、*nit7*、*nit9*、*nit10* 指不同的烟碱代谢变异材料，*nit11*、*nit14*、*nit17* 指不同的特殊烟碱代谢变异材料。

此外，分析第一类 5 个烟碱代谢变异材料和第二类 3 个特殊烟碱代谢变异材料的根系在 MeJA 处理前、后烟碱相关基因的表达水平，包括烟碱合成基因 *NtQPT*、*NtPMT*、*NtODC*、*NtA622*、*NtBBL* 和烟碱转运基因 *NtNUP1*。第一类 5 个烟碱代谢变异材料根部烟碱相关基因的表达水平在变异材料间存在明显差异（图 6-1-3），偏低烟碱变异材料 *nit3* 未经 MeJA 处理时，*NtQPT* 和 *NtNUP1* 的表达量较低，MeJA 处理后，*NtQPT* 和 *NtNUP1* 的表达量没有增加。偏低烟碱变异材料 *nit6* 在没有 MeJA 的情况下 *NtNUP1* 的表达量较低，MeJA 处理后，*NtPMT* 的表达量明显增加，但 *NtQPT* 基因和 *NtA622* 基因的表达量并未增加。MeJA 处理前，*nit7* 烟碱合成基因 *NtQPT*、*NtPMT* 和烟碱转运基因 *NtNUP1* 表达水平均高于对照，MeJA 处理大幅提高了 *NtODC*、*NtBBL* 和 *NtNUP1* 基因的表达量。没有 MeJA 的情况下，高烟碱变异材料 *nit9* 的 *NtNUP1* 基因表达量较高，而 *NtQPT* 和 *NtODC* 的表达量较低，加入 MeJA 后，*NtQPT*、*NtPMT*、*NtA622* 和 *NtNUP1* 的表达量急剧增加。未处理状态下，*nit10* 表现出较高的 *NtBBL* 基因表达量，MeJA 处理后，*NtQPT*、*NtODC*、*NtPMT*、*NtA622*、*NtBBL* 和 *NtNUP1* 的表达量都显著增加。上述结果表明，在这些烟碱变异材料中，烟碱合成基因的表达水平受 JA 的影响，这与 JA 诱导烟碱合成的作用机理相吻合（图 6-1-3）。

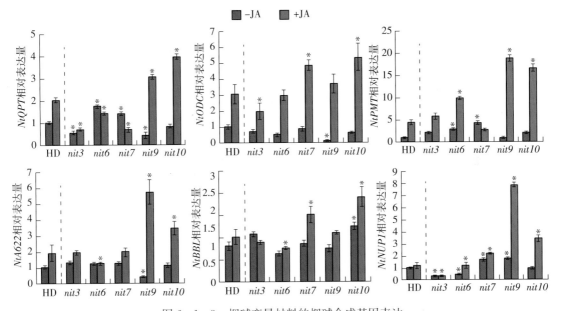

图 6-1-3　烟碱变异材料的烟碱合成基因表达

注：−JA 指未经 MeJA 处理的材料，＋JA 指 MeJA 处理 24h 的材料。分别将未处理的野生型 HD 的每个基因表达水平设为 1。＊指的是在相同处理下与野生型 HD 转录水平存在显著差异（$P<0.05$，t 检测）。数据为平均值±标准差。HD 表示野生型红花大金元，*nit3*、*nit6*、*nit7*、*nit9*、*nit10* 指不同的烟碱变异材料。

三、材料与方法

（一）试验材料

3 000 份烟草激活标签突变材料的 T1 代种子由中国农业科学院烟草研究所提供，T1

代烟草种子来自不同的 T0 代亲本。T0 代变异材料是以烟草红花大金元（HD）为供体材料，经转基因插入激活标签载体 pSKI015 所产生。对照材料选用野生型烟草品种红花大金元。

（二）试验试剂

烟草 1/2 MS 培养基配制：1L 1/2 MS 液体培养基（蔗糖 15 g、pH 5.8），1L 1/2 MS 固体体培养基（蔗糖 15 g、植物凝胶 8 g、pH 5.8）。

茉莉酸甲酯（MeJA；Sigma-Aldrich）溶液配制：首先取 42 μL MeJA 原液＋50μL 无水乙醇配成 20 mmol/L 浓缩 MeJA 母液，再取 50 μL 加入 100 mL 双蒸水，最终配制成终浓度为 10 μmol/L 的 MeJA 溶液；取 250 μL 加入 100 mL 双蒸水，最终配制成终浓度为 50 μmol/L 的 MeJA 溶液。

（三）茉莉酸敏感性筛选

以 3 000 份 T1 代烟草激活标签变异材料种子为材料，每个株系随机选取 100 粒种子并平均分成两组，其中一半（50 粒）作为试验组，用 10 mL 浓度为 10 μmol/L 的 MeJA 溶液处理，在铺有两层滤纸的培养皿中萌发；另一半（50 粒）作为对照组，直接用 10 mL 双蒸水萌发。对照材料红花大金元（HD）同样随机选取 100 粒种子分成试验组和对照组，以相同的方法处理。上述所有材料都在无病害温室中培养，温室温度、光照条件设为恒温 25℃，16 h 光照/8h 黑暗。在处理的第一周，每日对种子萌发状况进行观察和记录。选择在 MeJA 处理后种子萌发时间比 HD 明显延长或缩短的植株，这些材料在没有 MeJA 的情况下萌发时间应该与 HD 一致。对茉莉酸处理两周仍无法萌发的种子，观察相应的另一半种子在双蒸水中的萌发状况，判断种子存活情况，如果种子存活，则认为材料具有茉莉酸敏感性。

另一组试验用于种子萌发后根长的测定。随机选取的 100 粒种子平均分成两份，首先，所有种子都用双蒸水在铺有滤纸的培养基中萌发 4d 至种子见白；其中一半种子用 10 μmol/L MeJA 溶液置换双蒸水，另一半继续用双蒸水萌发。1 周后，每个株系随机选取 10 株材料进行根长测量。选择在 MeJA 处理下根长比 HD 明显延长或缩短的植株，这些材料在没有 MeJA 的情况下根长应该与 HD 一致。

通过以上两个试验，选择萌发时间和根长表现出相同茉莉酸敏感性的株系进行后续研究。茉莉酸敏感性分类见表 6-1-5，以 HD 为对照，根据整个突变材料库 3 000 份 T1 代株系对 MeJA 的应答，将茉莉酸敏感性分为 5 个等级，分别是不敏感、低敏感、正常、敏感、高敏感。

表 6-1-5　茉莉酸敏感性表型分类

材料	茉莉酸敏感性	萌发时间/d	根长/cm
HD	对照	5	0.5±0.06
烟碱代谢变异材料	不敏感	≤3	≥1.01
	低敏感	4	0.61～1.00
	正常	5	0.41～0.60
	敏感	6～8	0.21～0.40
	高敏感	≥9	≤0.20

（四）烟碱含量检测

将上述筛选出的茉莉酸敏感性变异材料种植于温室中，每个变异材料株系选取 20 个植株。4 周后，采取中部叶片用于烟碱含量测定。然后将烟草植株进行打顶处理，2 周后，同样采取中部叶片用于烟碱含量测定。并用修改过的紫外分光光度计法（UV spectrophotometry method）测定烟碱含量（Willits et al.，1950；Shi et al.，2006）。测定方法：①采取新鲜的烟叶，60℃烘干，称取 0.15g 置于 2mL 离心管；②室温条件下，在离心管中加入 1mL 浓度为 8.5% 的盐酸溶液，静置 3min；③所有材料于室温 13 000r/min 离心10min；④离心后，取 0.8mL 上清液转移到另一个新的 2mL 离心管中，加入 0.03g 活性炭和 0.8mL 双蒸水，常温涡旋 10s；⑤室温静置 5min 后，13 000r/min 离心 8min；⑥取0.5mL 上清液并转移至另一新的 10mL 离心管中，加入 2mL 浓度为 9% 的盐酸；⑦混匀后，用紫外分光光度计分别测量 236nm（A_{236}）、259nm（A_{259}）和 282nm（A_{282}）的吸光值。烟碱含量按以下公式计算：

$$烟碱含量（\%）=\frac{1.059\times[A_{259}-(A_{282}+A_{236})/2]\times V}{34.3\times W}$$

式中，V 为烟碱提取液总体积，单位为 mL，1.059 为补偿系数，34.3 为消光系数，W 为样品质量，单位为 g。

（五）烟碱代谢变异材料的基因表达分析

以 T4 代烟碱代谢变异材料和特殊烟碱代谢变异材料为材料，每个变异材料随机选取50 粒种子并放入 1.5mL 离心管中，每管加入 1mL 的种子消毒液，剧烈震荡 30s，消毒7min，其间时常晃动；离心收集种子，去上清，用无菌水洗涤 3～5 次，倒掉离心管中的无菌水；将种子逐粒种入 0.8% 胶浓度的 1/2 MS 培养基上，于温室培养。10d 后，将萌发的幼苗转移至含有 200mL 1/2 MS 液体培养基的长方体塑料瓶中。塑料瓶溶液上方漂浮1 个孔径为 2mm 的塑料孔板，每瓶种植 4～5 株烟草幼苗，每个株系种植 6 瓶。每隔一周定时置换新的培养基，6 周后，将每个变异材料株系的培养基平均分成两组，每组 3 瓶，其中一组用含有 10μmol/L MeJA 的 1/2 MS 培养基处理，另一组用新的 1/2 MS 培养基处理。对照 HD 以同样的方式处理。

处理 24h 后，收取植株根部样品，采用 Invitrogen 公司的 TRIzol 试剂提取样品总RNA，用 DNaseⅠ去除残余的 DNA，采用 Takara 公司的试剂盒 PrimeScript™ RT Master Mix（Perfect Real Time）进行反转录反应合成 cDNA。反转录完成后，采用普通TaqDNA 聚合酶 EasyTaq® DNA Polymerase 对获得的 cDNA 进行 PCR 扩增，并对产物进行琼脂糖凝胶电泳，检测反转录产物。将反转录获得的 cDNA 稀释到 100μL，采用Promega 生物技术有限公司的试剂盒，对实时荧光定量的引物与探针的浓度及退火温度进行优化，确立最佳反应体系。以烟草 *NtActin* 基因作内参，于 Stratagene M×3000P 荧光定量 PCR 仪中进行扩增，体系为 95℃，5min；95℃，20s，58℃，20s，72℃，40s；共40 个循环。其中，用于基因表达分析的基因为 *NtMYC2*、*NtQPT*、*NtODC*、*NtPMT*、*NtA622*、*NtNUP1*、*NtBBL*。基因表达量的计算根据张洪博描述的方法，以 *NtActin* 基因为内参，将 HD 在 JA 处理前的基因表达量设为 1，再用 $2^{-\Delta\Delta C_T}$ 公式进行计算（Zhang et al.，2012）。引物序列如表 6-1-6 所示。

表 6-1-6 引物序列

目标基因	引物序列	登录号
NtActin	NtActin-5: 5'-CCACACAGGTGTGATGGTTG-3' NtActin-3: 5'-GTGGCTAACACCATCACCAG-3'	X63603
NtQPT	NtQPT-5: 5'-TTGATCAATGGGAGGTTTGA-3' NtQPT-3: 5'-TCAGGGCACCACTAGAAATG-3'	AJ748262
NtODC	NtODC-F: 5'-GTTTCCGACGACTGTGTTTG-3' NtODC-R: 5'-ATTGGACCCAGCAGCTTTAG-3'	AF127242
NtPMT	NtPMT-F: 5'-AAAATGGCACTTCTGAACAC-3' NtPMT-R: 5'-CCAGGCTTAATAGAGTTGGA-3'	AF280402
NtA622	NtA622-F: 5'-GATGGAAATCCCAAAGCAAT-3' NtA622-R: 5'-GCAGGTGGTCTCATGTGAAG-3'	D28505
NtNUP1	NtNUP1-F: 5'-TTGGTTACAAACGGGTGGAT-3' NtNUP1-R3: 5'-AAAATTCGGGGTGTCATCAA-3'	GU174267
NtBBLs	NtBBLs-F5: 5'-GATGGACGGTTATTAGACCG-3' NtBBLs-R: 5'-ATTTTCCAGGCATAAACAATG-3'	AB604219、AM851017、 AB604220、AB604221

第二节　烟草的鲜烟叶烟碱含量快速检测方法

一、研究摘要

在烟碱代谢变异材料筛选过程中，烟碱含量检测需要经过采样、干燥、提取、检测等多个过程，工作量大且耗时较长，若能以鲜烟叶进行样品制备和检测，则可极大地提高烟碱代谢变异材料的筛选效率。然而，现有的紫外分光光度法、GC-MS法、高效液相色谱法、硅钨酸沉淀法等，均需使用烤制或杀青后的干烟叶进行样品制备。针对上述客观技术问题，本研究在原紫外分光光度法基础上，首次开发了一种可对鲜烟叶样品进行烟碱含量快速测定的方法，该方法通过两次不同浓度盐酸溶液的连续提取所产生的提取体系平衡变化，破坏样品中大分子物质的溶解平衡，并通过高速离心将其从样品中去除，制备出稳定的烟碱测定样品，然后，通过分光光度法进行烟碱含量测定。该方法操作简便，对设备要求较低，日检测样品量在数百个以上，极大地提高了烟草样品的烟碱含量检测效率，使批量高效检测烟碱代谢变异材料的烟碱含量成为可能。由于该方法使用盐酸溶液进行鲜烟叶的烟碱提取，而且提取过程中需要用等体积水进行一次稀释以打破提取液中大分子物质的溶解平衡，所以将其命名为"酸提倍释"法。相关研究结果获得国家发明专利1件。

二、研究结果

（一）烟草鲜烟叶样品的烟碱提取

图 6-2-1 所示为不同提取方法制备的鲜烟叶烟碱检测样品的稳定性和透光率差异比

较，其中，"一步提取"为只用 18.5% 的盐酸进行一次提取和离心制备的样品，"二步提取"为用 18.5% 的盐酸进行一次提取后，加入等体积水迅速混匀，以稀释后的盐酸进行二次提取并离心后制备的样品。两种方法都设了加活性炭和不加活性炭的处理，以确定改进后的提取方法是否需要加活性炭以提高透明度，并将制备的样品放置 24h，以检验样品的稳定性。由图 6-2-1 可以看出，加 5% 活性炭的样品杂色最轻，而且，用二步提取法且加活性炭制备的样品放置 24h 后的透明度最好，表明通过该方法制备的样品有很好的稳定性。

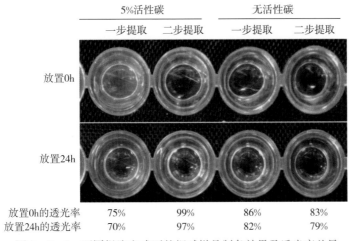

图 6-2-1　不同提取方式下的烟碱样品制备效果及透光率差异

（二）不同活性炭浓度对鲜烟叶样品烟碱含量测定的影响

分析不同浓度活性炭对鲜烟叶样品烟碱含量测定的影响，以确定活性炭的最优添加量。如图 6-2-2 所示，对照为已知浓度的烟碱样品，2% 活性炭、5% 活性炭、8% 活性炭、10% 活性炭分别为提取液中加入终浓度为 2%、5%、8%、10% 活性炭并放置 30min 后的烟碱测定含量。据图 6-2-2 所示，加入终浓度 2% 活性炭的样品的烟碱测定值偏高，加入终浓度 8% 和 10% 活性炭的样品的烟碱测定值偏低，而加入终浓度 5% 活性炭的样品的烟碱测定值与实际烟碱含量最为接近。因此，选择终浓度 5% 的活性炭添加量作为最佳添加量。

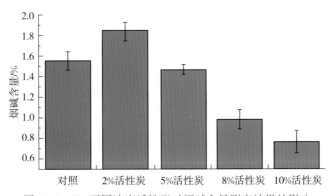

图 6-2-2　不同浓度活性炭对烟碱含量测定结果的影响

（三）"酸提倍释"法在大田种植烟草的烟碱含量测定中的应用

在进行大田种植烟草样品的烟碱含量检测时，选取常规品系和低烟碱品系的烟叶样品，将每株烟草从上到下第 4 片烟叶作为标记，每种品系随机取 10 株样品，每片鲜叶均采用"酸提倍释"法进行处理，具体如下：取 0.3 g 鲜叶于液氮中充分研磨后，全部转入 2 mL 18.5％盐酸中，充分混匀，室温提取 3 min；13 000 r/min 离心 10 min，将上清全部转入新的离心管中，加入 2 mL 去离子水，加入 0.06 g 活性炭粉末（终浓度 5％）；13 000 r/min 离心 8 min，吸取 1 mL 上清液至新的离心管中，加入 2 mL 9％盐酸，充分混匀；13 000 r/min 离心 5 min，将上清液转移到新的离心管中，分别测定在 259 nm（A_{259}）、236 nm（A_{236}）和 282 nm（A_{282}）处的吸光度，并根据公式：

$$烟碱含量（\%）=\frac{1.059\times\left[A_{259}-\left(A_{282}+A_{236}\right)/2\right]\times12（mL）}{34.3\times样品鲜重（g）}$$

计算得出这些样品的烟碱含量，具体结果见表 6-2-1。

表 6-2-1　田间 10 株样品烟碱含量测定结果

	样品编号	烟碱含量/％
常规品系样品	样品 1	1.53
	样品 2	1.47
	样品 3	1.51
	样品 4	1.50
	样品 5	1.48
	样品 6	1.44
	样品 7	1.48
	样品 8	1.49
	样品 9	1.52
	样品 10	1.60
低烟碱品系样品	样品 1	0.73
	样品 2	0.73
	样品 3	0.71
	样品 4	0.66
	样品 5	0.59
	样品 6	0.65
	样品 7	0.64
	样品 8	0.70
	样品 9	0.68
	样品 10	0.65

同时，将上述样品的烟碱含量通过 GC-MS 方法进行提取检测，本研究的快速提取方法检测结果与 GC-MS 方法检测结果的对比如图 6-2-3 所示。可见，本研究的快速提取方法对样品烟碱含量的检测结果与 GC-MS 方法的结果差异不大，差值在 10％以内，

表明本研究的鲜烟叶烟碱快速提取检测方法具有可靠性。

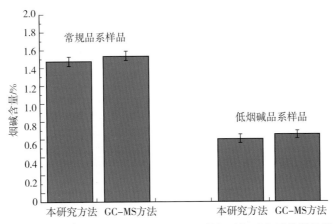

图 6-2-3　本研究方法与 GC-MS 方法对鲜烟叶烟碱含量检测结果比较

（四）"酸提倍释"法在鲜烟叶烟碱含量检测实践中的优化

研究发现，"酸提倍释"法在进行等比体积缩放后仍具有较高的稳定性，可以在较小的体系下完成烟碱含量测定。下述为经过等比例缩小一半后测定田间烟草植株叶片烟碱含量的方法：以每株烟草从上到下第 4 片烟叶作为标记，取若干植株，每片鲜叶均采用本发明所展示方法进行处理，即取 0.15 g 鲜叶于液氮中充分研磨后，全部转入 1 mL 18.5% 盐酸中，充分混匀，室温提取 3 min；13 000 r/min 离心 10 min，上清全部转入新的离心管中，加入 1 mL 去离子水，加入 0.03 g 活性炭粉末（终浓度 5%）；13 000 r/min 离心 8 min，吸取 1 mL 上清液至新的离心管中，加入 2 mL 9% 盐酸，充分混匀；13 000 r/min 离心 5 min，将上清液转移到新的离心管中，分别测定在 259 nm（A_{259}）、236 nm（A_{236}）和 282 nm（A_{282}）处的吸光度，并根据公式：

$$烟碱含量（\%）=\frac{1.059\times\left[A_{259}-\left(A_{282}+A_{236}\right)/2\right]\times6（mL）}{34.3\times 样品鲜重（g）}$$

计算得出这些样品的烟碱含量。等比例缩小（0.5×体系）与原体系（1×体系）的对比结果如图 6-2-4 所示，二者并没有显著性差异。这说明等比缩放后提取液仍具有较高的稳定性，且与原体系差异不大，进一步说明提取方法的可靠性。

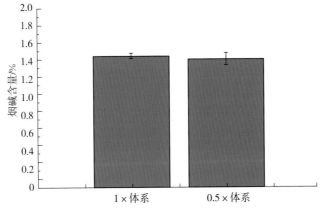

图 6-2-4　等比例缩小（0.5×体系）与原体系（1×体系）测定结果比较

三、材料与方法

（一）试验样品

研究材料包括野生型烟草 TN90、烤烟材料 K326 和红花大金元，以及通过转基因改变烟碱含量水平的烟草材料。烟草材料来自温度为 23℃、光照周期为 10h 光照/14h 黑暗的试验温室，或者常规大田种植的烟草材料。

（二）鲜烟叶烟碱提取和检测

取新鲜的烟叶 0.3g，液氮研磨后，全部加入 2 mL 18.5％盐酸，充分混匀，室温提取 3 min。

13 000 r/min 离心 10 min，将上清倒入含有约 0.2 mL 体积活性炭（0.06g）的 2 mL 去离子水的离心管中，混合均匀。

13 000 r/min 离心 8 min，转移 1 mL 上清至已加入 2 mL 9％盐酸的离心管中。

13 000 r/min 离心 5 min，将上清倒入新的离心管中，尽量避免倒出残余活性炭。测定与含量计算按以下方法进行。

分别测定 259 nm（A_{259}）、236nm（A_{236}）和 282nm（A_{282}）处的吸光度。

烟碱百分含量计算公式及其变化公式如下：

$$烟碱含量 = \frac{1.059 \times [A_{259} - (A_{282} + A_{236})/2] \times 12（mL）}{34.3 \times 样品鲜重（g）\times（1-含水率）\times 1\,000} \times 100\%$$

设定叶片含水率一致为 90％，可将公式简化如下：

$$烟碱含量（\%）= \frac{1.059 \times [A_{259} - (A_{282} + A_{236})/2] \times 12（mL）}{34.3 \times 样品鲜重（g）}$$

（三）烟叶烟碱含量的 GC‑MS 检测

将新鲜烟叶在 60℃杀青后，取 10 mg 均匀的干叶样品在 1 mL 10％氢氧化钠溶液中浸泡 20min，然后加入等量的二氯甲烷，涡旋震荡，离心后收集有机层。使用配备了 DB‑5MS 柱和安捷伦 5975C MSD 检测器的安捷伦 7890A 色谱仪进行烟碱含量测定，载气为氦气，柱子先在 100℃下保持 5min，然后以 50℃/min 的速度增加至 210℃，然后在 210℃保持 4min。离子源温度为 230℃，四极温度为 150℃。以 Sigma—Aldrich 的烟碱纯品为标准对照，进行标准曲线配制和样品烟碱含量的计算。

第三节　烟碱代谢关联剪切标记 *PR3b* 的发现与分子机制研究

一、研究摘要

烟碱代谢关联标记的挖掘利用对烟草的烟碱含量性状育种起着重要作用。低烟碱含量烟草材料 *nic1nic2* 在烟碱含量性状关联标记挖掘中发挥了关键作用，多个烟碱合成功能基因及 *NIC1*、*NIC2* 遗传位点的发现均与该材料密切相关。本研究进一步发现，碱性几丁质酶基因 *PR3b* 的转录本在低烟碱烟草材料 *nic1*、*nic2* 及 *nic1nic2* 中存在转录后可变剪切现象。该可变剪切导致 65 个核苷酸的缺失，并将一个终止密码子导入了 *PR3b* 的编码区，从而导致 *PR3b* 的特异几丁质酶活性降低。用 *nic1* 和 *nic2* 突变体与野生型烟草的 F2 代分离群体进行的研究表明，*PR3b* 的转录后剪切受到 *NIC1* 和 *NIC2* 遗传位点调控。同时，本研究还分析了茉莉酸（JA）和乙烯（ET）信号途径对 *PR3b* 剪切模式的调节作用。本研究首次发现与烟碱代谢遗传位点 *NIC1* 和 *NIC2* 关联的转录后剪切标记，为烟碱代谢变异材料的分子鉴定提供了技术支撑。相关研究结果发表在杂志 *Journal of Experimental Botany* 上。

二、研究结果

（一）JA 和 ET 对 Burley21 烟草根部 *PR* 基因的表达调控分析

NIC1 和 *NIC2* 遗传位点在烟草的烟碱合成和胁迫应答基因表达调控中发挥重要作用（Hibi et al.，1994；Cane et al.，2005；Kidd et al.，2006），而且 *NIC2* 是一个包含 ERF 类转录因子的遗传位点（Shoji et al.，2010）。研究表明，ERF 类转录因子是植物病害抗性相关 *PR* 基因的调控因子（Chakravarthy et al.，2003；Guo and Ecker，2004；Gutterson and Reuber，2004）。为探明 *NIC1* 或 *NIC2* 突变对 *PR* 基因的表达调控，本研究分析了 JA 和 ACC（乙烯前体物）处理后烟草根部的 *PR* 基因表达变化情况，所检测的 *PR* 基因包括 *PR1a*、*PR1b*（碱性 PR1 基因）、*PR2b*（碱性 β-1,3-葡聚糖酶基因）、*PR3b*（碱性几丁质酶Ⅲ基因）和 *PR5*（渗透蛋白基因）等。同时，还检测了 JA 和 ACC 处理后烟碱合成关键基因 *PMT1* 在烟草根部的表达变化，并作为试验对照。

用 JA 或 ACC 处理 24h 后，烟草根部的 *PR* 基因表达情况如图 6-3-1A 所示，JA 可显著诱导 *PMT1* 的表达，ACC 可抑制其表达；只有 ACC 处理能够诱导 *PR1a*、*PR1b* 和 *PR2b* 的表达；JA 和 ACC 处理均可诱导 *PR3b* 和 *PR5* 的表达（图 6-3-1）。这些研究结果初步建立了烟草 Burley 21 中烟碱合成途径与 JA 和 ET 信号通路对 *PR* 基因的之间的调节关系。

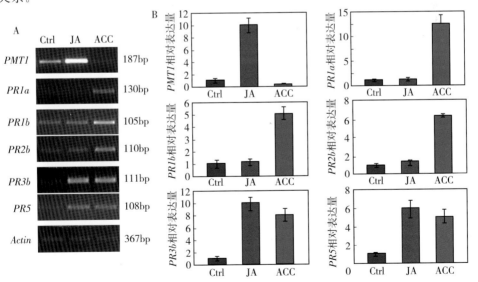

图 6-3-1　烟碱合成基因 *PMT1* 和 *PR* 基因在野生型烟草 Burley21 根中的诱导表达分析

注：A 为 *PR* 基因的半定量 RT-PCR 表达分析。所示结果为 3 个生物学重复的代表性结果，右侧所示为扩增片段大小。B 为 *PMT1* 和 *PR* 基因转录水平的 RT-qPCR 分析。Ctrl 表示未处理对照，JA 和 ACC 分别表示用 JA 和 ACC 处理。每个基因在 Ctrl 中转录水平设为 1，*Actin* 基因用作半定量 RT-PCR 和 RT-qPCR 的内参对照。

（二）*PR3b* 基因在低烟碱突变体中的转录后可变剪切

为研究 *NIC* 遗传位点对 *PR* 基因的表达调控，对低烟碱突变体（*nic1*、*nic2* 和 *nic1nic2*）及野生型对照的 *PR* 基因转录水平进行比较分析。RT－PCR 分析显示，在低烟碱突变体中，*PMT1* 基因的转录水平具有不同程度的变化（图 6－3－2A、B），*PR1b* 和 *PR2b* 在野生型 Burley21 或低烟碱突变体中的转录水平没有明显差异，而 *PR1a* 和 *PR5* 的转录水平在低烟碱突变体中略有下降（图 6－3－2A、B）。尽管上述几个基因的扩增都获得了预期大小的特异扩增产物，但 *PR3b* 基因的扩增产物在低烟碱突变体中显示出两个不同的扩增条带：一个为与野生型 Burley21 扩增片段大小相同的微弱条带，另一个为在野生型对照中很难观察到的较小片段，但其扩增条带的染色亮度极高（图 6－3－2A），而且上述材料叶片组织的 *PR3b* 扩增结果与根部样品的扩增结果高度相似（图 6－3－2C）。为确定较小条带是 *PR3b* 转录本的可变剪切片段还是非特异扩增片段，对 *PR3b* 的 RT－PCR 扩增产物进行测序。结果表明，较大的片段是天然 *PR3b* 转录本的扩增产物，而较小的片段是 PR3b 转录本的一个可变剪切片段（图 6－3－3B）。上述结果表明，*PR3b* 的转录本在野生型 Burley21 和低烟碱突变体之间存在转录后的表达调控差异。

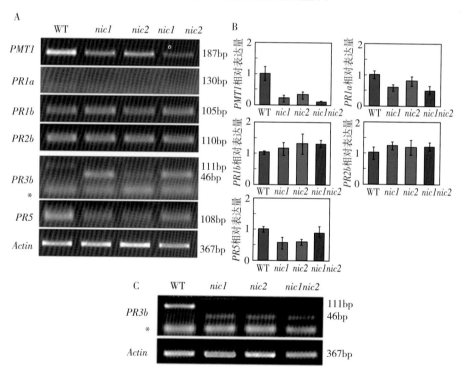

图 6－3－2　*PMT1* 和 *PR* 基因在野生型 Burley21 和低烟碱突变体中的表达分析

注：A 为 *PMT1* 和 *PR* 基因在烟草根部的半定量 RT－PCR 表达分析。B 为 *PMT1* 和 *PR* 基因在烟草根部的 RT－qPCR 表达分析。每个基因在 Ctrl 中的转录水平设为 1。C 为 *PR3b* 基因在烟草叶片中的半定量 RT－PCR 表达分析。A 和 C 所示为 3 个重复的代表性结果，扩增片段大小标注在图片右侧。WT 为野生型 Burley21，*nic1*、*nic2* 和 *nic1nic2* 为低烟碱突变体。＊表示 *PR3b* 基因扩增产物中的引物二聚体。*Actin* 基因作为 RT－PCR 的内参对照。

（三） *PR3b* **的可变剪切特性分析**

为揭示 *PR3b* 转录本的可变剪切特性，将其与 *PR3b* 的 DNA 序列和 cDNA 序列进行比较分析。*PR3b* 的基因组序列包含两个外显子（exon）和一个内含子（intron）（图 6‐3‐3A），可变剪切发生在外显子 2 的区域，对应的 *PR3b* cDNA 片段长度为 111bp（全长 888bp 的编码序列中的 667bp 至 777bp），而剪切后的转录本长度为 46bp（剪切后 771bp 编码序列的 677bp 至 712bp，图 6‐3‐3B），因此，可变剪切发生后删除了一个 65bp 的片段。为进一步确认较小的扩增片段是实际形成的 *PR3b* 剪切转录本还是偶然产生的非特异扩增产物，扩增了覆盖原扩增区域的较长片段，结果显示，有包含完整剪切片段的长扩增片段存在，证明所形成的剪切转录本并非偶然产生。由于删除片段的长度为 65bp，不是 3 的整数倍，因此，该可变剪切改变了 *PR3b* 的读码框和氨基酸序列，并提前引入了一个可能改变 *PR3b* 生物功能的终止密码子（图 6‐3‐3B）。此外，在剪切转录本中还观察到两个单核苷酸突变，即与未剪切 *PR3b* 转录本对应的 688bp 处缺失了一个 T 碱基，而在 691bp 之后多出了一个 A 碱基（图 6‐3‐3B）。本研究还通过 RACE 试验进行 *PR3b* 的末端扩增，以确定其编码区是否存在其他可变剪切，但没有发现其他可变剪切事件。

另外，为确定发现的可变剪切转录本有无可能是其他与 *PR3b* 剪切区具有同源性的基因片段的转录物，使用与 RT‐PCR 扩增试验相同的引物进行基因组片段扩增。图 6‐3‐3C 所示为 *nic1* 突变体的 RT‐PCR 扩增产物与基因组 DNA 的 PCR 扩增产物的比较结果，从中可以看出所有基因组 DNA 的 PCR 扩增产物均与 RT‐PCR 扩增片段的大小一致，未观察到与 *PR3b* 可变剪切片段对应的 DNA 扩增产物，进一步证明所发现的 46bp 可变剪切片段是由 *PR3b* 的转录后可变剪切形成的。从研究结果中还可以看出 *PR3b* 的可变剪切片段也存在于野生型烟草中，在低烟碱突变体的 RT‐PCR 扩增产物中也能观察到未剪切 *PR3b* 的对应产物，只是这些扩增条带较弱（图 6‐3‐3C）。

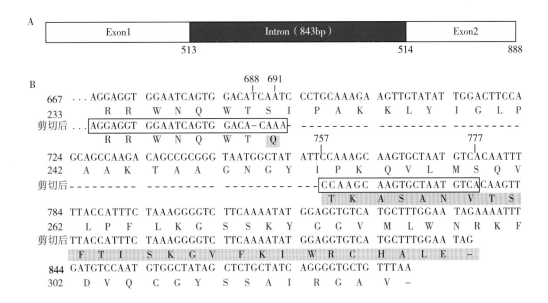

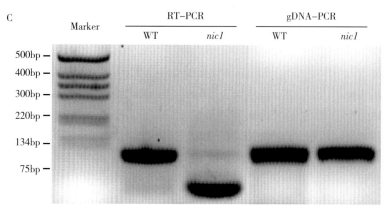

图 6-3-3　*PR3b* 可变剪切的特征

注：A 为 *PR3b* 基因结构示意。B 为可变剪切的 *PR3b* 片段（剪切的）与天然 *PR3b* cDNA（具有标记核苷酸编号的序列）的比对。数字表示所指示的核苷酸在天然 *PR3b* 编码区的位置。备选拼接区域由矩形突出显示，矩形之间的虚线表示备选拼接切除的区域。与单核苷酸突变位点相对应的位置由红色字符表示。绿色的氨基酸序列是从天然的 *PR3b* cDNA 中推导出来的。灰色条纹突出显示的氨基酸序列显示了由 *PR3b* 的可变剪切引起的编码变化区域；氨基酸序列中的一表示终止密码子的位置。C 为使用相同引物扩增的 RT-PCR 和基因组 DNA PCR（gDNA-PCR）产物的比较。Marker 表示 DNA 分子标记。WT 表示野生型，*nic1* 表示低烟碱突变体。

（四）PR3b 剪切变异体的酶比活性

烟草 PR3b 是一种Ⅲ类植物几丁质酶，具有 GH18（糖基水解酶家族 18）结构域，在其 β 桶的 C 末端具有明显的活性位点裂缝（Hurtado Guerrero and van Aalten，2007；Tyler et al.，2010）。PR3b 的可变剪切改变了 C 末端 Thr[229] 之后的氨基酸序列，该序列包含 GH18 几丁质酶家族中保守的二级结构区（α6/7/8，β7/8）和氨基酸（Trp[277]）（图 6-3-4A；Hurtado Guerrero and van Aalten，2007；Tyler et al.，2010）。观察到的结构变化表明，可能已经发生了 PR3b 活性的变化。为了确定这一假设，在大肠杆菌 BL21 细胞中过表达野生型 PR3b 蛋白及其剪切变异体作为谷胱甘肽转移酶 GST 标记的融合体，并在以 GST 为对照的特定生物测定中测试纯化的蛋白（图 6-3-4B）降解几丁质的能力。结果显示，天然 PR3b 的酶活性比剪切的 PR3b 变体高约 2 倍（图 6-3-4C），表明 PR3b 的可变剪切导致 PR3b 的蛋白酶活性显著降低。

（五）PR3b 可变剪切与 NIC 遗传位点的遗传连锁分析

Burley21 低烟碱突变体 nic1 和 nic2 是由 nic1nic2 双突变体通过杂交分离获得的单位点突变材料（Legg and Collins，1971），而 *PR3b* 的可变剪切存在于所有这些低烟碱突变材料中，因此，*PR3b* 的可变剪切可能与 *NIC* 遗传位点存在一定的遗传连锁关系。为探明这一可能性，利用 nic1 突变体与野生型 Burley21 杂交后的 F2 分离群体进行遗传分析。研究结果显示，*PR3b* 在约 25% 的 F2 植株（23/96）中存在与在 nic 突变体中一样的可变剪切（图 6-3-5A），这些存在 *PR3b* 可变剪切的植株中的 *PMT1* 转录水平也显著降低（图 6-3-5B），而且其叶片的烟碱含量也很低（<0.35 mg/g，干重）（图 6-3-5C）。此外，分析 nic2 突变体与野生型 Burley21 杂交后的 F2 分离群体中的 *PR3b* 可变剪切情况，观察到了类似结果。这些发现表明，*PR3b* 的可变剪切与 Burley21 的 *NIC* 遗传位点存在连锁关系。由于 *NIC1* 和 *NIC2* 是两个不连锁的遗传位点（Legg et al.，1969；Legg and Collins，1971），本研究推测 *NIC1* 和 *NIC2* 遗传位点可能都参与 *PR3b* 的可变剪切调控。

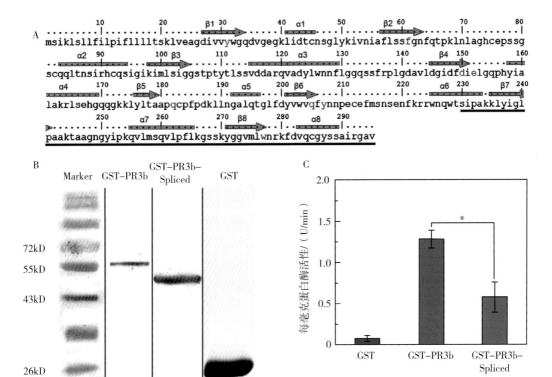

图 6-3-4　未剪切 PR3b 和可变剪切后 PR3b 的几丁质酶活性比较

注：A 为与 GH18 类几丁质酶催化核心的氨基酸序列比较，PR3b 的 α-螺旋由蓝色箭头标注，β-折叠由粉色框标注，其他保守氨基酸由红色字符标注，黑色下划线片段为受到可变剪切影响区段。B 为 PR3b 的 GST 标签蛋白和 GST 标签的 SDS-PAGE 凝胶分离检测。GST-PR3b 表示未剪切 PR3b 的 GST 标签蛋白，GST-PR3b-Spliced 表示剪切后 PR3b 的 GST 标签蛋白。C 为未剪切 PR3b 和剪切后 PR3b 的 GST 标签蛋白的几丁质酶活性比较，GST 标签用作试验对照。一个酶活单位等于 1 μmol 释放的 4-MU。所示测定结果为 3 次重复的平均值±标准差。* 表示测定样本间的显著差异（$P<0.05$，t 检验）。

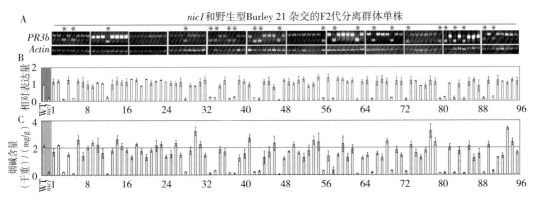

图 6-3-5　*PR3b* 可变剪切与 *NIC1* 遗传位点之间的遗传连锁分析

注：A 为 *nic1* 与野生型 Burley21 杂交后的 F2 分离群体中的 *PR3b* 可变剪切分析。B 为 F2 群体植株根部的 *PMT1* 转录水平分析。野生型 Burley21 根部的 *PMT1* 转录水平设为 1，*Actin* 基因用作内参对照。C 为 F2 群体单株的叶片烟碱含量测定。图中数值为 3 次试验重复的平均值±标准差。

（六）JA 和 ET 处理对低烟碱突变体中 *PR3b* 可变剪切的调控

上述转录分析和遗传分析结果表明，*NIC1* 和 *NIC2* 遗传位点都参与了 *PR3b* 的剪切调控。然而，*NIC1* 和 *NIC2* 是不连锁的遗传位点，它们在 *PR3b* 的可变剪切调控中可能发挥不同作用。前述研究表明 JA 和 ET 是 *PR3b* 的表达调控因子，因此，分析这两种激素处理能否改变 *NIC* 遗传位点对 *PR3b* 转录本的可变剪切调控。结果表明，JA 处理、ACC 处理或者 JA 和 ACC 组合处理改变了 *PR3b* 的可变剪切模式（图 6 - 3 - 6），JA 处理抑制了 *nic1* 和 *nic1nic2* 突变体中的 *PR3b* 可变剪切，但不抑制 *nic2* 突变体中的 *PR3b* 可变剪切。相反，ACC 处理或 JA 和 ACC 的组合处理在不同程度上抑制了所有 *nic* 突变体中的 *PR3b* 可变剪切。此外，在 JA 处理或 JA 和 ACC 组合处理的野生型烟草中，可以观察到微弱的 *PR3b* 可变剪切（图 6 - 3 - 6A）。通过特异引物的 RT - qPCR 分析，检测不同材料中 *PR3b* 可变剪切转录本的丰度，结果表明 JA 或 ACC 处理可增加低烟碱突变体中未剪切 *PR3b* 转录本的丰度，并减弱 *PR3b* 可变剪切转录本的丰度（图 6 - 3 - 6B、C），这些发现与在半定量 RT - PCR 中观察到的结果一致。上述结果表明，*PR3b* 在 Burley21 的野生型和低烟碱突变体中的可变剪切受到 JA 和 ET 不同程度的调节。

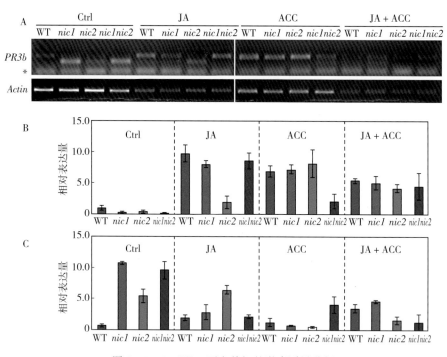

图 6 - 3 - 6 *PR3b* 可变剪切的激素诱导分析

注：A 为 *PR3b* 在野生型（WT）和低烟碱突变体（*nic1*、*nic2* 和 *nic1nic2*）中的剪切分析。* 表示 PCR 扩增产物中的引物二聚体。B 为 *PR3b* 的未剪切转录本定量分析。C 为 *PR3b* 的可变剪切转录本定量分析。Ctrl 表示未处理的对照，JA、ACC、JA+ACC（JA 和 ACC 的组合）表示不同的激素处理。Ctrl 处理 WT 中的转录水平设为 1（B 和 C），*Actin* 基因用作内参对照。

随后，将每个植株的 RT - PCR 扩增产物克隆到 pBluescript Ⅱ SK＋载体中，并取一定数量的大肠杆菌转化克隆进行测序分析，进一步检测 *PR3b* 未剪切转录本和可变剪切转录本的丰度。统计结果显示，野生型烟草中的扩增产物主要是 111bp 的未剪切片段，并有一定数量的 46bp 可变剪切片段（表 6 - 3 - 1）。低烟碱突变体中的主要扩增产物是 46bp 的可变剪切片段，然而，也有一定数量的 111bp 未剪切片段转录本，而且它们的丰度受到植物激素处理的影响（表 6 - 3 - 1）。这些结果与 RT - qPCR 的分析结果一致，表明在野生型烟草中也存在 *PR3b* 可变剪切片段。这些证据表明，*NIC* 遗传位点的突变改变了烟草中 *PR3b* 未剪切转录本和可变剪切转录本的丰度，即 *nic1* 或 *nic2* 的突变增加了 *PR3b* 可变剪切转录本的丰度。

表 6 - 3 - 1　*PR3b* 未剪切和可变剪切转录本在野生型烟草和
低烟碱突变体根部 RT - PCR 产物中的丰度统计

单位：个

转录本类别	Ctrl				JA				ACC				JA+ACC			
	WT	*nic1*	*nic2*	*nic1nic2*	WT	*nic1*	*nic2*	*nic1nic2*	WT	*nic1*	*nic2*	*nic1nic2*	WT	*nic1*	*nic2*	*nic1nic2*
未剪切	49	12	22	10	46	44	17	48	50	50	50	37	41	36	49	50
可变剪切	1	38	28	40	4	6	33	2	0	0	0	13	9	14	1	0

三、材料与方法

（一）烟草材料与培养条件

本研究使用的植物材料为野生型烟草 Burly21 和低烟碱 Burly21 的突变体（*nic1*、*nic2* 和 *nic1nic2*）。将所需烟草品种的种子进行表面消毒后，播种在 1/2 MS 完全培养基平板上，培养 1 周进行发芽幼苗培养。然后，将烟草幼苗转移到装有 200 mL 液体 1/2MS 培养基的无菌培养盒中，在 25℃ 的温室中培养，温室的光照强度为 2 500 lx，光照周期为 14h 黑暗/10h 光照。每周用新鲜培养基进行一次水培培养基更换。对烟草幼苗进行激素处理时，将 5 周龄的烟草幼苗用含有 50μmol/L ACC（乙烯前体物）、50μmol/L MeJA 或 50μmol/L ACC 和 50μmol/L MeJA 的液体 1/2MS 培养基培养 24h，然后，分别采集烟草幼苗根和叶的样品，进行总 RNA 提取。以未用激素培养基处理的烟草幼苗样品作为对照。将用于病害感染和基因组 DNA 制备的烟草植株在上述温室中用花盆培养，6 周后取样进行试验。

进行遗传群体配制和遗传分析研究时，将 *nic1* 和 *nic2* 低烟碱突变体与野生型 Burley21 烟草杂交获得 F1 植株，并将 F1 代植株自交授粉培育 F2 代分离群体。按上述方法，将 F2 代材料进行水培培养，以收集用于 RNA 制备的烟草幼苗根部样品，然后，移植到田间种植，以获得用于烟碱含量测定的叶片样品。

（二）半定量和定量反转录 PCR 分析

使用 TRIzol 试剂（Invitrogen，美国）提取样品总 RNA，加 5μg DNaseⅠ 进行 DNA 降解后，使用带 Poly（dT）$_{20}$ 的反转录引物的 cDNA 合成试剂盒（Invitrogen，美国），制备样品总 RNA 的 cDNA。每个半定量 RT - PCR 或定量 RT - PCR（RT - qPCR）扩增反应使用 100ng 总 RNA 的反转录产物作模板，RT - PCR 和 RT - qPCR 的扩增引物如下所述：*PMT1* 用 5'-AAATGGCACTTCTGAACAC-3' 和 5'-CAAGGCTTAATAGAGTT-GG A-3' 扩增；*PR1a* 用 5'-ACGACCAGGTAGCAGCCTAT-3' 和 5'-TTAGCAGC-CGTCATGAAATC-3' 扩增；*PR1b* 用 5'-TGCAACAATGGGTGGTATTT-3' 和 5'-

GGAATCAAAGGGATGTTGCT－3'扩增；*PR2b* 用 5'－AAGCTGTTTGGGAACAAC－3' 和 5'－AACCACCTAGCATCGTTCC－3' 扩增；*PR3b* 用 5'－AGGGTGGAATCAGTG-GAC－3' 和 5'－TGACATTAGCACTTGCTTTGG－3' 扩增；*PR5* 用 5'－GGGTAAAC-CACCAAACACCT－3' 和 5'－GGAAAGTGATCGGAATGTT－3' 扩增；*Actin* 用 5'－CCACACAGGTGTGTGATGGTTG－3' 和 5'－GTGGCTAACACCATCACCAG－3' 扩增。将剪切区端上游引物 5'－GAGAATTCAGAAAATTTCAAGAGG－3' 分别与 5'－CTTTACCCGCGGCTGTCTTGGCTG－3'（用于天然 *PR3b* 并对剪切中要切除的片段具有特异性）和 5'－CTTGCTTTTGTGTGTGTTGTGTGTG－3'（用于剪切的 *PR3b* 并特异于剪切的连接点）组合，对未剪切和剪切后的 *PR3b* 转录本进行定量检测。

半定量 RT－PCR 的扩增反应为 25 个循环，反应条件为 94℃变性 1min，58℃退火 40s，72℃延伸 40s。PCR 扩增产物使用 1％的琼脂糖凝胶电泳进行分离，用溴化乙锭染色后在紫外线灯下观察拍照。RT－qPCR 反应使用定量 PCR 试剂盒 GoTaq® qPCR Master Mix（Promega 美国）在 Mx3000P 扩增仪（Stratagene，美国）上进行。*Actin* 基因用作扩增反应的内参对照。各基因的表达水平使用方程 $2^{-\triangle\triangle C_T}$ 进行计算，其中 C_T 是荧光信号可检测时的扩增循环数。

（三）*PR3b* 剪切片段的 RACE 扩增分析

以通过 *nic* 突变体材料根部 RNA 合成的 cDNA 为模板，使用 Smarter RACE 试剂盒（Clontech，美国）进行 *PR3b* 剪切片段的 RACE 扩增。用 *PR3b* 剪切区段下游的基因特异引物 5'－TACATTAGCACTTGCTTTGG－3' 和试剂盒提供的通用引物在 56℃退火温度条件下进行第一轮 5'－RACE 扩增，然后，用 *PR3b* 剪切位点处的特异引物 5'－CTT-GTGTGTGTTGTCCACTG－3' 和通用引物在 60℃退火温度条件下进行第二轮 5'－RACE 扩增。3'－RACE 以类似的方式进行，用于第一轮扩增的基因特异引物为 *PR3b* 剪切区上游引物 5'－AAGGGTGGAATCAGTGGAC－3'，用于第二轮扩增的基因特异引物为 *PR3b* 剪切位点处的引物 5'－CAGTGGACACAAACCAAAGCAAG－3'。获得的 PCR 扩增产物被连接到 pBlueScriptⅡ SK＋载体中进行测序分析。

（四）*PR3b* 的 RT－PCR 和基因组 DNA PCR 产物的比较

使用 CTAB（十六烷基三甲基溴化铵）方法提取烟草的基因组 DNA，以 100ng 基因组 DNA 作模板进行 *PR3b* 片段的 PCR 扩增。PCR 扩增条件为 94℃变性 1min，58℃退火 40s，72℃延伸 40s，总共扩增 30 个循环。PCR 扩增产物用 1％琼脂糖凝胶电泳分离，并用溴化乙啶染色后在紫外灯下观察拍照。

通过在 1.5％琼脂糖凝胶上电泳，比较 *PR3b* 片段的 RT－PCR 和基因组 DNA PCR 扩增产物。通过用溴化乙啶染色并暴露在紫外线下，使扩增产物可视化。使用 1kb DNA Ladder（Invitrogen，美国）作为 DNA 分子量标记。

（五）*PR3b* 剪切片段的凝胶提取和丰度测定

为进行 *PR3b* DNA 或 cDNA 片段的序列测定，在 1％琼脂糖凝胶上分离相应的 PCR 扩增产物，使用凝胶提取试剂盒（BBI）分别纯化 *PR3b* 剪切区段在剪切前和剪切后的扩增产物，并连接到 pBlueScriptⅡ SK＋载体（Stratagene，美国）上，使用 M13 引物进行测序。每个样本进行 50 个阳性克隆的测序分析，并以测序结果对 *PR3b* 剪切片段的丰度进行计算。

（六）PR3b 剪切蛋白的酶活性测定

为测定 PR3b 剪切蛋白的酶活性变化，对未剪切和剪切后的 PR3b 蛋白进行原核表达。构建表达载体的 5' 端扩增引物均为 5'- AAGGATCATGAGCATTAAGCTATCTT - 3'，3' 端扩增引物分别为 5'- ACAGCACCCCTGATAGC - 3'（用于未剪切 PR3b）和 5'-TTCAAAGCATGACACCTC - 3'（用于剪切后的 PR3b），扩增片段通过限制性酶 BamH I 和 SmaI 连接到 pGEX - 4T - 2 载体（Novagen，美国），并与载体中的谷胱甘肽转移酶标签 GST 融合表达。然后，将表达载体转化到大肠杆菌 BL21 中，在 37℃ 条件下用 1mmol/L IPTG 处理 3h 诱导目的蛋白表达。将目的蛋白用 GST 亲和柱进行纯化，并用透析缓冲液（50mmol/L 磷酸钠，10％甘油，pH6.5）进行透析，以空 pGEX - 4T - 2 载体表达纯化的 GST 蛋白作为试验对照。以 4MU - GlcNAc$_3$ 为底物（Brotman et al.，2012），用荧光几丁质酶测定试剂盒（Sigma CS1030）进行纯化蛋白的酶活性检测，将反应混合物在 37℃ 下孵育 1h 后，用荧光分光光度计（激发光 360 nm，发射光 450 nm）测量反应混合物的荧光强度，并进行酶活性计算。

（七）烟草叶片的烟碱含量测定

烟草叶片的烟碱提取按照 Goossens 等（2003）和 Zhang 等（2012）的方法进行，并根据试验条件进行适当优化。将 10mg 干燥叶片样品置于 1mL 10％氢氧化钠中浸泡 20min，然后，用等体积二氯甲烷涡旋提取，离心后收集有机层获得提取样品。用配备了 DB - 5MS 色谱柱和安捷伦 5975C MSD 检测器的安捷伦 7890A 色谱仪进行烟碱含量测定，检测条件为柱温 100℃ 保持 5min，以 50℃/min 将温度增加到 210℃，然后在 210℃ 保持 4min，离子源温度为 230℃，四极杆温度为 150℃。以 Sigma-Aldrich 的烟碱纯品作为烟碱含量检测的标准对照。

第四节　烟碱代谢关联分子剪切标记 PR3b 的作用机制研究

一、研究摘要

为探明碱性几丁质酶基因 PR3b 在低烟碱突变体（nic1、nic2）中发生转录后 mRNA 可变剪切的作用，本研究将 PR3b 的可变剪切元件 NRSE1（Nicotine-synthesis Related Splicing Element 1）与 GUS 基因融合表达后，分析 NRSE1 元件独立于 PR3b 基因 mRNA 的可变剪切特性，以揭示其作用机制。利用基因重组技术构建 PR3b 可变剪切元件 NRSE1 与 GUS 基因的融合表达载体，通过叶盘转化法培育低烟碱突变体 nic1 和 nic2 及野生型烟草的转基因植株；通过 GUS 染色鉴定出阳性植株后，利用 RT - PCR 分析 NRSE1 与 GUS 融合表达后在低烟碱突变体和野生型烟草中的可变剪切特性；并分析乙烯（ET）和茉莉酸（JA）处理对转基因植株中 GUS 活性的影响。RT - PCR 检测及测序分析证明，NRSE1 元件与 GUS 基因融合表达后仍能在低烟碱突变体发生高水平的可变剪切，剪切修饰区段的序列变化与烟草中 PR3b 的 mRNA 可变剪切修饰一致；研究还发现 ET 和 JA 处理对转基因植株的 GUS 活性有一定影响，为进一步研究 NRSE1 元件的可变剪切机制提供了参考。本研究证明，PR3b 的可变剪切元件 NRSE1 与 GUS 基因在烟草中融合表达后，仍能在低烟碱突变体 *nic1*、*nic2* 发生高水平的可变剪切，NRSE1 在烟草中的可变剪切不依赖 *PR3b* 的其他 mRNA 区段，是烟草 *PR3b* 基因发生可变剪切的独立元件；ET 和 JA 处理对 NRSE1 元件与 *GUS* 基因融合表达植株的 GUS 活性具有一定影响。相关研究结果发表在杂志《中国农业科学》上。

二、研究结果

（一）*PR3b* 可变剪切元件 NRSE1 与 *GUS* 的融合表达载体构建

为分析 *PR3b* 可变剪切元件 NRSE1 独立于 *PR3b* 其他 mRNA 区段的分子剪切机制，构建 NRSE1 与 *GUS* 的融合表达载体，用于转基因材料培育及可变剪切的分子检测。将 *PR3b* 中包含可变剪切区（65 bp）的一段 300 bp 目的基因片段克隆后，构建目的基因与 *GUS* 的融合表达双元载体，并对目的载体进行测序鉴定，成功获得可变剪切元件 NRSE1 与 *GUS* 的融合表达载体（图 6-4-1）。随后，将构建好的目的载体导入农杆菌 LBA4404，筛选抗性菌落并进行菌液 PCR 鉴定，获得含目的载体的阳性菌株。

图 6-4-1　重组质粒的菌液 PCR 鉴定

注：Marker 为 DNA 分子量标准。

随后，通过叶盘转化法培育 NRSE1 与 *GUS* 融合表达载体的低烟碱突变体（*nic1* 和 *nic2*）和野生型烟草转基因植株，通过 Kan 抗性筛选，获得每个材料的转基因株系 7 个以上。

（二）转基因烟草的鉴定与 GUS 活性检测

获得 NRSE1 元件的 *GUS* 融合表达转基因植株后，对其 T1 代种子进行 Kan 抗性筛选，并进行 RT-PCR 及 GUS 活性检测，以确定融合基因能够在 T1 代植株中稳定表达。如图 6-4-2A 所示，以载体非编码转录区段和 NRSE1 元件的序列特异引物可以从野生型和低烟碱突变体（*nic1* 和 *nic2*）烟草的转基因材料中扩增出约 300 bp 的目的融合基因表达片段，进一步的测序分析证明目的融合基因在转基因材料中成功表达。随后，利用筛选出的 T1 代抗性幼苗，对 NRSE1 元件的 *GUS* 融合表达转基因材料进行 GUS 活性检测。如图 6-4-2B 所示，野生型烟草和低烟碱突变体（*nic1* 和 *nic2*）的转基因材料叶片被 GUS 染色后，可以观察到与 X-Gluc 反应后的蓝色产物，表明获得了表达目的融合基因的转基因材料。

（三）NRSE1 元件与 *GUS* 融合表达后的可变剪切分析

分别提取野生型和低烟碱突变体（*nic1* 和 *nic2*）转基因材料的叶片总 RNA，以目的融合基因序列为模板，进行 RT-PCR 扩增。电泳结果表明，从野生型烟草的转基因材料中只能扩增出 1 条约 300 bp 的条带，从低烟碱突变体（*nic1* 和 *nic2*）的转基因材料中均能扩增出 2 条条带：1 条约 300 bp 的条带和 1 条不足 200bp 的条带（图 6-4-3）。将扩增条带切胶回收后，测序发现约 300 bp 的条带为未剪切的扩增片段，而不足 200bp 的条带为剪切后的扩增片段，剪切前后的序列变化与前期观察到的结果一致（图 6-4-3）。结

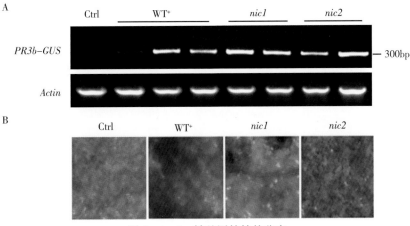

图 6-4-2 转基因植株的鉴定

注：A 为转基因植株的 RT-PCR 分子鉴定。B 为转基因材料 GUS 染色鉴定。Ctrl 为非转基因野生型烟草对照；WT⁺ 为转基因野生型烟草；*nic1* 和 *nic2* 为低烟碱突变体转基因材料。*PR3b-GUS* 表示 *PR3b* 的 NRSE1 元件与 *GUS* 融合表达。

果表明，*PR3b* 的可变剪切元件 NRSE1 与 *GUS* 融合表达后，仍能进行可变剪切，其可变剪切不依赖于 *PR3b* 其他区段的 mRNA 序列，为鉴定其可变剪切调控因子提供了重要信息。

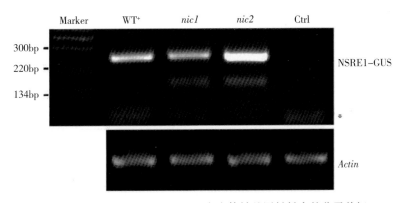

图 6-4-3 *PR3* 在 *nic1* 和 *nic2* 突变体转基因材料中的分子剪切

注：WT⁺ 为野生型转基因烟草，*nic1* 和 *nic2* 为低烟碱突变体转基因材料，Ctrl 为未转基因野生型烟草对照。NRSE1-GUS 表示 *PR3b* 的 NRSE1 元件与 *GUS* 融合表达。* 为引物二聚体。

（四）乙烯和茉莉酸处理对转基因材料 GUS 活性的影响分析

为分析乙烯和茉莉酸对融合基因翻译水平的可能影响，检测 NRSE1 元件与 *GUS* 融合表达转基因植株在乙烯和茉莉酸处理后的 GUS 活性。未处理的野生型和低烟碱（*nic1* 和 *nic2*）转基因植株叶片在 GUS 染色后，均呈现深蓝色，但在乙烯和茉莉酸处理后，其染色程度出现了变化（图 6-4-4A）。乙烯处理后，除野生型转基因材料外，其他材料叶片的染色程度均明显弱于未处理的对照材料；茉莉酸处理后，所有材料叶片的染色产物近于消失（图 6-4-4A）。随后，通过 RT-PCR 分析乙烯和茉莉酸处理对融合基因在野生型和低烟碱（*nic1* 和 *nic2*）材料中剪切模式的影响，结果表明，乙烯和茉莉酸对 NRSE1 元件的转录后剪切有抑制作用（图 6-4-4B）。此外，通过 RT-qPCR 检测乙烯和茉莉酸处理后融合基因在野生型和低烟碱（*nic1* 和 *nic2*）材料中的表达情况，没有发现明显的表达水平变化（图 6 - 4 - 4C）。推测乙烯和茉莉酸可能对融合基因的翻译有一定抑制作用。

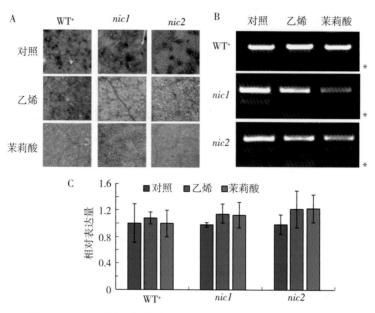

图 6 - 4 - 4　乙烯和茉莉酸处理对转基因烟草的 GUS 活性影响

注：A 为转基因烟草的 GUS 活性检测。B 为融合表达基因的分子剪切分析，＊为引物二聚体。C 为乙烯、茉莉酸处理后转基因植株的 *GUS* 基因相对表达量。WT+ 为转基因野生型烟草，*nic1* 和 *nic2* 为低烟碱突变体转基因材料，对照为未处理材料。

三、材料与方法

（一）试验材料

野生型（WT）和低烟碱突变体（*nic1* 和 *nic2*）烟草（*Nicotiana tabacum* L. cv. Burley21）材料，在光照周期为 14 h 光照/10 h 黑暗、室温为 25℃ 的室内温室培养。

大肠杆菌（*Escherichia coli*）菌株 DH5α 和 ccdBʳ、根癌农杆菌（*Agrobacterium tumefaciens*）菌株 LBA4404 及载体构建所需的 Gateway 克隆载体 pENTR™/D - TOPO™ 和 pBin - attR - GUS 由中国农业科学院烟草研究所植物功能成分研究中心提供。反转录试剂盒、LA Taq DNA 聚合酶购自 Takara 公司；DNA 分子标准、限制性内切酶、质粒提取及胶回收试剂盒购自生工生物工程（上海）有限公司；Gateway 克隆所需的 LR Clonase Ⅱ 酶购自美国 Invitrogen 公司。

（二）基因克隆与表达载体构建

根据烟草 *PR3b*（NCBI 序列号：Z11564）的 cDNA 序列，设计特异性扩增引物（5' - CACCATGGCAGCACCACAATGTCCTTTTC - 3' 和 5' - ATTCCAAAGCATGACACC - TC - 3'），从含有 *PR3b* 的 cDNA 序列载体中扩增目的片段，切胶回收后，将片段与 pENTR™/D - TOPO™ 载体连接，转化 DH5α，利用重组转化子进行菌液 PCR 并测序鉴定出阳性克隆，提取质粒测序鉴定。随后，通过 Gateway 克隆方法将带有目的片段的 pENTR™/D - TOPO™ 载体与 pBin - attR - GUS 载体在 LR Clonase Ⅱ 酶催化下进行体外重组，重组反应产物转化大肠杆菌后，用特异性引物（5'-GCATTCTACTTCTATTG-CAG-3'和5'-TCAGGAAAAGGACATTGTG-3'）进行 PCR 扩增及测序鉴定，获得由 2×35S 启动子驱动的融合表达载体 pBin-attR-NRSE1-GUS（图 6-4-5）。

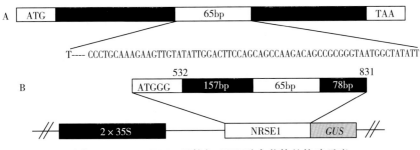

图 6-4-5　NRSE1 元件与 GUS 融合载体的构建示意

注：A 为 *PR3b* 示意以及可变剪切区 65 bp 碱基序列，剪切区第 1 个与后 64 个碱基间有 4 个碱基间隔。B 为 NRSE1 元件与 *GUS* 的融合表达载体结构示意。

（三）转基因植株的获得

将目的重组载体转化入农杆菌菌株 LBA4404，于 28℃ 培养箱培养 2 d 后，进行菌落 PCR 鉴定获得阳性菌株；将阳性菌株接种于 5 mL YEB 液体培养基（含 50 mg/L Kan ＋ 50 mg/L Rif），28℃ 培养 2 d；然后，转接 200 μL 菌液接种于 50 mL YEB 液体培养基（含 50 mg/L Kan＋ 50 mg/L Rif ＋ 50 mg/L Str），当菌体生长到 OD_{600}＝0.8 时，离心收集菌体，用新鲜 YEB 液体培养基重悬菌体，用于侵染烟草叶片外植体。所需外植体取自在 25℃ 温室培养的野生型（WT）和低烟碱突变体（*nic1* 和 *nic2*）材料的无菌苗，在超净工作台中将无菌苗叶片剪成 0.5 cm² 的小块，置于上述菌液中侵染 7 min；将侵染后的叶片转移至不含抗生素的 MS 固体培养基上，于 28℃ 黑暗条件下进行 2 d 共培养，然后，转移至分化培养基（MS ＋1 mg/L 6-BA ＋ 500 mg/L Cef＋50 mg/L Kan），在光照为 5 000 lx、室温 25℃、光周期为 14 h 光照/10 h 黑暗的室内温室进行选择培养；4～6 周后，待再生苗长到 1 cm 左右时，将其切下并转移至生根培养基（1/2MS ＋ 0.1 mg/L NAA ＋ 50 mg/L Kan ＋ 500 mg/L Cef）中进行生根培养，待生根后转移至培养钵培养，并收获转基因植株种子。

（四）转基因烟草植株的分子鉴定及 GUS 染色

为鉴定出表达目的融合基因的转基因植株，用筛选培养基（1/2MS ＋ 100 mg/L Kan）鉴定转基因植物的抗性幼苗，并用 TRIzol 提取其总 RNA，通过 RT-PCR 检测目的基因是否正常表达，并对 RT-PCR 产物进行测序验证。使用 pBin-attR-NRSE1-GUS 载体的非编码转录区段特异性引物（5'-GCATTCTACTTCTATTGCAG-3'）和 NRSE1 元件的序列特异性引物（5'-ACATTAGCACTTGCTTTGGT-3'）进行 RT-PCR 扩增，扩增片段约 300 bp。

在进行 GUS 染色时，分别剪取各转基因烟草材料的叶片，放入含 X-Gluc 染色液 [50 mmol/L 磷酸缓冲液（pH7.0），5 mmol/L 亚铁氰化钾，0.1 ％ Triton×100，1.5 mmol/L X-Gluc] 的离心管中，置于 37℃ 培养箱染色 24 h，随后，在 70％ 的酒精中脱色。观察转基因植株叶片变蓝的情况，并在体视显微镜下拍照。

（五）NRSE1 元件在转基因植株中的可变剪切分析

为检测 NRSE1 元件与 *GUS* 在烟草中融合表达后的可变剪切特性，用上述类似方法以筛选培养基（1/2MS ＋ 100 mg/L Kan）鉴定转基因植物的抗性幼苗，并用 TRIzol 提取其总 RNA，通过 RT－PCR 扩增（NRSE1 元件的序列特异引物 5'－AGGAGGTGGAAT-CAGTGGACA－3' 和 *GUS* 序列的特异引物 5'－ATCCAGACTGAATGCCCACAG－3'）可变剪切区段，并对 RT－PCR 扩增产物进行测序验证。烟草 *Actin* 内参基因的扩增引物为 5'－TGAGGATATTCAGCCACTCG－3' 和 5'－GCACCGATGGTAATCACTTG－3'。

（六）乙烯和茉莉酸处理转基因植株的 GUS 活性及融合基因表达分析

取转基因烟草材料的叶片，分别喷施 100 μmol/L 的乙烯利（ET）和 100 μmol/L 的茉莉酸甲酯（MeJA），并置于含浸水滤纸的培养皿中处理 24 h。随后，剪取适宜大小的叶片材料以上述染色方法进行 GUS 活性检测，并在体视显微镜下拍照。同时，提取处理叶片的 RNA，通过 RT－PCR 方法检测激素处理对 NRSE1 元件分子剪切的影响，并通过 RT－qPCR 分析激素处理对 *GUS* 表达水平的影响。RT－qPCR 使用试剂盒 GoTaq® qPCR Master Mix（Promega，美国）扩增，*GUS* 扩增引物为 5'－GAATGGTGATTACCGACGAAAACG－3' 和 5'－CACCACTTGCAAAGTCCCGCTAGT－3'，内参基因 *Actin* 的扩增引物为 5'－CCA-CACAGGTGTGATGGTTG－3' 和 5'－GTGGCTAACACCATCACCAG－3'。

第五节　低烟碱群体创制与低烟碱材料选育

一、研究摘要

烟碱是决定烟草开发利用价值的关键功能成分。为选育具有低烟碱性状的烟草材料并拓宽烟草的开发利用途径，本研究以前期在 *nic1nic2* 低烟碱烟草与 K326 的杂交分离群体中发现的一个超低烟碱单株为供体，开展低烟碱烟草分离群体创制和低烟碱材料的筛选鉴定。结合烟碱代谢关联标记基因分析和烟碱含量检测等方法，从创制的低烟碱分离群体材料中选育烟碱含量分别为 0.05%、0.1%、0.2%、0.3%、0.5% 和 1.0% 的低烟碱烟草谱系材料，并进行烟碱含量和标记基因表达水平的比较和检验。研究表明，获得的低烟碱烟草谱系材料的烟碱含量与相关标记基因的表达水平存在极大关联性。本研究获得的低烟碱烟草谱系材料为烟草的烟碱含量性状育种和烟草的多用途开发利用提供了关键材料。相关研究结果发表在杂志《分子植物育种》上。

二、研究结果

（一）低烟碱材料的室内选育

编者所在研究团队前期创制了低烟碱烟草 *nic1nic2* 与烟草栽培品种 K326 的杂交分离群体，通过对近 1 000 个单株的烟碱含量进行测定，发现了一株烟碱含量小于 0.04% 的烟草材料（命名为 ULA－Hi），并通过扦插繁育进行保存。在本研究中，以超低烟碱材料 ULA－Hi 为亲本与烟草栽培品种 K326 再次进行杂交，构建一个杂交 F2 代分离群体，并在室温条件下对该群体的分离单株进行烟碱检测。在 400 个分离单株中，有 2 株烟碱含量低于 0.05% 的超低烟碱材料、3 株烟碱含量在 1.0%～1.5% 的烟草材料，其他单株为烟碱含量介于 0.1%～1.0% 的低烟碱材料（图 6-5-1A）；同时，检测烟碱合成关键基因 *NtPMT* 在各烟草单株中的表达情况（图 6-5-1B）。结合烟碱测定和 *NtPMT* 标记基因表达水平进行综合分析，选择该分离群体中烟碱含量为 0.05%、0.1%、0.2%、0.3%、0.5% 和 1% 的单株，并进行自交留种用于下一步的低烟碱材料筛选。

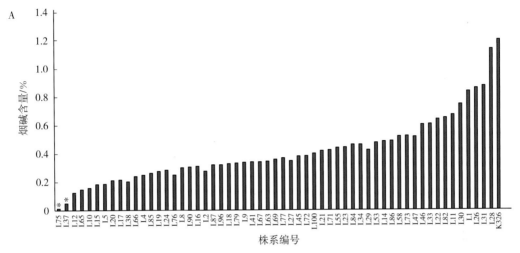

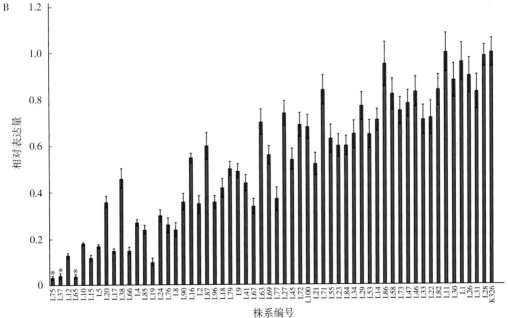

图 6-5-1 杂交 F2 代分离群体的室内鉴定

注：A 为烟草单株的烟碱含量测定结果。B 为烟草单株的 *NtPMT* 基因表达分析。* 表示烟碱含量或基因表达水平显著低于其他材料（*P*<0.05）。图中所示为部分材料的检测结果。

（二）低烟碱材料的田间培育

为测定烟草材料在田间种植条件下的烟碱含量性状，将室内选育的低烟碱烟草分别进行田间种植（图 6-5-2A），并在现蕾期进行烟碱含量测定。进一步对烟碱含量为 0.05% 的低烟碱单株后代 F3 代进行温室内培育并检测叶片烟碱含量，可以看出该低烟碱单株后代的烟碱含量介于 0.005%～0.10%（图 6-5-2B），对该群体中烟碱含量为 0.01%、0.05% 和 0.10% 的单株进行留种。通过同样的选择方法，在其他材料的后代中选择烟碱含量为 0.2%、0.3%、0.5% 和 1.0% 的单株进行留种。随后，用获得的 F3 代低烟碱单株进行进一步的田间加代和烟碱含量测定，并对其 F4 代植株进行烟碱含量测定，结果显示，烟碱含量为 0.05% 材料的 F4 单株间的烟碱含量基本接近稳定（图 6-5-2C）。F4 代群体中长势优良且烟碱含量与其 F3 代单株一致的单株被选择繁种用于进一步的研究。以同样方法，培育烟碱含量为 0.1%、0.2%、0.3%、0.5% 和 1.0% 的 F4 代烟草单株，并对这些植株进行检测，烟碱含量测定结果表明，各植株的烟碱含量符合预期，且不同材料间的烟碱含量差异显著（图 6-5-2D）。

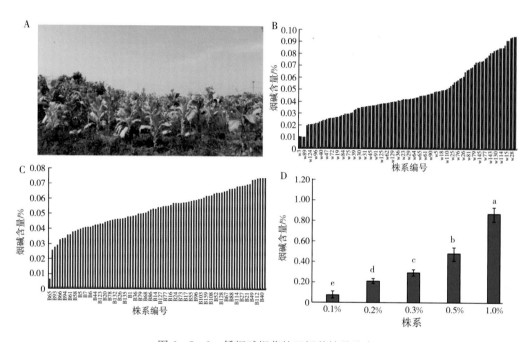

图 6-5-2　低烟碱烟草的田间种植及鉴定

注：A 为 F3 代田间种植情况。B 为 F3 代单株的烟碱含量测定。C 为 F4 代单株的烟碱含量测定。D 为低烟碱谱系材料的烟碱含量比较，材料间的烟碱含量差异显著性以不同字母表示（$P < 0.05$）。

（三）低烟碱烟草材料的烟碱代谢标记基因检测

烟草的烟碱合成和累积与其代谢和转运基因的表达水平密切相关。为分析烟碱代谢标记基因在所选育的低烟碱烟草中的表达情况，分别在室内温室种植其 F5 代低烟碱烟草材料。在现蕾期，分别取叶片进行烟碱含量测定，并取幼根样品进行总 RNA 提取以及烟碱合成关键基因 *NtPMT* 和转运基因 *NtNUP1* 的表达水平检测。将烟碱含量为 0.05%、0.1%、0.2%、0.3%、0.5% 和 1% 的低烟碱烟草株系在室内温室中种植并对叶片进行检测，发现其烟碱含量略低于田间种植水平（图 6-5-3A），但株系间差异与田间一致。同时，对各材料幼根中的 *NtPMT* 和 *NtNUP1* 基因表达情况进行检测，可以看出 *NtPMT* 和 *NtNUP1* 基因在各低烟碱烟草材料中的表达水平与烟碱含量呈正相关（图 6-5-3B），即在烟草材料中烟碱含量越低，这两个基因的表达水平越低。

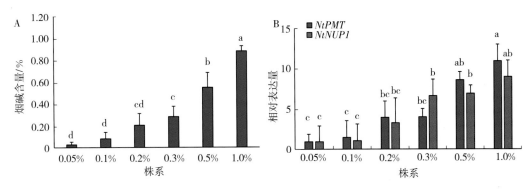

图 6-5-3　低烟碱烟草株系的标记基因表达水平检测

注：材料间的烟碱含量及基因表达水平差异显著性以不同字母表示（$P<0.05$）。A 为低烟碱烟草株系在室内种植后的烟碱含量。B 为标记基因 $NtPMT$ 和 $NtNUP1$ 在低烟碱烟草株系中的表达分析。

三、材料与方法

（一）试验材料

试验所需烟草（K326）、超低烟碱烟草（ULA-Hi），均为编者所在研究团队保存的亲本材料。乙腈、乙酸乙酯、盐酸、邻苯二甲酸氢钾、硫酸铜、硼酸、浓硫酸、乙醇、氢氧化钠等常规化学试剂购自国药集团；MS 培养基购自生工；RT-PCR 试剂盒购自美国 Thermo 公司；绿原酸（纯度≥98%）、烟碱（纯度≥98%）、2,4-联吡啶（纯度≥98%）等购自上海源叶公司；α、β-西柏三烯二醇（纯度≥95%）为实验室自制。

主要试验设备：安捷伦 7890B 气质联用仪（Agilent，美国），Waters ACQUITY UPLC H-class 超高效液相色谱仪（Waters，美国），ALPHA 1-4/LD plus 冻干机（CHRIST，德国），氨基酸分析仪。

（二）植物材料培养

在室内温室进行烟草培养时，将烟草种子用消毒液（含 5% 立白® 漂洗液、0.05% Tween20）消毒 7 min，无菌水洗涤 3 次，播种于 MS 固体培养基，室内温室培养 2 周后移至营养钵内培育。室内试验所需烟草植株均于光周期为 14h 光照/10h 黑暗的 25℃温室条件下培养。田间种植的烟草按照常规育苗、种植方法，于山东省青岛市中国农业科学院烟草研究所即墨试验基地种植。

（三）低烟碱烟草材料选育

以 ULA-Hi 为父本，以烟草 K326 为母本进行杂交，子代进行进一步自交，得到低烟碱 F2 群体，对 F2 群体进行筛选，结合分子表达水平与烟叶烟碱含量，筛选出超低烟碱表型的 F2 代单株，对 F2 代进行两轮自交选育，在此基础上，结合分子表达水平与烟叶烟碱含量，对 F2 的自交子代 F3～F4 进行选育，将符合要求的烟草材料用于后续试验。

（四）烟碱含量标记基因的表达分析

为测定 $NtPMT$ 和 $NtNUP1$ 基因在低烟碱烟草材料根系中的表达量，取各烟草材料同时期的幼根样品，用 TRIzol 试剂提取总 RNA，随后利用 Takara 公司的反转录试剂盒 PrimeScript™ Ⅱ 1st Strand cDNA Synthesis Kit 将总 RNA 反转录为 cDNA，并使用试剂盒 GoTaq® qPCR Master Mix（Promega，美国）进行 RT‑qPCR 扩增。RT‑qPCR 扩增反应体系为 $25\mu L$。$NtPMT$ 基因的特异扩增引物为 5'‑TGGTGCCATTCCCAT-GAACG‑3' 和 5'‑TAGCTCGTTGCCGTTGTCAT‑3'；$NtNUP1$ 基因的特异扩增引物为 5'‑CCAGAGGGCGTGACAAGTAA‑3' 和 5'‑CCTCCCTTGACATTGCCTGA‑3；内参 $NtActin$ 基因的特异扩增引物为 5'‑AGTATTGTTGGTCGCCCACG‑3' 和 5'‑TTCGCGATTAGCCTTCGGG‑3'。

（五）烟草叶片的烟碱含量测定

取烟草材料的中部叶于 105℃ 杀青 30 min 后，在 65℃ 条件下烘干并研磨成粉末；称取 0.10 g 烟叶粉末加到 50 mL 玻璃离心管，并加入 1 mL 10% 的氢氧化钠溶液和 5 mL 含内标（2,4‑联吡啶）的乙酸乙酯，涡旋混匀后于 40℃ 超声提取 15min，然后，于室温静置提取过夜；3 000 r/min 离心 10min，以 $0.22\mu m$ 滤膜过滤后，使用装有 HP‑5MS 毛细管柱（30 m × 0.25 μm × 0.25 μm）的 GC‑MS 分析仪进行烟碱检测。用含内标的烟碱标准液制作 GC‑MS 检测标准曲线，用于样品的烟碱含量计算。

第六节　稳定超低烟碱烤烟新品系 CD01 的选育

一、选育简介

超低烟碱烤烟新品系 CD01 是利用在 $nic1nic2$ 低烟碱烟草与 K326 的杂交分离群体中发现的一个超低烟碱单株，与 K326 经过两轮回交和自交选择，用系谱法进行连续 4 代自交选育，通过分子标记辅助选择、GC‑MS 成分检测、病害抗性鉴定、感官质量评价等系列方法选育的超低烟碱烤烟新品系。该品系的叶片烟碱含量为 0.08%（±0.04%），打顶前后烟碱含量差异不明显，株高约 1.7m，可采叶 17～20 片，茎围约 9.0cm，节距约 6.0cm，最大叶长约 73.0cm，最大叶宽约 31.0cm，落黄层次分明，易烤性好。与 $nic1nic2$ 低烟碱烟草（烟碱含量＞0.40%）相比，烟碱含量降低幅度超过 70%，受种植区域和施肥量的影响小，田间落黄和烘烤特性较好；与 K326 相比，烟碱含量降低幅度为 95% 以上，烟碱含量受种植区域和肥力的影响较小。该品系的烤后原烟呈浅橘黄色，叶片色度均匀，油分有，叶片结构疏松、柔软；原烟评吸呈香气细腻优雅，香气量较足，香韵丰富，甜感明显，余味干净的特征；原烟内在成分分析表明，总糖含量约 23.1%，还原糖含量约 18.2%，钾含量约 2.5%，氯含量约 0.34%。田间自然发病率调查显示，无黑胫病发生，青枯病、普通花叶病（TMV）、黄瓜花叶病（CMV）和赤星病极少发生，有少量马铃薯 Y 病毒病（PVY）、气候斑点病发生，总体抗性较好。CD01 是一个具有特殊用途的烤烟新品系。

二、选育详情

（一）超低烟碱烤烟新品系 CD01 的选育过程

超低烟碱新品系 CD01 是利用编者所在研究团队前期发现的超低烟碱单株，与 K326 经过两轮回交和自交选择，用系谱法进行连续 4 代自交选育，通过分子标记辅助选择、GC‑MS成分检测、病害抗性鉴定、感官质量评价等系列方法选育的超低烟碱烤烟新品系。

2011—2016 年，编者所在研究团队培育了 *nic1nic2* 低烟碱烟草与 K326 的 F2～F3 代杂交分离群体，先后对 1 000 余份单株进行了筛选鉴定，发现一株烟碱含量低于 0.05% 的超低烟碱单株。2017 年，将超低烟碱烟草单株与烤烟品种 K326 进行了一轮回交和自交，对 BC1F2 分离群体进行了烟碱含量、分子标记等筛选鉴定，获得了 BC1F2 超低烟碱株系 5 个。2018 年，将获得的 BC1F2 超低烟碱株系与烤烟品种 K326 进行二轮回交和自交，对 BC2F2 分离群体进行了烟碱含量、分子标记、感官评价等鉴定，获得了 BC2F2 超低烟碱株系 6 个。2019—2021 年，用系谱法进行连续 4 代自交选育，通过分子标记辅助选择、病害抗性鉴定、GC-MS 成分检测、感官质量评价等系列方法，对 BC2F3～BC2F6 代分离群体进行了鉴定，获得了稳定遗传的超低烟碱 CD01 品系。2021 年，在山东即墨、四川凉山进行了 CD01 品系的规模种植、抗病性鉴定、感官评价试验，烟叶样品先后经北京、四川、江苏、上海、山东等地的多家工业企业的评吸专家进行感官质量评价，超低烟碱 CD01 品系的香气量足、细腻柔和。2022 年，进行了山东费县、沂水、临朐、黄岛、诸城、即墨、东营，四川凉山、会里，湖北利川、恩施，河南许昌等 12 个试验点的 CD01 品系小规模生产种植示范。具体选育及试验过程见表 6-6-1。

表 6-6-1　CD01 的选育过程

年份/年	世代	选育经过
2011—2016	F1～F3	*nic1nic2* 低烟碱烟草与 K326 的 F2～F3 代杂交分离群体培育及筛选鉴定，以及超低烟碱单株的发现
2017	BC1F2	超低烟碱单株与 K326 的一轮回交和自交筛选
2018	BC2F2	超低烟碱株系与 K326 的二轮回交和自交筛选
2019	BC2F3～BC2F4	BC2F3～BC2F4 代超低烟碱株系的筛选鉴定
2020	BC2F5	高世代超低烟碱烟草的小区种植及感官质量评价
2021	BC2F6	在山东即墨、四川凉山等地种植 10 余亩稳定品系，进行工业企业评价
2022	BC2F6	在山东费县、沂水、临朐、黄岛、诸城、即墨、东营，四川凉山、会里，湖北利川、恩施，河南许昌等地种植 50 余亩稳定超低烟碱品系，开展产品开发研究

（二）超低烟碱新品系 CD01 的主要植物学性状

2021—2022 年，在全国多个试验点开展了 CD01 种植示范试验。主要植物学性状调查显示，CD01 烤烟植株塔形，田间生长整齐一致（图 6-6-1），叶形长椭圆，叶色绿色，茎叶角度中等，主脉粗细中等，节距中等，花枝较集中，花冠粉红色，蒴果卵圆形，田间生长势早期中等、中后期较强，大田生育期 125d 左右。田间烟叶分层落黄，成熟较集中，易烘烤（表 6-6-2）。

图 6-6-1　超低烟碱新品系 CD01 的旺长期田间生长情况

表 6-6-2　超低烟碱新品系 CD01 的主要植物学性状

品系 （种）	株形	叶形	叶色	茎叶 角度	主脉 粗细	整齐度	成熟 特性	生长势		生育期/d
								移栽后 30d	移栽后 50d	
CD01	塔形	长椭圆	绿色	中	中等	整齐	分层落黄	中	强	125
nic1nic2	塔形	长椭圆	绿色	中	中等	整齐	分层落黄	中	强	132
K326	塔形	长椭圆	绿色	中	中等	整齐	分层落黄	中	中等	126

注：K326 和 *nic1nic2* 为对照。

（三）CD01 的主要农艺学性状

2021 年，在山东和四川进行了 CD01 的生产种植试验，主要农艺性状调查结果显示，山东即墨产区 CD01 的株高 170.5cm，可采叶 18 片，茎围 8.9cm，节距 5.3cm，腰叶长 70.2cm，腰叶宽 29.7cm。与 *nic1nic2* 低烟碱烟草相比，超低烟碱烤烟 CD01 株高增高 9.2cm，可采叶的数量相同，茎围减少 0.1cm，节距缩短 0.4cm，腰叶长增加 2.2cm，腰叶宽增加 3.1cm；与 K326 相比，超低烟碱烤烟 CD01 株高增高 6.1cm，可采叶增多 1 片，茎围减少 0.4cm，节距增加 0.2cm，腰叶长增加 0.8cm，腰叶宽增加 1.9cm（表 6-6-3）。2021 年，四川凉山产区 CD01 的株高 166.5cm，可采叶 17 片，茎围 8.2cm，节距 5.6cm，腰叶长 72.4cm，腰叶宽 30.5cm；各项农艺性状指标与 K326 相当。

表 6-6-3　CD01 的主要农艺学性状

年份与产区	品系（种）	株高/cm	可采叶/片	茎围/cm	节距/cm	腰叶长/cm	腰叶宽/cm
2022 年四川凉山	CD01	168.5	17	9.1	6.0	73.4	32.5
	K326	166.4	17	8.8	5.7	72.8	31.9
2022 年山东费县	CD01	174.5	20	9.7	4.7	67.2	32.2
	K326	166.5	18	8.9	5.5	68.3	31.1
2022 年山东沂水	CD01	182.2	21	11.2	4.9	72.1	34.6

（续）

年份产区	品系（种）	株高/cm	可采叶/片	茎围/cm	节距/cm	腰叶长/cm	腰叶宽/cm
	K326	164.3	18	8.7	5.7	67.2	32.5
2021年四川凉山	CD01	166.5	17	8.2	5.6	72.4	30.5
	K326	167.4	17	8.9	5.9	71.8	31.9
2021年山东即墨	CD01	170.5	18	8.9	5.3	70.2	29.7
	nic1nic2	161.3	18	9.0	5.7	68.0	26.6
	K326	164.4	17	9.3	5.1	69.4	27.8

2022年，在山东和四川产区的小规模生产种植示范试验显示，山东费县CD01的株高174.5cm，可采叶20片，茎围9.7cm，节距4.7cm，腰叶长67.2cm，腰叶宽32.2cm；山东沂水CD01的株高182.2cm，可采叶21片，茎围11.2cm，节距4.9cm，腰叶长72.1cm，腰叶宽34.6cm；四川凉山CD01的株高168.5cm，可采叶17片，茎围9.1cm，节距6.0cm，腰叶长73.4cm，腰叶宽32.5cm；整体农艺性状表现较稳定，不同产区间存在差别（表6-6-3）。

（四）CD01的抗病性调查（田间自然发病率）

2021年，在山东、四川等产区种植试验中的自然发病率统计结果显示，CD01综合抗病性表现较好。在山东即墨，PVY和CMV病毒病有少量发生；CD01的赤星病田间自然发病率低于nic1nic2和K326，未见其他病害发生。在四川凉山，有少量PVY、CMV和气候性斑点病发生，CD01的田间自然发病率较低（表6-6-4）。

表6-6-4　2021年CD01在山东多点试验中的田间自然发病率

单位：%

产区	品种（系）	黑胫病	赤星病	角斑病	气候性斑点病	野火病	青枯病	根结线虫病	TMV	CMV	PVY
山东即墨	CD01	0	1.0	0	0	0	0	0	1.1	2.0	5.0
	nic1nic2	3.1	6.0	0	0	0	0	0	1.4	6.1	3.2
	K326	0	1.2	0	0	0	0	0	2.0	7.0	2.5
山东诸城	CD01	0	0	5.5	2.5	0	0	0	0	2.4	1.1
	K326	0	0	5.6	5.2	0	0	0	0	4.7	0.9

2022年，在山东、四川和湖北等产区多点试验中的自然发病率统计结果显示，CD01同样表现出较好的综合抗病性。在山东费县和沂水，PVY和CMV病毒病有少量发生，无黑胫病；在四川凉山和会里，也有少量PVY和CMV病毒病发生；在湖北利川未观察到明显病害；CD01的田间自然发病率在多地均低于K326，其他病害发病率与K326相当（表6-6-5）。

表6-6-5　2022年CD01在山东、四川、湖北多点试验中的田间自然发病率

单位：%

产区	品系（种）	黑胫病	赤星病	青枯病	气候性斑点病	野火病	角斑病	根结线虫病	TMV	CMV	PVY
山东费县	CD01	0	0	0	1.2	0	0	0	1.3	1.4	5.5

（续）

产区	品系（种）	黑胫病	赤星病	青枯病	气候性斑点病	野火病	角斑病	根结线虫病	TMV	CMV	PVY
山东费县	*nic1nic2*	1.1	0	0	1.3	0	0	0	3.1	3.3	3.2
	K326	0	0	0	1.6	0	0	0	3.9	3.8	2.7
山东沂水	CD01	0	0	0	0	0	0	0	0.7	1.4	3.5
	K326	0	0	0	0	0	0	0	2.2	3.4	2.1
四川凉山	CD01	0	0	0	3.1	0	0	0	2.7	2.1	0.8
	K326	0	0	0	3.3	0	0	0	4.2	5.4	0.5
四川会理	CD01	0	0	0	1.2	0	0	0	0.7	0.4	1.2
	K326	0	0	0	1.3	0	0	0	1.2	2.4	0.6
湖北利川	CD01	0	0	0	0	0	0	0	0	0	0
	K326	0	0	0	0	0	0	0	0	0	0

（五）CD01 的主要经济性状

依据 2021 年 CD01 在山东即墨及四川凉山产区的表现和测定结果，理论亩产量约为 150kg，上等烟比例高于 K326。在即墨试验点，CD01 亩产量 149.1kg，上等烟比例 84.3%；K326 的亩产量 142.4kg，上等烟比例 73.0%；在凉山试验点，CD01 亩产量 156.2kg，上等烟比例 83.0%；K326 的亩产量 145.0kg，上等烟比例 76.0%（表 6-6-6）。2022 年，CD01 在山东费县、沂水、临朐、黄岛，四川凉山、大兴，湖北利川等烟区表现出较好的抗性、长势和烟碱含量稳定性，预计亩产量和上等烟叶比例高于 2021 年的小规模种植试验。作为超低烟碱烟草，CD01 的实际亩产值需依据市场需求情况和新产品应用情况确定。

表 6-6-6　2021 年 CD01 在山东、四川产区多点试验中的经济性状估测

产区	品系（种）	亩产量/kg	上中等烟比例/%
山东即墨	CD01	149.1	84.3
	K326	142.4	73.0
四川凉山	CD01	156.2	83.0
	K326	145.0	76.0

（六）CD01 的原烟外观质量

2021 年，山东和四川试验点的中部叶烤后原烟外观质量综合评价结果显示，CD01 烤后原烟颜色多为浅橘黄，成熟度好，叶片结构疏松，身份中，油分有，色度中。整体外观质量远优于 *nic1nic2* 低烟碱烟草，优于或相当于 K326。在山东即墨试验点，CD01 在颜色、成熟度、结构和色度等外观质量指标上较 *nic1nic2* 低烟碱烟草有大幅度提高，而且在成熟度、结构、色度等指标上也优于 K326（表 6-6-7、图 6-6-2）。

表 6-6-7 **2021 年山东和四川试验点的原烟外观质量分析**

产区	品系（种）	部位	颜色	成熟度	结构	身份	油分	色度	总分	总体评价
山东即墨	CD01	中部	8.30	8.50	9.10	9.00	6.50	6.50	47.9	颜色浅橘黄，成熟度较好，结构疏松，身份中等，油分有，色度中，颜色均匀，光泽较鲜亮，柔韧性较好
	nic1nic2	中部	7.00	7.20	8.20	9.00	6.10	5.00	42.5	挂灰较普遍，身份中等，结构尚疏松，油分有，柔韧性一般
	K326	中部	8.50	8.30	9.00	8.90	7.35	4.90	46.90	光泽欠鲜亮，成熟度较好，叶片较柔软，结构较疏松，弹性较好，颜色较均匀
四川凉山	CD01	中部	8.50	8.30	8.70	9.10	6.50	6.30	47.4	颜色浅橘黄，成熟度尚好，结构疏松，身份中等，油分有，色度中，光泽较鲜亮
	K326	中部	8.50	8.30	9.00	8.90	7.35	4.90	46.90	光泽欠鲜亮，成熟度较好，叶片较柔软，结构较疏松，弹性较好，颜色较均匀

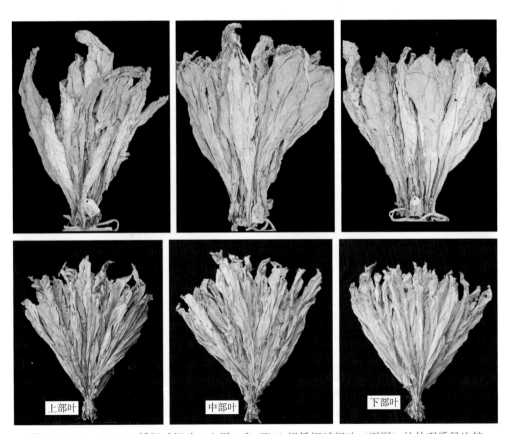

图 6-6-2 *nic1nic2* 低烟碱烟叶（上图）和 CD01 超低烟碱烟叶（下图）的外观质量比较

（七）CD01 的原烟化学成分

2021 年，山东及四川试验点的 CD01 中部叶烤后原烟各化学成分指标分析结果显示，CD01 的化学成分总体协调，不同试验点之间趋势较一致：CD01 的烟碱含量显著低于 K326 和 *nic1nic2* 低烟碱烟草，山东即墨和诸城 CD01 的烟碱含量较 *nic1nic2* 低烟碱烟草分别下降了 90.2% 和 95.1%；山东即墨、诸城和四川凉山 CD01 的烟碱含量较 K326 分别下降了 97.2%、95.2%、96.0%；各种植区 CD01 的总氮含量略高于 K326 和 *nic1nic2*，或与 *nic1nic2* 相当；氮碱比明显高于 K326 和 *nic1nic2*；还原糖、总糖略高于 K326 和 *nic1nic2*，或与 *nic1nic2* 相当；糖碱比远高于 *nic1nic2* 及 K326；两糖比低于 K326 和 *nic1nic2*，或与 K326 相当（表 6-6-8）。

表 6-6-8　2021 年山东试验点的 CD01 原烟内在质量分析

产区	品系（种）	氯/%	烟碱/%	还原糖/%	总糖/%	钾/%	氮/%	钾/氯	氮/碱	还原糖/烟碱	还原糖/总糖
山东即墨	CD01	0.58	0.08	20.30	23.61	1.82	2.19	3.14	27.38	253.75	0.86
	nic1nic2	0.68	0.82	16.53	17.38	1.54	1.84	2.26	2.24	20.16	0.95
	K326	0.82	2.84	19.10	20.20	1.87	1.52	0.66	6.73		0.95
四川凉山	CD01	0.65	0.12	18.15	28.83	1.61	2.06	2.48	17.17	151.25	0.63
	K326	0.61	2.48	20.20	34.00	1.22	1.82	2.00	0.73	8.15	0.59
山东诸城	CD01	0.52	0.10	22.37	28.91	1.62	2.07	2.15	20.7	223.7	0.77
	nic1nic2	0.44	2.04	22.37	23.55	1.37	2.05	3.11	1.00	10.97	0.95
	K326	0.59	2.52	21.50	26.70	1.32	1.72	2.24	0.68	8.53	0.81

（八）CD01 的原烟感官评吸与质量评价

2021 年，在山东即墨及四川凉山规模种植 CD01 品系后，将中部叶烤后原烟送往多家评吸单位和中烟工业公司进行感官质量评价。四川中烟技术中心专家评价：超低烟碱新品系 CD01 劲头较小，刺激性小，甜感明显，清甜香、醇甜香、焦香，浓度中等。2022 年，农业农村部烟草产业产品质量监督检验测试中心评价：超低烟碱新品系 CD01 劲头小、香气质好、香气量较好，余味干净、杂气少、甜感明显，其特征香韵稳定，在香气质、余味、杂气和刺激性等感官评吸指标上明显优于 *nic1nic2* 低烟碱烟草（表 6-6-9）。2022 年，江苏中烟技术中心专家评价：超低烟碱新品系 CD01 劲头小、甜感明显，香气质好，香气优雅细腻，余味干净舒适。2022 年，上烟集团技术中心北京工作站评价：超低烟碱新品系 CD01 烟气劲头小，香气质尚好，香气量较足，刺激性小，整体质量较好（表 6-6-10）。

表 6-6-9　2022 年农业农村部烟草产业产品质量监督检验测试中心对 CD01 原烟的感官质量评价

年份及产区	品系（种）	劲头	浓度	香气质	香气量	余味	杂气	刺激性	燃烧性	灰色	总分	质量档次
2021 年山东即墨	CD01	3.0	3.0	12.0	16.5	18.5	13.5	8.5	3.0	3.1	81.1	3.5
	nic1nic2	3.0	3.0	11.0	16.0	18.0	13.0	8.0	3.0	3.0	78.0	3.0
2021 年四川凉山	CD01	2.5	2.5	11.5	15.0	19.1	14.0	9.1	3.1	3.1	79.9	3.1
	nic1nic2	3.0	3.0	11.0	16.0	18.0	13.0	8.0	3.0	3.0	78.0	3.0

（续）

年份及产区	品系（种）	劲头	浓度	香气质	香气量	余味	杂气	刺激性	燃烧性	灰色	总分	质量档次
2020年山东即墨	CD01	3.0	3.0	11.0	15.5	17.5	14.0	8.1	3.2	3.2	78.5	3.5
	nic1nic2	3.0	3.0	11.0	16.0	18.0	13.0	8.0	3.0	3.0	78.0	3.0

表 6 - 6 - 10　2022 年上烟集团技术中心北京工作站对 CD01 原烟的感官质量评价

年份及产区	品系（种）	香气特征	浓度（10分）	香气质（15分）	香气量（15分）	余味（15分）	杂气（10分）	刺激性（10分）	燃烧性及灰色（10分）	浓度协调（15分）	总分（100分）
2021年山东即墨	CD01	较显著	8.0	9.2	9.6	9.2	7.0	7.0	6.5	10.0	66.5
2021年四川凉山	CD01	较显著	6.8	10.4	9.6	10.2	7.4	7.8	8.0	9.8	70.0

第七节　高烟碱烤烟新品系 YN01 的培育

一、选育摘要

YN01 是从云烟 87（Y87）突变体库中经系统选育获得的烤烟新品系。该品系株形塔形，叶片长椭圆形，叶色绿，叶面皱，叶尖渐尖，叶耳中等，主脉略粗，茎叶角度中等，田间分层落黄明显。自然株高 164.0cm，自然叶 29 片，打顶株高 128.6 cm，有效叶 23 片左右，节距 4.7cm，茎围 10.0cm，腰叶长 70.1cm、宽 22.9cm。移栽至现蕾 65d，大田生育期约 135d。与云烟 87 相比，有效叶多 3～4 片，腰叶宽略低。主要经济性状接近或与云烟 87 相当。抗南方根结线虫病 1 号和 3 号小种，中抗黑胫病 0 号小种，感 TMV 和 PVY。原烟成熟度好，颜色多橘黄，色度强，正反面色差小，叶片厚薄适中，结构疏松，综合外观质量较好。原烟总糖含量 17.96%，还原糖含量 16.74%，烟碱含量 3.53%，总氮含量 1.93%，钾含量 1.64%，氯含量 0.16%，淀粉含量 3.52%，蛋白质含量 9.55%。同等条件下，中部叶烟碱含量比云烟 87 高 40% 左右。该材料的选育对高烟碱和低焦碱比叶片原料的需求有重要价值。

二、选育详情

（一）主要农艺性状

2018 年 YN01 的主要农艺性状调查结果（表 6 - 7 - 1）：平均自然株高 161cm，自然叶平均 28.8 片，平均打顶株高 128.4cm，有效叶平均 23 片，平均茎围 9.72cm，平均节距 4.72cm，最大腰叶长 75.8cm、宽 26.9cm。2019 年 YN01 的主要农艺性状调查结果（表 6 - 7 - 2）：平均自然株高 167cm，自然叶平均 29 片，平均打顶株高 128.8cm，有效叶平均 23.2 片，平均茎围 10.26cm，平均节距 4.74cm，最大腰叶长 78.3cm、宽 26.6cm。

表 6-7-1　2018 年 YN01 主要农艺性状

性状指标	玉溪九溪	玉溪澄江	玉溪研和	石林板桥	石林长湖	均值	变异系数/%
补充测株数量	25	25	25	25	25	/	/
自然株高/cm	163	158	165	162	157	161.0	2.11
自然叶/片	29	29	29	28	29	28.8	1.55
打顶株高/cm	128	127	130	128	129	128.4	0.89
有效叶/片	22	22	23	24	24	23.0	4.35
茎围/cm	9.7	9.6	10	9.5	9.8	9.72	1.98
节距/cm	4.6	4.6	4.9	4.9	4.6	4.72	3.48
最大腰叶长/cm	70.5	70	70	68.5	70	69.8	4.19
最大腰叶宽/cm	23	23	22.5	23	24	23.1	5.64

表 6-7-2　2019 年 YN01 主要农艺性状

性状指标	玉溪澄江	玉溪研和	昆明石林	临沧耿马	普洱宁洱	均值	变异系数/%
补充测株数量	35	35	35	35	35	/	/
自然株高/cm	166	169	163	168	169	167.0	1.53
自然叶/片	29	29	28	29	29	29.0	1.55
打顶株高/cm	132	129	127	128	128	128.8	1.49
有效叶/片	25	23	24	22	22	23.2	5.62
茎围/cm	10.5	10.3	9.8	10.2	10.5	10.26	2.81
节距/cm	4.9	4.8	4.6	4.6	4.8	4.74	2.7
最大腰叶长/cm	69	71	70	68.5	73	70.3	2.28
最大腰叶宽/cm	22.5	22.5	23	23	23	22.8	3.09

（二）主要经济性状

2018 年和 2019 年，YN01 的主要经济接近对照云烟 87（表 6-7-3）。

表 6-7-3　YN01 的主要经济性状

年份	品种（系）	亩产量/kg	亩产值/元	每千克烟草均价/元	上等烟比例/%
2018 年	YN01	190.8	3 318.80	17.39	33.4
	云烟 87	194.6	3 454.30	17.75	29.2
2019 年	YN01	135.6	3 926.10	28.95	42.0
	云烟 87	144.6	4 110.70	28.43	41.0

注：2018 年数据为研和和九溪的平均数据，2019 年数据为普洱和临沧的平均数据。

（三）主要化学成分

2018年，对YN01杀青烟叶（开花期、未打顶，昆明石林长湖）烟株不同部位烟碱含量进行了研究，各部分烟碱含量较对照云烟87显著提高（图6-7-1），上部烟叶烟碱含量0.61%，对照0.46%，提高33%；中部烟叶烟碱含量1.07%，对照0.71%，提高51%；下部烟叶烟碱含量1.36%，对照0.81%，提高68%，与前期研究结果一致。

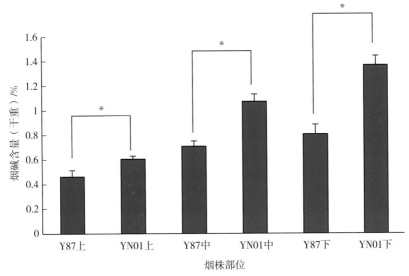

图6-7-1 打顶前YN01及对照Y87不同部位烟叶烟碱含量

注：* 表示 t 检验，P＜0.05。

YN01正常采烤中部叶常规化学成分见表6-7-4，各主要化学成分含量均在适宜范围内，其中，2018年中部烟叶烟碱含量（3.64%）较对照云烟87（2.05%）提高77.6%，2019年烤后中部烟叶烟碱含量（2.88%）较对照云烟87（1.94%）49.5%。

表6-7-4 YN01常规化学成分

单位：%

年份	品种（系）	总糖	还原糖	总氮	烟碱	氯	钾
2018年	YN01	21.2	17.4	1.97	3.64	0.18	1.94
	Y87	35.6	29.1	1.36	2.50	0.19	1.29
2019年	YN01	28.0	25.2	2.37	2.88	0.07	2.64
	Y87	38.8	33.7	1.90	1.94	0.40	2.35
平均	YN01	24.6	21.3	2.17	3.26	0.13	2.29
	Y87	37.2	31.4	1.63	2.22	0.295	1.82

注：2018年数据为研和和九溪的平均数据，2019年数据为普洱和临沧的平均数据。

云南中烟工业有限责任公司技术中心利用全自动吸烟机（KC RM200A）对YN01株系烟叶烟气烟碱、焦油进行了测量，结果表明，YN01单体烟烟气的烟碱/焦油比为0.137 3。对照的烟碱/焦油比为0.103 5。YN01株系烟叶的烟气烟碱/焦油比较对照提高32.7%（图6-7-2）。

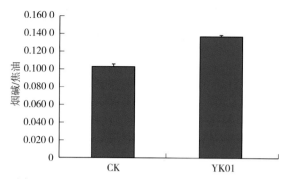

图 6-7-2　YN01 及对照 Y87 单体烟烟碱/焦油比

（四）烘烤特性

由图 6-7-3 可以看出，对于中部叶片，在烘烤 72h 之前，云烟 87 失水缓慢，叶片含水量显著高于 YN01。烘烤 72h 之后，2 个品种的含水量迅速下降；烘烤至 108h，YN01 叶片含水量已下降至云烟 87 的 42%。YN01 和云烟 87 在整个烘烤过程中含水量变化趋势不一致，YN01 失水速度快于云烟 87。

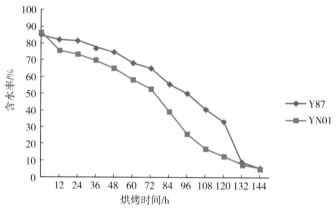

图 6-7-3　YN01 及云烟 87 烘烤过程中叶片含水量变化

由图 6-7-4 可以看出，在同一座烤房中，烘烤 24h 之前，YN01 及云烟 87 的叶绿素含量缓慢降低，YN01 叶绿素含量降低速度低于云烟 87。烘烤至 24～48h 时，YN01 及云

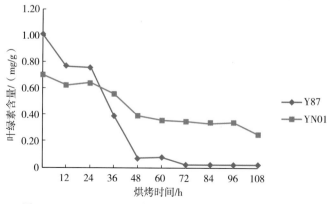

图 6-7-4　YN01 及云烟 87 烘烤过程中叶绿素含量变化

烟 87 的叶绿素含量迅速下降，但 YN01 叶绿素含量降低速度明显慢于云烟 87（YN01 下降 39%，云烟 87 下降 90%）。烘烤 48h 之后，YN01 及云烟 87 叶绿素含量变化趋于平缓。

由图 6-7-5 可以看出，在烘烤 36h 之前，YN01 及云烟 87 叶黄素含量缓慢减低。在 36~48h，云烟 87 叶黄素含量快速下降（近 50%），而 YN01 叶黄素含量下降较慢（约 22%）。烘烤至 48h 后，YN01 及云烟 87 叶黄素含量变化趋于平缓。

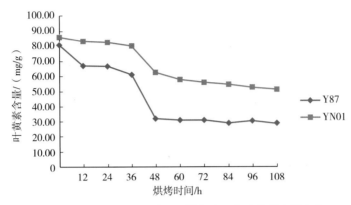

图 6-7-5　YN01 及云烟 87 烘烤过程中叶黄素含量变化

以上结果显示，YN01 变黄期失水较云烟 87 速度快，而叶绿素降解较云烟 87 慢。需要在烘烤工艺上做以下调整。

（1）变黄期。变黄前期缩小干湿差，稳温保湿慢变黄，具体是指保持干球温度 34~35℃，湿球温度 33~34℃，烘烤 18~24h，使叶尖（6cm）全部变黄；随后缓慢升温少量排湿，以 1℃/2h 的速度，将干球温度升至 37~38℃，湿球温度升至 35~36℃，烘烤 24~36h，使烟叶变黄，达到青筋黄片；然后稳湿慢升温，以 1℃/2h 的速度，将干球温度升至 41~42℃，湿球温度升至 36~37℃，烘烤 12~20h，使烟叶全部变黄、叶片发软凋萎，及时转火进入定色期。

（2）定色期。以 1℃/1h 的速度稳步升温，加大排湿（保持湿球温度相对稳定），使干球温度升到 45~47℃、湿球温度达 36~37℃，烘烤 16~20h，当低温层烟叶全部变黄、勾尖卷边、充分凋萎拖条，高温层烟叶支脉全部变黄、主脉褪青、叶干燥 1/2~2/3 后，将干球温度升到 52~54℃保持 12h 左右，促使变黄期形成的香气前物质聚合生成大分子的香气物质，提高烤后烟叶的香气量。当定色期结束时烟叶主支脉全部变黄，叶片基本干燥。

（3）干筋期。以 1℃/h 的速度将干球温度升到 60~63℃、湿球温度升到 39℃，稳定此温、湿度 8~12h。等低温层主脉干燥一半左右时，再以 1℃/h 的速度将干球温度升到 65~68℃、湿球温度升到 40~41℃，烤干全炉烟叶主脉。

（五）YN01 和云烟 87 的变异位点检测

利用烟草 SNP 芯片（基于云烟 87 基因组数据开发的 200K SNP 芯片 NtY87）分别对云烟 87 和突变株（YN01）进行 SNP 基因型位点分析：在云烟 87 中共检测出 178 325 个 SNP 位点，未检测出 SNP 位点 4 604 个，检出率为 97.48%（178 325/182 929）；在突变株（YN01）中共检测出 178 468 个 SNP 位点，未检测出 SNP 位点 4 461 个，检出率为

97.56%（178 468/182 929）。经分析，在突变株（YN01）中，有 168 623 个 SNP 基因型位点与云烟 87 中的 SNP 基因型位点相同，即 YN01 与 Y87 间的 SNP 基因型位点一致率仅为 94.56%（168 623/178 325），说明 YN01 与亲本 Y87 之间差异较大（表 6-7-5）。

表 6-7-5　YN01 变异位点检测结果

品系（种）	AA	BB	AB	未检出	检出总计	总计
Y87	70 474	75 869	31 982	4 604	178 325	182 929
YN01	71 373	75 726	31 369	4 461	178 468	182 929

	AA-AA	BB-BB	AB-AB	总计
Y87	70 474	75 869	31 982	178 325
YN01	67 328	73 143	28 152	168 623
YN01 的 SNP 基因型位点与 Y87 的一致率/%	95.54	96.41	88.02	94.56

（六）主要抗病性

2018 年和 2019 年两年的人工抗性鉴定结果表明，YN01 中抗黑胫病和根结线虫病，中感 TMV 和赤星病。该品种对黑胫病、根结线虫病、TMV 和赤星病的综合抗性水平与云烟 87 相当（表 6-7-6）。

表 6-7-6　YN01 对四种病害的抗病性综合评价结果

病害	品系（种）	2018 年		2019 年	
		病情指数	抗性评价	病情指数	抗性评价
黑胫病	YN01	28.65	MR	35.32	MR
	云烟 87	37.10	MR	41.18	MR
	革新三号	20.13	R	18.83	R
	金星 6007	—	—	48.44	MR
	红花大金元	90.01	S	95.06	S
	小黄金 1025	83.15	S	78.19	S
赤星病	YN01	65.65	MS	60.31	MS
	云烟 87	67.58	MS	70.34	MS
	G140	82.4	S	79.56	S
	净叶黄	24.5	R	15.03	R
根结线虫病	YN01	35.63	MR	45.96	MR
	云烟 87	48.83	MR	52.19	MS
	NC95	28.50	MR	18.50	R
	长脖黄	60.00	MS	80.00	S

（续）

病害	品系（种）	2018 年		2019 年	
		病情指数	抗性评价	病情指数	抗性评价
TMV	YN01	60.23	MS	70.12	MS
	云烟 87	58.85	MS	64.86	MS
	革新三号	45.68	MR	45.68	MR
	G140	58.85	MS	88.85	S
	红花大金元	60.49	MS	60.49	MS
	三生- NN	0.00	I	0.00	I

注：TMV 以三生- NN 为抗病对照，革新三号为中抗对照，G140 和红花大金元为感病对照；赤星病以感病品种 G140、中抗品种 G28、抗病品种净叶黄为对照；黑胫病以革新三号为抗病对照，金星 6007 为中抗对照，小黄金 1025 为感病对照，红花大金元为感病辅助对照；根结线虫病以感病品种长脖黄、中抗品种 K326 及抗病品种 NC95 为对照。抗性评价标准为抗病（R），病情指数 25 以下；中抗（MR），病情指数在 25.1～50；中感（MS），病情指数在 50.1～75；感病（S），病情指数 75 以上。

（七）原烟外观质量和内在品质

2018 年，红塔烟草（集团）有限责任公司技术中心对 YN01 的原烟外观质量评价结果（表 6 - 7 - 7）：原烟成熟度好，颜色多橘黄，色度强，叶片厚薄适中，结构疏松，综合外观质量较好。

表 6 - 7 - 7　YN01 的原烟外观质量评价表

样品来源	品种	等级	成熟度	颜色	叶片结构	油分	身份	色度	综合得分	总体评价
研和	YN01	中部	8	7	8	5	7	5	70	烟叶成熟度较好，颜色橘黄，结构疏松，油分稍有，身份中等，色度中，部分烟叶沙土率重
	YB87	中部	7	7	8	6	7	6	69.5	烟叶成熟度成熟，颜色浅橘黄至深橘黄，结构尚疏松至疏松，油分有，身份中等，色度强至中，多数烟叶叶面平滑、僵硬
九溪	YN01	中部	8	8	8	6	7	6	74	烟叶成熟度好，结构疏松，部分烟叶叶尖部分稍平滑，颜色橘黄，油分有，身份中等至稍薄，色度中偏强

（续）

样品来源	品种	等级	成熟度	颜色	叶片结构	油分	身份	色度	综合得分	总体评价
九溪	YB87	中部	7	7	7	6	7	6	67.5	成熟度差，少量叶片叶面挂灰，枝脉含青，颜色多柠檬黄，结构疏松至尚疏松，部分叶片叶面平滑，僵硬，油分有，身份中等，色度中偏强

2019 年，普洱 YN01 烟叶物理特性检测结果表明（表 6-7-8），在烤后烟叶大小方面，YN01 中部叶长度略大于云烟 87，上部叶长度小于云烟 87。YN01 单叶重小于云烟 87，含梗率高于云烟 87，叶面密度小于云烟 87，平衡含水率与云烟 87 差异不大。YN01 中部叶厚度与云烟 87 相当，上部叶厚度小于云烟 87，中部叶和上部叶填充值大于云烟 87，填充性好于云烟 87。

表 6-7-8　2019 年普洱 YN01 及云烟 87 主要物理特性

编号	叶长/cm	叶宽/cm	叶重/g	含梗率/%	厚度/μm	拉力/N	叶面密度/（g/m²）	填充值/（cm³/g）	平衡含水率/%
YN01 C3F	70.01	24.12	9.8	35.4	105.3	1.87	54.98	2.74	18.7
Y87 C3F	73.99	23.73	11.7	29.9	106.7	1.59	69.81	2.20	19.9
YN01 B2F	67.93	21.15	9.5	32.1	107.9	1.63	61.46	2.61	19.0
Y87 B2F	75.56	21.29	14.5	26.0	132.5	2.30	89.62	2.23	19.2

1. 适应性和栽培调制技术要点

综合多年试验结果，该品种适宜在温、湿度较高区域的中等肥力地块种植，株行距 1.1m×0.5m，亩栽 1 200 株左右，每亩需氮量 6～8kg，氮磷钾配比 1∶（1～1.5）∶（2.5～3），基追肥比例为 2∶8；移栽后及时浇施提苗肥，在移栽后 15d 浇施 1 次追肥，移栽后 25d 左右施完追肥。单株有效叶 22～23 片，足叶封顶。易感 TMV，在病毒病高发区慎重选择种植。

烟株打顶后 10d 左右进入成熟采收期，烟叶表现出分层成熟的特征。不同部位烟叶成熟的外观特征表现为下部叶叶色绿黄色，叶面 2/3 茸毛基本脱落，主脉变白，叶尖、叶缘稍下垂；中部叶叶色浅黄色，叶面 2/3 茸毛脱落，主脉全白发亮，支脉变白，叶尖、叶缘下卷；上部叶叶色淡黄色，叶面多皱褶，叶耳变黄，主脉乳白发亮，支脉全白，成熟斑明显，叶尖、叶缘发白下卷。采收原则：中、下部烟叶适熟采收，每次采收 2～3 片；上部烟叶 4～5 片充分成熟后，一次采收。

该品种在烘烤中变黄速度慢，而失水速度又快。在变黄期：低温保湿慢变黄，保持干球温度不超过 35℃、湿球温度不低于 34℃，确保叶尖（6cm）全部变黄；适当延长变黄期，保持干球温度 38℃、湿球温度 36℃，使烟叶变黄，达到青筋黄片；保持干球温度

41～42℃、湿球温度 36～37℃，使烟叶全部变黄、叶片发软凋萎，及时转火进入定色期。在定色期：保持湿球温度相对稳定升温定色，干球温度 45～47℃、湿球达 36～37℃烘烤，使低温层烟叶全部变黄、勾尖卷边、充分凋萎拖条，高温层烟叶支脉全部变黄、主脉褪青、叶干燥 1/2～2/3 后，将干球温度升到 52～54℃保持 12h 左右。在干筋期：以 1℃/h 的速度将干球温度升到 60～63℃、湿球温度升到 39℃，稳定此温湿度 8～12h；等低温层主脉干燥一半左右时，再以 1℃/h 的速度将干球温度升到 65～68℃、湿球温度升到 40～41℃，烤干全炉烟叶主脉。

2. 品种综合评价

该品系株形塔形，叶片长椭圆形，叶色绿，叶面皱，叶尖渐尖，叶耳中等，主脉略粗，茎叶角度中等，田间分层落黄明显。平均打顶株高 128.6cm，自然叶 29 片左右，有效叶 23 片左右，茎围 10.0cm，节距 4.7cm，腰叶长 70.1cm，腰叶宽 22.9cm。移栽至现蕾 65d 左右，大田生育期约 135d 左右。与云烟 87 相比，有效叶多 3～4 片，腰叶宽略低。SNP 芯片检测表明，YN01 与云烟 87 间 SNP 基因型位点一致率仅为 94.56%（168 623/178 325），表明 YN01 与云烟 87 之间差异较大。主要经济性状接近云烟 87。抗南方根结线虫病 1 号和 3 号小种，中抗黑胫病 0 号小种，感 TMV 和 PVY。原烟成熟度好，颜色多橘黄，色度强，正反面色差小，叶片厚薄适中，结构疏松，综合外观质量较好。YN01 平均总糖含量 24.6%，还原糖含量 21.3%，烟碱含量 3.26%，总氮含量 2.17%，钾含量 2.29%，氯含量 0.13%。同等条件下，糖含量云烟 87 低，总氮、烟碱和钾含量比云烟 87 高，中部叶烟碱含量较云烟 87 高 40%左右。在主要物理特性指标方面，YN01 含梗率比云烟 87 高，填充值比云烟 87 大，中部叶厚度与云烟 87 相当，上部叶厚度比云烟 87 薄，其他指标与云烟 87 差异不明显。该品系适宜在温、湿度较高区域的中等肥力地块种植。烟叶烘烤过程中变黄慢、失水快，烘烤特性与红花大金元接近。该品种主要特点：①同等种植条件下，烟碱含量较对照提高 40%左右；②各部位初烤烟叶厚薄适中、组织结构疏松，色度优于云烟 87，综合外观质量好；③填充性好；④适宜在温、湿度较高区域种植，病毒病高发区域慎重选择种植。

（八）YN01 的特征照片

YN01 的特征照片见图 6-7-6 至图 6-7-8。

图 6-7-6　YN01 在 2018 年（左）和 2019 年（右）的中部叶初烤烟叶

图 6-7-7　YN01 的田间单株（左）、叶片（右上）及花序（右下）

图 6-7-8　YN01 大田种植照片

第七章　烟碱代谢调控模型构建与育种应用研究总结

　　烟碱是一类重要的天然生物碱，也是烟草中的关键活性成分，对烟草的商品价值起着决定作用。随着烟草产业的多元发展，对烟叶烟碱含量的要求逐渐提高。在传统烟草产品开发方面，因产品品质提升的需求，对烟叶烟碱含量的要求日趋苛刻；在添加烟碱提取物的新型烟草产品领域，为降低烟碱的提取成本，需要使用高烟碱烟草原料；在烟草多用途开发利用和世界卫生组织（WHO）建议的非成瘾烟草开发方面，对超低烟碱烟草的创制提出了硬性指标。然而，以现有资源和技术培育的常规栽培烟草难以达到上述烟碱含量要求，无法满足因新兴产业发展和国际市场变化而产生的烟草原料需求，亟须加强相关基础理论和应用技术研究。

　　烟草的烟碱代谢调控研究始于 20 世纪上半叶，然而，由于烟碱代谢调控模块的复杂性，相关基础理论研究工作长期迟滞不前，严重影响了烟草的烟碱含量性状育种技术进步，使得常规栽培烟草的烟碱含量至今仍在 0.6%～3.0%。究其原因，是前期的研究基础积累不够、研究方法不系统、技术创新不足，因此烟碱代谢调控的基础理论和应用技术无法取得突破。从基础研究出发，突破烟碱代谢调控的基础理论和应用技术，不仅具有重要的应用价值，也有极大的科学意义。

　　针对烟草的烟碱含量性状，以烟碱合成限速酶腐胺甲基转移酶 PMT 的调控研究为切入点，完成了覆盖 *PMT* 基因核心调控模块 GAG 中全部分子开关元件（即顺式作用元件）的调控因子鉴定，通过相关调控因子的作用机制和分子调控网络研究，构建了当前最完整的烟碱代谢调控分子开关理论模型，并在此基础上开展了烟碱代谢关联标记的挖掘及烟碱含量性状育种的实践，打通了从基础理论到育种应用的关键环节，选育了包括超低烟碱烤烟（烟碱含量 0.08%±0.04%）和低焦碱比、高烟碱烤烟在内的数个突破性烟碱含量性状新品系，为传统卷烟升级和新型烟草产品开发提供了原料支撑。所选育的超低烟碱烟草为应对欧美市场近几年大力推动的超低烟碱卷烟开发提供了关键原料，也为烟草的多用途开发利用提供了材料基础，对提升我国烟草行业的国际竞争力具有重要价值。同时，相关工作为打破烟草烟碱含量性状育种技术瓶颈提供了重要理论基础和应用参考。

第一节 相关工作的主要研究结果

一、烟碱代谢调控因子鉴定与作用机制研究

（一）bHLH 类烟碱代谢调控因子鉴定与功能研究

1. 白肋烟 NtMYC2a/b/c 的基因克隆与烟碱代谢调控功能研究

通过基因信息学方法系统鉴定了白肋烟的 bHLH 类转录因子，分析了相关基因的生物进化关系。通过茉莉酸诱导的基因表达特性分析，鉴定了与烟碱合成基因表达模式相似的 bHLH 类转录因子 NtMYC2a/b/c。由于 NtMYC2b 与 NtMYC2c 的编码序列相同，本研究以 NtMYC2a/b 为主要目标进行了基因功能研究。基因表达研究还发现，*NtMYC2a/b* 受到茉莉酸的诱导表达，而且其基因表达模式与烟碱合成关键基因 *PMT* 的表达存在极大关联性，显示其在烟碱代谢表达中的调控作用。

NtMYC2a/b 蛋白与 GAG 片段的体外互作试验证明，NtMYC2a/b 可以特异结合 GAG 调控区的 G‑box。体内瞬时转录激活试验也证明，NtMYC2a/b 可以特异结合 GAG 调控区的 G‑box，并激活其操纵的 *GUS* 报告基因表达。同时，还通过染色质免疫共沉淀试验（ChIP）证明，NtMYC2a/b 可以特异结合 *PMT* 基因启动子的 GAG 调控区段。BY2 细胞的 *NtMYC2a/b* 过表达和基因沉默试验证明，沉默 *NtMYC2a/b* 可以显著降低烟碱合成相关基因 *PMT*、*ODC*、*A622* 等的表达水平，并降低烟碱合成水平。此外，研究还证明 MYC2a/b 是核定位转录调控因子，并能与茉莉酸信号途径上游的 NtJAZ1 蛋白相互作用参与茉莉酸信号途径介导的烟碱代谢。

2. 栽培烟草 MYC2a/b 的基因克隆与烟碱代谢调控功能研究

利用烟碱合成途径重要结构基因 *NtQPT2* 的启动子序列构建了诱饵载体（Bait），通过酵母单杂交筛选试验和 RACE 克隆技术，获得了全长 *NtMYC2a*、*NtMYC2b* 基因。过表达 *NtMYC2a* 和 *NtMYC2b* 可显著提高温室种植烟草的叶片烟碱含量，其中，过表达 *NtMYC2a* 的 T1 代烟草的叶片烟碱含量增加 134％，过表达 *NtMYC2b* 的 T1 代烟草的叶片烟碱含量增加 35％。在大田试验中，过表达 *NtMYC2a* 的 T2 代和 T3 代烟草的叶片烟碱含量分别增加 76％和 58％，过表达 *NtMYC2b* 烟草的叶片烟碱含量无显著变化。基因编辑敲除 *NtMYC2a* 可显著降低烟叶烟碱含量（约 80％），敲除 *NtMYC2b* 对烟叶的烟碱含量无影响明显。基因表达分析显示，敲除 *NtMYC2a* 引起烟碱合成途径基因的表达水平下降。以上数据表明，NtMYC2a 是烟碱合成的正向调控因子。研究还发现，过表达 *NtMYC2a* 对烟草根系中的烟碱合成途径基因表达水平有一定抑制作用，显示烟碱对自身的合成具有反馈调节作用。

（二）ERF 类烟碱代谢调控因子鉴定与功能研究

1. BY2 细胞 NtERF32 的基因克隆与烟碱代谢调控功能研究

在系统解构烟碱合成关键酶基因 *PMT* 启动子 GAG 调控区各顺式元件作用机制的基础上，构建了 GAG 调控区的酵母单杂交报告子和烟草 BY2 细胞的 cDNA 表达文库，通过酵母单杂交试验分离了结合 GAG 调控区的 ERF 类调控因子 NtERF1、NtERF32 和 NtERF121。基因诱导表达分析表明，茉莉酸处理可快速诱导 NtERF1、NtERF32 和

NtERF121 的表达，其诱导表达特性与烟碱合成相关基因的表达存在关联。这些 ERF 类蛋白与 GAG 片段的体外互作试验证明，调控因子 NtERF1、NtERF32 和 NtERF121 都可以特异结合 GAG 调控区的 GCC - box 元件。

进一步研究证明，NtERF32 是核定位转录调控因子。BY2 细胞的转基因分析证明，*NtERF32* 基因的过表达增加了体内 *PMT* 基因的表达水平，并提高了总生物碱含量；而 RNAi 介导的 *NtERF31* 基因沉默则降低了烟碱合成途径中多个基因的表达水平（包括 *PMT* 和 *QPT2* 等），并降低了 BY2 细胞的烟碱和总生物碱水平。研究结果表明，NtERF32 和相关 ERF 基因是烟草 BY2 细胞中烟碱和总生物碱合成的重要调控因子。

2. 烟草烟碱代谢调控因子的酵母表面展示系统筛选

与筛选 DNA 结合蛋白常用的酵母单杂交系统相比，酵母表面展示系统将外源蛋白展示在细胞表面，可通过接近体外试验的方法筛选 DNA 结合蛋白，能在一定程度上避免酵母内源干扰，但该系统在 DNA 结合蛋白筛选研究中的应用非常有限。本研究对酵母表面展示系统常用载体 pYD1 进行了改造，使其与 Clontech 公司的 Smart cDNA 文库构建系统相匹配，提高了 cDNA 酵母表面展示文库的构建效率，并通过比较试验建立了一个以酵母表面展示系统筛选 DNA 结合蛋白的试验体系。在以酵母单杂交筛选烟草腐胺甲基转移酶基因 *PMT* 启动子结合蛋白的研究中，其茉莉酸信号应答元件 GAG 片段是一段筛选效率极低的 DNA 片段。本研究利用改进的酵母表面展示系统对 GAG 片段的 DNA 结合蛋白进行了筛选，并获得若干烟草蛋白基因，其中包括 2 个可能结合 GAG 片段的 ERF 类转录因子 ERF71 和 ERF72。进一步研究发现，ERF71 和 ERF72 可与 GAG 片段在体外结合，但不能在酵母单杂交系统中激活由 GAG 片段操纵的报告基因表达。本研究证明酵母表面展示系统可有效克服酵母内源干扰，弥补酵母单杂交系统在筛选易受酵母内源干扰的 DNA 结合蛋白方面的不足，为特殊烟碱代谢调控因子鉴定提供了新方法。

（三）MYB 类烟碱代谢调控因子鉴定与功能研究

在烟碱代谢调控因子鉴定方面，尽管前人做过多种尝试，但结合 *PMT* 基因启动子 GAG 调控区 AT - rich 元件的调控因子长期未得到鉴定。本研究培育了一系列过表达茉莉酸途径调控因子的转基因材料，对可能参与烟碱代谢的调控基因在表达水平上进行富集，然后用相关材料的 cDNA 构建了酵母表达文库，并用于烟碱代谢调控因子的筛选鉴定。

通过酵母单杂交筛选试验发现，转录因子 NtMYB305a 是 *NtPMT1a* 启动子 GAG 调控区段的结合蛋白。NtMYB305a 是细胞核定位的转录因子，可在烟草的根、茎、叶等组织中表达，并受到茉莉酸和打顶处理调控。凝胶迁移阻滞试验（EMSA）证明，Nt-MYB305a 能在体外以不依赖 G/C 碱基的方式与 GAG 调控区的 AT - rich 元件结合。染色质免疫共沉淀试验（ChIP - qPCR）和体内转录激活试验进一步证明，NtMYB305a 可在体内与 GAG 调控区的 AT - rich 元件结合。

利用转基因烟草植株进行的研究表明，过表达 *NtMYB305a* 使打顶前的叶片烟碱含量上升了 54%，打顶后的烟碱叶片含量上升了约 35%；沉默 *NtMYB305a* 使打顶前的叶片烟碱含量下降了 53% 左右，打顶后的叶片烟碱含量下降了 46%。同时，改变 *NtMYB305a* 的表达还改变了烟草中 *NtPMT*、*NtODC*、*NtADC*、*NtQPT*、*NtA622* 及 *NtBBL* 等烟碱合成功能基因的表达水平。

本研究首次发现 MYB 类调控因子可与烟碱代谢功能基因启动子中 AT‐rich 元件的相互作用，为丰富烟碱合成的分子调控网络奠定了基础。

二、GAG 模块的上游调控因子鉴定与烟碱代谢分子开关模型构建

（一）GAG 调控模块的上游调控因子鉴定与作用机制研究

1. 磷酸激酶调控因子 NtPP2C2b、NtMPK4 及 NtMPKK2a 的基因克隆与功能研究

通过组学数据分析，获得了参与烟碱合成调控的磷酸激酶基因 *NtMPK4*、磷酸酶基因 *NtPP2C2b* 和磷酸激酶激酶基因 *NtMPKK2a*。研究表明，*NtMPK4* 和 *NtPP2C2b* 主要在烟株根部表达，并受茉莉酸的诱导；过表达 *NtMPK4* 增加了烟草毛状根中的烟碱合成及烟碱合成相关基因的表达，而过表达 *NtPP2C2b* 降低了烟草毛状根及植株中的烟碱合成及烟碱合成相关基因表达。以上结果表明，NtMPK4 是烟碱合成正调控因子，Nt-PP2C2b 是烟碱合成的负调控因子。进一步研究发现，NtMPK4 通过 NtERF221 的作用正调控 *QPT* 基因表达，而 NtPP2C2b 通过 NtERF221 的作用负调控 *QPT* 基因表达。过表达 *NtMPKK2a* 可增加烟草毛状根中的烟碱合成，抑制 *NtMPKK2a* 的表达则降低烟草毛状根中的烟碱合成，表明 *NtMPKK2a* 在烟碱合成中发挥正向调控作用。

蛋白互作试验表明，NtMPK4 可与 NtPP2C2b 相互作用，并能够被 NtPP2C2b 去磷酸化；NtMPKK2a 可与 NtMPK4 互作，并增强 ERF221 对 *PMT* 基因的调控功能。

2. NtAIDP1 的基因克隆与功能鉴定

本研究利用酵母双杂交技术获得一个与茉莉酸信号途径调控因子 NtJAZ1 互作的蛋白因子 NtAIDP1，并通过 Pull‐down、酵母双杂交及 LCI 技术进一步验证了 NtJAZ1 与 NtAIDP1 相互作用。NtAIDP1 还与 NtJAZ1 之外的其他 JAZ 家族蛋白相互作用，例如 NtJAZ2b、NtJAZ2b2、NtJAZ5、NtJAZ7、NtJAZ11、NtJAZ12 等。NtAIDP1 与茉莉酸信号途径调控蛋白 NtNINJA 之间也存在相互作用。EMSA 及 ChIP‐qPCR 试验显示，NtAIDP1 可与 *NtPMT1a* 启动子的 GAG 调控区相结合。基因表达分析显示，NtAIDP1 与 NtMYC2a 拮抗调控烟碱合成基因 *PMT* 的表达。

（二）基于上述研究结论的烟碱代谢分子开关调控模型构建

以烟碱代谢限速酶基因 *PMT* 的表达调控为切入点，系统鉴定了 *PMT* 基因启动子核心调控区 GAG 中三个顺式作用元件的结合因子，研究了各调控因子的烟碱代谢调控功能和作用机制，初步分析了各调控因子对烟碱代谢的协同调控功能，在国际上首次完成了覆盖 GAG 调控区三个顺式作用元件的调控因子鉴定，为揭示烟草的烟碱代谢调控机制奠定了关键基础；通过功能基因组学研究方法和蛋白互作因子分离方法，对其他调控因子的烟碱代谢调控功能进行了研究，并分析了相关调控因子与 GAG 调控区结合因子及茉莉酸信号途径调控蛋白的互作机制，初步揭示了烟碱代谢的分子调控网络。图 7‐1‐1 所示为依据本研究上述结果构建的烟碱代谢分子调控模型，结合 GAG 调控区的关键调控因子，包括 bHLH、MYB 和 ERF 类转录调控因子，协同参与了烟碱代谢调控过程，bHLH 类调控因子 NtMYC2 可与茉莉酸信号途径调控蛋白 NtJAZ1 互作，其他调控因子 NtAIDP1、NtPP2C2b、NtMPK4、NtMPKK2a 等则通过 bHLH 类调控因子、ERF 类调控因子和 NtJAZ1 蛋白参与烟碱代谢调控过程。

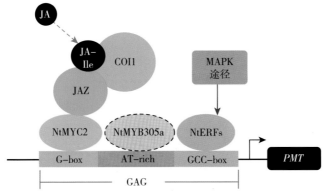

图 7-1-1　根据前期研究形成的烟碱代谢调控模型

三、分子调控模型指导下的烟碱含量性状育种

（一）烟碱代谢变异材料的筛选与鉴定

1. 盲蝽啮食辅助的烟碱代谢相关材料鉴定

在烟草中合成的烟碱和西柏烷类物质均是抗虫成分，而且其代谢过程均与茉莉酸信号途径的调控作用相关。在以野生型烟草和沉默茉莉酸受体蛋白基因 *NtCOI1* 烟草为材料的研究中，比较了蚜虫和盲蝽两种昆虫在烟草代谢变异材料鉴定中的差异。研究发现，由于蚜虫的繁殖和环境适应能力较强，且不善迁飞，以蚜虫进行烟草虫害抗性鉴定的误差较大，而盲蝽的迁飞能力和啮食能力较强，对寄主的选择特异性较好，在烟草虫害抗性鉴定方面具有很好的可靠性和稳定性。

该方法在表达 bHLH、MYB、ERF、bZIP 等茉莉酸途径调控因子材料的虫害抗性鉴定中发挥了极大作用，并为烟碱代谢基因富集文库构建及基于富集文库的烟碱代谢调控因子鉴定做出了重要贡献。烟碱代谢调控因子 NtMYB305 便是从利用该方法鉴定的虫害抗性材料中发现的。该方法还为揭示烟碱代谢调控因子间的协同作用机制提供了帮助。

2. 茉莉酸敏感性辅助的烟碱代谢变异材料鉴定

在烟碱代谢调控机制研究基础上，本研究开发了一种高通量筛选烟碱代谢变异材料的新方法，即茉莉酸敏感性辅助的烟碱代谢变异材料筛选。首先在茉莉酸的选择压力下筛选萌发时间和根长与对照存在差异的烟碱代谢变异材料，并通过测定烟碱代谢变异材料在打顶前、后的烟碱含量，来筛选烟碱代谢变异材料；然后，筛选在三个遗传世代间保持茉莉酸敏感性和烟碱含量稳定的烟碱代谢变异材料。

使用该方法，在 3 000 份 T1 代烟草激活标签突变体库中筛出了 48 个萌发时间和根长发生茉莉酸敏感性变化的突变体材料。进一步筛选后，一共找到了 8 个烟碱含量异常的突变体材料，它们在三代内保持稳定的茉莉酸敏感性和烟碱含量。这些突变体材料可以分为两类，第一类的 5 个突变体材料在打顶前、后具有相同级别的烟碱含量，第二类的 3 个突变体在打顶前、后具有不同级别的烟碱含量。本研究还分析了上述突变体中烟碱合成相关基因的表达情况，并发现其烟碱含量与 NtMYC2 调控因子基因的表达水平存在关联。

3. 烟草的鲜叶烟碱检测体系开发

针对烟叶烟碱含量检测存在的工作量大、耗时较长等客观技术问题，本研究在原紫外分光光度法基础上，首次开发了一种可对鲜烟叶样品进行烟碱含量快速测定的方法，该方法通过因两次不同浓度盐酸溶液的连续提取所产生的提取体系平衡变化，破坏样品中大分子物质的溶解平衡，并通过高速离心将其从样品中去除，制备出稳定的烟碱测定样品，然后，通过分光光度法进行烟碱含量测定。该方法操作简便，对设备要求较低，日检测样品数量在数百个以上，极大地提高了烟草样品的烟碱含量检测效率，使烟碱代谢变异材料的烟碱含量批量、高效检测成为可能。由于该方法使用盐酸溶液进行鲜烟叶的烟碱提取，而且提取过程中需用等体积水进行一次稀释以打破提取液中大分子物质的溶解平衡，所以将其命名为"酸提倍释"法。该方法对提高烟草材料田间选育过程的烟碱检测效率具有重要应用价值。

（二）烟碱代谢关联标记的挖掘与梯度烟碱含量材料的创制

1. 烟碱代谢关联标记的挖掘与应用研究

烟草的烟碱和其他生物碱的合成受到两个非连锁半显性基因座 A（*NIC1*）和 B（*NIC2*）控制，其中一个或两个基因座的突变可导致低烟碱表型，并改变烟草的环境应答反应。研究发现，碱性几丁质酶基因 *PR3b* 的转录本在低烟碱烟草白肋 21 的 *nic1*、*nic2* 及 *nic1nic2* 突变体中存在转录后 mRNA 可变剪切现象，该剪切导致 *PR3b* 基因编码区的 65 个核苷酸缺失，引起 PR3b 编码蛋白的移码突变，并显著降低了 PR3b 碱性几丁质酶的催化活性。转录分析表明，低烟碱突变体中 *PR3b* 的剪接模式受到茉莉酸和乙烯的差异调节。通过进一步研究，鉴定了 *PR3b* 编码区的可变剪切元件 NRSE1，该元件与 *GUS* 在烟草中融合表达后仍能在低烟碱突变体 *nic1* 和 *nic2* 中发生高水平可变剪切，其在烟草中的可变剪切不依赖 *PR3b* 的其他 mRNA 区段，是烟草 *PR3b* 发生可变剪切的独立元件。

本研究鉴定了新的烟碱代谢关联标记，为烟碱代谢材料的选育提供了参考，并为解析烟碱代谢变异的生物作用机制提供了重要信息。

2. 分子育种辅助的低烟碱烟草材料创制

编者所在研究团队前期在低烟碱烟草（*nic1nic2*）与烤烟品种 K326 的杂交分离群体中发现了一个超低烟碱自然变异单株。本研究以该超低烟碱单株的纯合后代为供体，通过与烤烟品种 K326 的杂交创制了低烟碱烟草分离群体，结合烟碱含量检测和分子标记辅助选择，选育了烟碱含量分别为 0.05%、0.1%、0.2%、0.3%、0.5% 和 1.0% 的低烟碱烟草谱系材料，并对低烟碱谱系材料的烟碱含量累积特性和标记基因表达水平进行了比较分析。同时，对低烟碱烟草谱系材料叶片的其他成分进行了检测，测定结果表明其蛋白质含量约 13.0%，总糖含量约 22.0%，叶片中的功能成分西柏三烯二醇和绿原酸的含量均在 1.50% 左右。本研究为低烟碱烟草材料的分子选育和育种应用提供了重要参考。

（三）烟碱含量性状新品系选育及工业评价

1. 超低烟碱烤烟新品系创制

在挖掘烟碱代谢调控基因过程中，创制了一系列自然杂交分离群体，并从中发现了一株超低烟碱自然变异单株。以该材料的纯合后代为供体，以烤烟品种 K326 为轮回亲本，通过杂交和自交获得 F2 分离群体，对 F2 分离群体进行了烟碱含量、分子标记等筛选鉴定，获得 F2 超低烟碱株系 4 个；随后，通过一轮回交和自交获得 BC1F2 分离群体，对 BC1F2 分离群体进行了烟碱含量、分子标记等筛选鉴定，获得 BC1F2 超低烟碱株系 5 个；2018 年，将获得的 BC1F2 超低烟碱株系与烤烟品种 K326 进行二轮回交和自交，对

BC2F2 分离群体进行了烟碱含量、分子标记、感官评价等鉴定，获得 BC2F2 超低烟碱株系 6 个；2019—2021 年，用系谱法进行连续四代自交选育，通过分子标记辅助选择、病害抗性鉴定、GC‑MS 成分检测、感官质量评价等系列方法，对 BC2F3～BC2F6 代分离群体进行了鉴定，获得稳定遗传的超低烟碱品系 CD01。该品系的叶片烟碱含量为 0.08% ±0.04%，田间落黄和烘烤特性较好，叶片色度均匀，结构疏松柔软，原烟评吸呈香气细腻优雅，香气量较足且香韵丰富的特点；对黑胫病、青枯病、普通花叶病、黄瓜花叶病、赤星病等病害的抗性较好。

2. 低焦碱比、高烟碱烤烟新品系创制

烤烟新品系 YN01 是在烟碱代谢调控机制研究基础上，从云烟 87 突变体库中选育的高烟碱烤烟新品系。于 2013 年构建了云烟 87 突变体库，从约 2 000 份 M2 代植株中进行了烟碱合成负调控基因 *NtJAZ1* 的突变体材料筛选，共获得 12 份 *NtJAZ1* 基因突变材料，并在 2014—2015 年对获得的突变体材料进行了盆栽筛选，获得了烟碱含量提高的突变材料。2015—2017 年，经过连续自交获得烟碱含量得到提高且田间表现稳定的烤烟新品系。2018 年和 2019 年，在云南玉溪、昆明、普洱和临沧进行了品系区域试验，2020 年，在德宏、曲靖、普洱和临沧进行了小面积生产试验，2018 年通过由国家烟草专卖局科技司和中国烟叶公司组织的田间鉴评，2020 年通过农业评审。YN01 中部初烤烟叶烟碱含量较对照提高约 40%，其烟叶制备的单体烟烟气烟碱含量显著上升，烟气烟碱/焦油比较对照提高约 30%。

第二节　相关研究的技术和方法创新

一、基于功能组和多元文库的烟碱代谢调控因子鉴定

功能基因组学鉴定。功能基因组学是通过先获取基因再进行功能研究的基因功能反向遗传学研究方法。通过烟草的基因组数据检索和分子进化分析，系统梳理了烟草的 bHLH 和 ERF 家族调控因子，并通过功能基因组学研究方法，鉴定了 9 个结合 *PMT* 基因启动子 GAG 调控区两端 G-box 和 GCC-box 的 bHLH 和 ERF 家族调控因子，并证明了相关调控因子对烟碱代谢的调控功能。

酵母表面展示文库筛选。酵母表面展示文库可以将表达的文库蛋白置于酵母细胞表面展示，进行体外筛选试验。在筛选结合 *PMT* 基因启动子 GAG 调控区的调控因子过程中，构建了烟草的 cDNA 酵母表面展示文库，以标记的 GAG 调控区片段为探针，通过酵母与标记探针的体外结合试验，筛选了带有 GAG 结合蛋白的酵母克隆，并分离了对应基因。通过该方法，鉴定了 2 个结合 GAG 调控区 GCC-box 元件的 ERF 家族调控因子。

基因富集文库鉴定。尽管有过多种尝试，但结合 *PMT* 基因启动子 GAG 调控区 AT-rich 元件的调控因子长期未得到鉴定。一方面是因为结合 AT-rich 元件的候选调控因子类型不明确，很难通过功能基因组学方法进行反向遗传学方法验证，另一方面推测是因为目的基因表达水平较低，导致目标基因在筛选文库中的丰度不足，无法通过酵母文库的体内（酵母单杂交）和体外（酵母表面展示文库筛选）试验得到鉴定。

本研究培育了一系列过表达茉莉酸途径调控因子的转基因材料，对可能参与烟碱代谢

的调控基因在表达水平上进行富集，然后用相关材料的 cDNA 构建酵母文库，进行烟碱代谢调控因子的筛选鉴定。在研究中发现，可从过表达 NtMYB305 转基因材料的酵母中分离到结合 GAG 的蛋白，并最终证明 NtMYB305 是 GAG 调控区 AT-rich 元件结合因子。这是首次发现 MYB 类调控因子可与烟碱代谢功能基因启动子中 AT-rich 元件相互作用，并完成了覆盖 GAG 调控区三个顺式作用元件的调控因子鉴定，为揭示烟碱代谢调控机制提供了关键支撑。

二、基于昆虫啮食和鲜烟快检的烟碱代谢变异材料筛选

高通量的烟碱代谢突变体筛选方法是实现目标烟碱含量性状材料鉴定和关联功能基因分离的重要手段。在鉴定烟碱含量性状突变体过程中，首次建立了基于盲蝽（一种昆虫）啮食的烟碱代谢变异材料筛选方法，完成了多个烟碱含量性状变异材料的筛选鉴定。Nt-MYB305 参与烟碱代谢调控的功能便是在利用盲蝽啮食方法鉴定的转基因材料中发现的，同时，还发现了若干与盲蝽啮食相关的其他烟碱代谢材料。此外，首次开发了基于"酸提倍释法"的鲜烟叶烟碱快速检测方法，通过鲜烟叶的烟碱快速检测，完成了大量烟碱代谢变异材料及育种群体单株的烟碱含量检测。

三、基于多重蛋白互作的烟碱代谢分子调控模型构建

在构建烟碱代谢调控模型过程中，进行了大量与蛋白互作相关的研究工作。在这些方法中，酵母双杂交技术是在酵母细胞内检测蛋白间相互作用，既可获得目标蛋白的互作因子，也可用于研究蛋白间的相互作用；BiFC（双分子荧光互补）技术将两个目标蛋白分别与荧光蛋白的两段进行融合，当目标蛋白在植物体内相互作用时，会将荧光蛋白的两段连到一起并发出荧光。本研究利用上述方法，完成了 NtMYC2、NtAIDP1 与 NtJAZ1 的蛋白互作分析，在烟碱代谢分子调控模型构建中发挥了关键作用。

第三节　相关工作取得的重要研究进展

烟碱是自然界中较为重要的一类生物碱，也是烟草中的关键活性成分，突破烟碱代谢调控的基础理论和应用技术，不仅具有重要的应用价值，也有极大的科学意义。针对烟草的烟碱含量性状，本研究从基础理论出发，以烟碱合成限速酶的分子开关调控模块为切入点，构建了当前最完整的烟碱代谢调控分子开关理论模型，并在此基础上打破了烟碱含量性状育种的技术瓶颈，选育了具有突破性的高、低烟碱含量新品系，为传统卷烟升级和新型烟草产品开发提供了关键原料支撑。

取得的重要科学发现包括以下三个方面。

第一，构建了系统的烟碱代谢调控因子筛选技术体系，首次完成了覆盖烟碱代谢限速酶基因核心调控模块中全部分子开关元件的调控因子鉴定。

以烟碱合成限速酶 PMT（腐胺甲基转移酶）的基因表达调控研究为切入点，综合利用功能基因组学、酵母表面展示技术和酵母单杂交基因富集文库筛选等多种调控因子筛选方法，建立了烟碱代谢调控因子筛选鉴定的集成技术，解决了依靠单一技术无法完成全种类烟碱代谢调控因子鉴定的科学难题；鉴定了覆盖 PMT 基因核心调控模块 GAG 中全部

分子开关元件（即顺式作用元件）的调控因子，包括结合 G-box 分子开关元件的 bHLH 类调控因子、结合 AT-rich 分子开关元件的 MYB 类调控因子、结合 GCC-box 分子开关元件的 ERF 类调控因子等，并在国际上首次证明 MYB 类转录因子为 GAG 调控模块的结合蛋白，为揭示烟草的烟碱代谢调控机制奠定了关键分子基础。

第二，系统研究了烟碱代谢关键调控因子的作用机制，解析了烟碱代谢调控的分子网络，构建了当前最完整的烟碱代谢调控分子开关理论模型。

研究了 bHLH 和 ERF 类调控因子家族成员与烟碱合成限速酶 PMT 基因核心调控模块 GAG 中的分子开关元件 G-box 和 GCC-box 的分子互作机制，并通过基因表达和烟碱合成调控功能研究，揭示了上述调控因子参与烟碱代谢调控的分子机制；首次发现并探明了 MYB 类调控因子 NtMYB305 与 GAG 调控模块中 AT－rich 分子开关元件的特异分子互作机制。研究了不同类型烟碱代谢调控因子在蛋白水平的相互作用，鉴定并研究了其上游调控蛋白参与烟碱代谢的作用机制，从基因表达调控和蛋白相互作用等层面阐释了烟碱代谢的分子调控网络；在国际上率先构建了覆盖 GAG 调控区全部分子开关元件的烟碱代谢分子调控理论模型。

第三，以烟碱代谢分子调控理论模型为指导，开展烟碱含量性状育种技术研究，创制了数个具有突破性的烟碱含量性状新品系，打通了从基础理论到育种应用的关键技术环节。

在烟碱代谢调控理论研究基础上，进行了近 10 个烟碱代谢调控基因的生物育种应用基础研究，并用于烟碱含量性状标记基因的挖掘实践；开发了多个新型烟碱含量性状分子标记，并创制了一系列烟碱含量性状变异材料，为烟碱含量性状育种提供了技术支撑；通过烟碱含量性状自然变异单株鉴定和分子辅助育种技术，选育了包括超低烟碱烤烟（烟碱含量 0.08%±0.04%）在内的数个具有突破性的烟碱含量性状新品系，并应用于行业的新产品开发应用研究。

相关研究论文被 *Trends in Plant Science*、*Current Opinion in Plant Biology* 等国际著名科学期刊多次引用，创制高烟碱品系 4 个，其中 1 个品系已经通过田间鉴评和农业评审，创制梯度低烟碱品系 5 个，其中 1 个超低烟碱烤烟品系已经通过田间鉴评，为减害产品开发和新型烟草产品开发提供了关键原料，并在国内外产生了重要的学术影响。

参 考 文 献

蔡长春，张俊杰，黄文昌，等，2009. 利用 DH 群体分析白肋烟烟碱含量的遗传规律［J］. 中国烟草学报，15（4）：55-60.

陈红，牛海峡，王文静，等，2014. 酵母表面展示系统的改进及其在筛选烟草 *PMT* 基因启动子结合蛋白中的应用［J］. 作物学报，40：2081-2089.

付秋娟，杜咏梅，刘新民，等，2017. 超高效液相色谱法测定烟草西柏三烯二醇［J］. 中国烟草科学，38（3）：67-73.

黄丽佳，梁梦洁，吴双凤，等，2020. 高效液相色谱法测定新鲜烟叶中的多酚含量［J］. 昆明学院学报，42（3）：24-26.

解莉楠，宋凤艳，张旸，2015. CRISPR/Cas9 系统在植物基因组定点编辑中的研究进展［J］. 中国农业科学，48（9）：1669-1677.

廖名湘，方福德，2000. 酵母单杂交体系：一种研究 DNA-蛋白质相互作用的有效方法［J］. 中国医学科学院学报，22（4）：388-391.

刘强，张贵友，陈受宜，2000. 植物转录因子的结构与调控作用［J］. 科学通报，45（14）：1465-1474.

刘晓月，王文生，傅彬英，2011. 植物 bHLH 转录因子家族的功能研究进展［J］. 生物技术进展，1（6）：391-397.

吕凯，熊镇贵，朱凯，等，2011. 我国烤烟生产的历史回顾与探讨［J］. 昆明学院学报，33：48-52.

罗立新，吴琳，林影，2009. 酵母表面展示分选酶底物用于分选酶活性检测［J］. 微生物学报，49：1534-1539.

史宏志，杨惠娟，王俊，等，2018. 低/超低烟碱含量烟叶生产途径及对烟叶化学成分和质量的影响［J］. 中国烟草学报，24（5）：102-111.

万诚，刘仁祥，聂琼，等，2016. 不同烟草品种绿原酸含量变化研究［J］. 山地农业生物学报，35（2）：25-28.

王仁刚，蔡刘体，任学良，2011. 烟属起源与分子系统进化的研究进展［J］. 贵州农业科学，39（1）：1-8.

王威威，席飞虎，杨少峰，等，2016. 烟草烟碱合成代谢调控研究进展［J］. 亚热带农业研究，12（1）：62-67.

王维佳，李萌鑫，2020. 基因编辑技术在农业育种中的应用［J］. 安徽农业科学，48（3）：18-25.

闫新甫，孔劲松，罗安娜，等，2021. 近 20 年全国烤烟产区种植规模消长变化分析［J］. 中国烟草科学，42：92-101.

杨炳忻，2014. 香山科学会议第 491-495 次学术讨论会简述［J］. 中国基础科学，16（6）：14-19.

张洪博，2014. 烟草重要基因篇：3. 烟草烟碱合成代谢相关基因［J］. 中国烟草科学，35（3）：117-120.

张晓颖，2018. 烟草侧分生组织形成相关基因（*las*，*bl*，*rev*）的基因编辑及功能研究［D］. 重庆：西南大学.

赵雪，王锋，王文静，等，2020. 烟草 *PR3b* 转录后剪切元件 NRSE1 与 *GUS* 融合表达后的可变剪切 [J]. 中国农业科学，53：1524 - 1531.

朱欣潮，陈欢，胡香杰，等，2017. 成瘾剂量下烟碱对大鼠的毒性损伤 [J]. 烟草科技，50：62 - 68.

Ali MS, Baek KH, 2020. Jasmonic acid signaling pathway in response to abiotic stresses in plants [J]. International Journal of Molecular Sciences, 21 (2): 621.

An C, Sheng LP, Du XP, et al., 2019. Overexpression of *CmMYB15* provides chrysanthemum resistance to aphids by regulating the biosynthesis of lignin [J]. Horticulture Research, 6: 84.

An LJ, Zhou ZJ, Yan A, et al., 2011. Progress on trichome development regulated by phytohormone signaling [J]. Plant Signaling & Behavior, 6 (12): 1959 - 1962.

Anand U, Jacobo - Herrera N, Altemimi A, et al., 2019. A comprehensive review on medicinal plants as antimicrobial therapeutics: potential avenues of biocompatible drug discovery [J]. Metabolites, 9 (11): 258.

Andong FA, Okwuonu ES, Melefa TD, et al., 2021. The consequence of aqueous extract of tobacco leaves (*Nicotiana tabacum*. L) on feed intake, body mass, and hematological indices of male Wistar Rats fed under equal environmental conditions [J]. Journal of the American college of nutrition, 40 (5): 429 - 442.

Aoyama T, Chua NH, 1997. A glucocorticoid - mediated transcriptional induction system in transgenic plants [J]. Plant Journal, 11 (3): 605 - 612.

Asai T, Tena G, Plotnikova J, et al., 2002. MAP kinase signalling cascade in *Arabidopsis* innate immunity [J]. Nature, 415 (6875): 977 - 983.

Ashraf MA, Iqbal M, Rasheed R, et al., 2018. Environmental stress and secondary metabolites in plants: an overview [M] // Ahmad P, Ahanger MA, Singh VP, et al. Plant metabolites and regulation under environmental stress [M]. [S. I.]: Academic Press: 153 - 167.

Bailey PC, Martin C, Toledo - Ortiz G, et al., 2003. Update on the basic helix - loop - helix transcription factor gene family in *Arabidopsis thaliana* [J]. Plant Cell, 15 (11): 2497 - 2501.

Baldwin IT, 1988. The alkaloidal responses of wild tobacco to real and simulated herbivory [J]. Oecologia 77 (3): 378 - 381.

Baldwin IT, 1989. Mechanism of damage - induced alkaloid production in wild tobacco [J]. Journal of chemical ecology, 15 (5): 1661 - 1680.

Baldwin IT, 1998. Jasmonate - induced responses are costly but benefit plants under attack in native populations [J]. Proceedings of the National Academy of Sciences of the United States of America, 95 (14): 8113 - 8118.

Baldwin IT, 1999. Inducible nicotine production in native *Nicotiana* as an example of adaptive phenotypic plasticity [J]. Journal of chemical ecology, 25 (1): 3 - 30.

Baldwin IT, 2001. An ecologically motivated analysis of plant - herbivore interactions in native tobacco [J]. Plant Physiology, 127 (4): 1449 - 1458.

Baldwin IT, 2010. Plant volatiles [J]. Current Biology, 20 (9): R392 - R397.

Baldwin IT, Preston CA, 1999. The eco - physiological complexity of plant responses to insect herbivores [J]. Planta, 208 (2): 137 - 145.

Baldwin IT, Schmelz EA, Ohnmeiss TE, 1994. Wound - induced changes in root and shoot jasmonic acid pools correlate with induced nicotine synthesis in *Nicotiana sylvestris* spegazzini and comes [J]. Journal of chemical ecology, 20 (8): 2139 - 2157.

Baldwin IT, Schmelz EA, Zhang ZP, 1996. Effects of octadecanoid metabolites and inhibitors on induced nicotine accumulation in *Nicotiana sylvestris* [J]. Journal of chemical ecology, 22 (1): 61 - 74.

Baldwin IT, Zhang ZP, Diab N, et al., 1997. Quantification, correlations and manipulations of wound - induced changes in jasmonic acid and nicotine in *Nicotiana sylvestris* [J]. Planta, 201 (4): 397 - 404.

Barreto GE, Iarkov A, Moran VE, 2015. Beneficial effects of nicotine, cotinine and its metabolites as potential agents for Parkinson's disease [J]. Frontiers in Aging Neuroscience, 6: 340.

Becerra GP, Rojas - Rodríguez F, Ramírez D, et al., 2020. Structural and functional computational analysis of nicotine analogs as potential neuroprotective compounds in Parkinson disease [J]. Computational Biology and Chemistry, 86: 107266.

Bennett RN, Wallsgrove RM, 1994. Secondary metabolites in plant defence mechanisms [J]. The New phytologist, 127 (4): 617 - 633.

Bhaya D, Davison M, Barrangou R, 2011. CRISPR - Cas systems in bacteria and archaea: versatile small RNAs for adaptive defense and regulation [J]. Annual Review of Genetics, 45: 273 - 297.

Bian S, Sui X, Wang J, et al., 2022. NtMYB305a binds to the jasmonate - responsive GAG region of *Nt-PMT1a* promoter to regulate nicotine biosynthesis [J]. Plant Physiology, 188: 151 - 166.

Bidlingmaier S, Wang Y, Liu Y, et al., 2011. Comprehensive analysis of yeast surface displayed cDNA library selection outputs by exon microarray to identify novel protein - ligand interactions [J]. Molecular & Cellular Proteomics, 10 (3): M110. 005116.

Bigeard J, Hirt H, 2018. Nuclear signaling of plant MAPKs [J]. Frontiers in Plant Science, 9: 469.

Birkenbihl RP, Diezel C, Somssich IE, 2012. *Arabidopsis WRKY33* is a key transcriptional regulator of hormonal and metabolic responses toward botrytis cinerea infection [J]. Plant Physiology, 159 (1): 266 - 285.

Black DL, 2003. Mechanisms of alternative pre - messenger RNA splicing [J]. Annual Review of Biochemistry, 72: 291 - 336.

Boder ET, Raeeszadeh - Sarmazdeh M, Price JV, 2012. Engineering antibodies by yeast display [J]. Archives of Biochemistry and Biophysics, 526 (2): 99 - 106.

Boller T, Felix G, 2009. A renaissance of elicitors: perception of microbe - associated molecular patterns and danger signals by pattern - recognition receptors [J]. Annual Review of Plant Biology, 60: 379 - 406.

Bombarely A, Edwards KD, Sanchez - Tamburrino J, et al., 2012. Deciphering the complex leaf transcriptome of the allotetraploid species *Nicotiana tabacum*: a phylogenomic perspective [J]. BMC Genomics, 13: 406.

Borevitz JO, Xia YJ, Blount J, et al., 2000. Activation tagging identifies a conserved MYB regulator of phenylpropanoid biosynthesis [J]. Plant Cell, 12 (12): 2383 - 2393.

Borghi L, 2010. Inducible gene expression systems for plants [J]. Methods in Molecular Biology, 655: 65 - 75.

Bortolotti C, Cordeiro A, Alcazar R, et al., 2004. Localization of arginine decarboxylase in tobacco plants [J]. Physiologia Plantarum, 120: 84 - 92.

Boter M, Ruiz - Rivero O, Abdeen A, et al., 2004. Conserved MYC transcription factors play a key role in jasmonate signaling both in tomato and *Arabidopsis* [J]. Genes & Development, 18 (13): 1577 - 1591.

Boulikas T, 1994. Putative nuclear localization signals (NLS) in protein transcription factors [J]. Journal of cellular biochemistry, 55 (1): 32 - 58.

Bourgaud F, Gravot A, Milesi S, et al., 2001. Production of plant secondary metabolites: a historical perspective [J]. Plant Science, 161 (5): 839 - 851.

Bozorov TA, Dinh ST, Baldwin IT, 2017. JA but not JA - Ile is the cell - nonautonomous signal activating

JA mediated systemic defenses to herbivory in *Nicotiana attenuata* [J] . Journal of Integrative Plant Bi-
ology, 59 (8): 552 – 571.

Bratkovic T, 2010. Progress in phage display: evolution of the technique and its applications [J] . Cellular
and Molecular Life Sciences, 67 (5): 749 – 767.

Brivanlou AH, Darnell JE, 2002. Transcription – Signal transduction and the control of gene expression
[J] . Science, 295 (5556): 813 – 818.

Brotman Y, Landau U, Pnini S, et al. , 2012. The LysM receptor – like kinase LysM RLK1 is required to
activate defense and abiotic – stress responses induced by overexpression of fungal chitinases in *Arabidop-
sis* plants [J] . Molecular Plant, 5 (5): 1113 – 1124.

Browse J, 2009. Jasmonate passes muster: a receptor and targets for the defense hormone [J] . Annual
Review of Plant Biology, 60: 183 – 205.

Bruckner K, Tissier A, 2013. High – level diterpene production by transient expression in *Nicotiana* [J].
Plant Methods, 9 (1): 46.

Burk LG, Jeffrey RN, 1958. A study of the inheritance of alkaloid quality in tobacco [J] . Tobacco Sci-
ence, 2: 139 – 141.

Burtin D, Michael AJ, 1997. Overexpression of arginine decarboxylase in transgenic plants [J]. Biochemi-
cal Journal, 325 (2): 331 – 337.

Camacho C, Coulouris G, Avagyan V, et al. , 2009. BLAST plus : architecture and applications [J].
BMC Bioinformatics, 10: 421.

Campos ML, De Almeida M, Rossi ML, et al. , 2009. Brassinosteroids interact negatively with jas-
monates in the formation of anti – herbivory traits in tomato [J] . Journal of Experimental Botany, 60
(15): 4346 – 4360.

Campos – Martin JM, Blanco – Brieva G, Fierro JLG, 2006. Hydrogen peroxide synthesis: An outlook beyond
the anthraquinone process [J] . Angewandte Chemie – International Edition, 45 (42): 6962 – 6984.

Camps M, Nichols A, Arkinstall S, 2000. Dual specificity phosphatases: a gene family for control of MAP
kinase function [J] . Faseb Journal, 14 (1): 6 – 16.

Cane KA, Mayer M, Lidgett AJ, et al. , 2005. Molecular analysis of alkaloid metabolism in AABB v. aabb
genotype *Nicotiana tabacum* in response to wounding of aerial tissues and methyl jasmonate treatment of
cultured roots [J] . Functional Plant Biology, 32 (4): 305 – 320.

Cao YP, Li K, Li YL, et al. , 2020. MYB transcription factors as regulators of secondary metabolism in
plants [J] . Biology – Basel, 9 (3): 61.

Cardenas PD, Sonawane PD, Pollier J, et al. , 2016. GAME9 regulates the biosynthesis of steroidal alka-
loids and upstream isoprenoids in the plant mevalonate pathway [J] . Nature Communications,
7: 10654.

Chakravarthy S, Tuori RP, D'Ascenzo MD, et al. , 2003. The tomato transcription factor Pti4 regulates
defense – related gene expression via GCC box and non – GCC box cis elements [J] . Plant Cell, 15
(12): 3033 – 3050.

Chaowuttikul C, Palanuvej C, Ruangrungsi N, 2017. Pharmacognostic specification, chlorogenic acid con-
tent, and in vitro antioxidant activities of Lonicera japonica flowering bud [J] . Pharmacognosy Re-
search, 9 (2): 128.

Chapman JM, Muhlemann JK, Gayornba SR, et al. , 2019. RBOH – dependent ROS synthesis and ROS
scavenging by plant specialized metabolites To modulate plant development and stress responses [J].
Chemical Research in Toxicology, 32 (3): 370 – 396.

Chattopadhyay MK，Ghosh B，1998. Molecular analysis of polyamine biosynthesis in higher plants [J]. Current Science，74 (6)：517 - 522.

Chen PY，Wang CK，Soong SC，et al.，2003. Complete sequence of the binary vector *pBI121* and its application in cloning T - DNA insertion from transgenic plants [J]. Molecular Breeding，11 (4)：287 - 293.

Chen Q，Tang HR，Dong XL，et al.，2009. Progress in the study of plant MYB transcription factors [J]. Genomics and Applied Biology，28 (2)：365 - 372.

Cheng ZW，Sun L，Qi TC，et al.，2011. The bHLH transcription factor MYC3 interacts with the jasmonate ZIM - Domain proteins to mediate jasmonate response in *Arabidopsis* [J]. Molecular Plant，4 (2)：279 - 288.

Chico JM，Chini A，Fonseca S，et al.，2008. JAZ repressors set the rhythm in jasmonate signaling [J]. Current Opinion in Plant Biology，11 (5)：486 - 494.

Chini A，Fonseca S，Fernandez G，et al.，2007. The JAZ family of repressors is the missing link in jasmonate signalling [J]. Nature，448 (7154)：666 - 671.

Chini A，Gimenez - Ibanez S，Goossens A，et al.，2016. Redundancy and specificity in jasmonate signalling [J]. Current Opinion in Plant Biology，33：147 - 156.

Chintapakorn Y，Hamill JD，2003. Antisense - mediated down - regulation of putrescine *N* - methyltransferase activity in transgenic *Nicotiana tabacum* L. can lead to elevated levels of anatabine at the expense of nicotine [J]. Plant Molecular Biology，53 (1)：87 - 105.

Chintapakorn Y，Hamill JD，2007. Antisense - mediated reduction in ADC activity causes minor alterations in the alkaloid profile of cultured hairy roots and regenerated transgenic plants of *Nicotiana tabacum* [J]. Phytochemistry，68：2465 - 2479.

Choi YE，Lim S，Kim HJ，et al.，2012. Tobacco NtLTP1，a glandular - specific lipid transfer protein， is required for lipid secretion from glandular trichomes [J]. Plant Journal，70 (3)：480 - 491.

Chong JL，Poutaraud A，Hugueney P，2009. Metabolism and roles of stilbenes in plants [J]. Plant Science，177 (3)：143 - 155.

Chou WM，Kutchan TM，1998. Enzymatic oxidations in the biosynthesis of complex alkaloids [J]. Plant Journal，15 (3)：289 - 300.

Christie PJ，Alfenito MR，Walbot V，1994. Impact of low - temperature stress on general phenylpropanoid and anthocyanin pathways：enhancement of transcript abundance and anthocyanin pigmentation in maize seedlings [J]. Planta，194 (4)：541 - 549.

Chung HS，Cooke TF，Depew CL，et al.，2010. Alternative splicing expands the repertoire of dominant JAZ repressors of jasmonate signaling [J]. Plant Journal，63 (4)：613 - 622.

Chung HS，Howe GA，2009. A critical role for the TIFY motif in repression of jasmonate signaling by a stabilized splice variant of the JASMONATE ZIM - domain protein JAZ10 in *Arabidopsis* [J]. Plant Cell，21 (1)：131 - 145.

Citovsky V，Lee LY，Vyas S，et al.，2006. Subcellular localization of interacting proteins by bimolecular fluorescence complementation in planta [J]. Journal of Molecular Biology，362 (5)：1120 - 1131.

Collins GB，Legg PD，Kasperbauer MJ，1974. Use of anther - derived haploids in *Nicotiana*. Ⅰ. isolation of breeding lines differing in total alkaloid content [J]. Crop Science，14：77 - 80.

Cominelli E，Gusmaroli G，Allegra D，et al.，2008. Expression analysis of anthocyanin regulatory genes in response to different light qualities in *Arabidopsis thaliana* [J]. Journal of Plant Physiology，165 (8)：886 - 894.

Cong L，Ran FA，Cox D，et al.，2013. Multiplex genome engineering using CRISPR/Cas systems [J].

Science, 339 (6121): 819 - 823.

Coppola M, Diretto G, Digilio MC, et al., 2019. Transcriptome and metabolome reprogramming in tomato plants by trichoderma harzianum strain T22 primes and enhances defense responses against aphids [J]. Frontiers in Physiology, 10: 745.

Couto D, Zipfel C, 2016. Regulation of pattern recognition receptor signalling in plants [J]. Nature Reviews Immunology, 16 (9): 537 - 552.

Cox MP, Peterson DA, Biggs PJ, 2010. SolexaQA: At - a - glance quality assessment of Illumina second - generation sequencing data [J]. BMC Bioinformatics, 11: 485.

Cui FH, Sun WX, Kong XP, 2018. RLCKs bridge plant immune receptors and MAPK cascades [J]. Trends in Plant Science, 23 (12): 1039 - 1041.

Curtis MD, Grossniklaus U, 2003. A gateway cloning vector set for high - throughput functional analysis of genes in planta [J]. Plant Physiology, 133 (2): 462 - 469.

D'Auria JC, Gershenzon J, 2005. The secondary metabolism of *Arabidopsis thaliana*: growing like a weed [J]. Current Opinion in Plant Biology, 8 (3): 308 - 316.

Dai N, Schaffer A, Petreikov M, et al., 1999. Overexpression of *Arabidopsis* hexokinase in tomato plants inhibits growth, reduces photosynthesis, and induces rapid senescence [J]. Plant Cell, 11 (7): 1253 - 1266.

Dalton HL, Blomstedt CK, Neale AD, et al., 2016. Effects of down - regulating ornithine decarboxylase upon putrescine - associated metabolism and growth in *Nicotiana tabacum* L. [J]. Journal of Experimental Botany, 67 (11): 3367 - 3381.

Das AK, Helps NR, Cohen PTW, et al., 1996. Crystal structure of the protein serine/threonine phosphatase 2C at 2.0 angstrom resolution [J]. EMBO Journal, 15 (24): 6798 - 6809.

Dat J, Vandenabeele S, Vranova E, et al., 2000. Dual action of the active oxygen species during plant stress responses [J]. Cellular and Molecular Life Sciences, 57 (5): 779 - 795.

Davis DL, Nielsen MT, 1999. Tobacco: production, chemistry and technology [M]. Oxford: Blackwell Science.

Dawson RF, 1941. The localization of the nicotine synthetic mechanism in the tobacco plant [J]. Science, 94 (2443): 396 - 397.

Dawson RF, 1942a. Accumulation of nicotine in reciprocal grafts of tomato and tobacco [J]. American Journal of Botany, 29: 66 - 71.

Dawson RF, 1942b. Nicotine synthesis in excised tobacco roots [J]. American Journal of Botany, 29: 813 - 815.

De Bernonville TD, Carqueijeiro I, Lanoue A, et al., 2017. Folivory elicits a strong defense reaction in *Catharanthus roseus*: metabolomic and transcriptomic analyses reveal distinct local and systemic responses [J]. Scientific Reports, 7: 40453.

De Boer K, Tilleman S, Pauwels L, et al., 2011. *APETALA2/ETHYLENE RESPONSE FACTOR* and basic helix - loop - helix tobacco transcription factors cooperatively mediate jasmonate - elicited nicotine biosynthesis [J]. Plant Journal, 66 (6): 1053 - 1065.

De Geyter N, Gholami A, Goormachtig S, et al., 2012. Transcriptional machineries in jasmonate - elicited plant secondary metabolism [J]. Trends in Plant Science, 17 (6): 349 - 359.

De Luca V, St Pierre B, 2000. The cell and developmental biology of alkaloid biosynthesis [J]. Trends in Plant Science, 5 (4): 168 - 173.

De Sutter V, Vanderhaeghen R, Tilleman S, et al., 2005. Exploration of jasmonate signalling via automated and standardized transient expression assays in tobacco cells [J] . Plant Journal, 44 (6): 1065 - 1076.

Debeaujon I, Peeters JM, Leon - Kloosterziel KM, et al. , 2001. The *TRANSPARENT TESTA12* gene of *Arabidopsis* encodes a multidrug secondary transporter - like protein required for flavonoid sequestration in vacuoles of the seed coat endothelium [J] . Plant Cell, 13: 853 - 871.

DeBoer KD, Dalton HL, Edward FJ, et al. , 2011. RNAi - mediated down - regulation of ornithine decarboxylase (ODC) leads to reduced nicotine and increased anatabine levels in transgenic *Nicotiana tabacum* L. [J] . Phytochemistry, 72 (4 - 5): 344 - 355.

DeBoer KD, Lye JC, Aitken CD, et al. , 2009. The *A622* gene in *Nicotiana* glauca (tree tobacco): evidence for a functional role in pyridine alkaloid synthesis [J] . Plant Molecular Biology, 69 (3): 299 - 312.

Del Carratore R, Magaldi E, Podda A, et al. , 2011. A stress responsive alternative splicing mechanism in *Citrus clementina* leaves [J] . Journal of Plant Physiology, 168 (9): 952 - 959.

Desaki Y, Miyata K, Suzuki M, et al. , 2018. Plant immunity and symbiosis signaling mediated by LysM receptors [J] . Innate Immunity, 24 (2): 92 - 100.

Detarsio E, Wheeler MCG, Bermudez VAC, et al. , 2003. Maize C (4) NADP - malic enzyme - Expression in *Escherichia coli* and characterization of site - directed mutants at the putative nucleotide - binding sites [J] . Journal of Biological Chemistry, 278 (16): 13757 - 13764.

Devoto A, Nieto - Rostro M, Xie DX, et al. , 2002. COI1 links jasmonate signalling and fertility to the SCF ubiquitin - ligase complex in *Arabidopsis* [J] . Plant Journal, 32 (4): 457 - 466.

Devoto A, Turner JG, 2003. Regulation of jasmonate - mediated plant responses in *Arabidopsis* [J]. Annals of Botany, 92 (3): 329 - 337.

Dewey RE, Xie JH, 2013. Molecular genetics of alkaloid biosynthesis in *Nicotiana tabacum* [J]. Phytochemistry, 94: 10 - 27.

Diener AC, Ausubel FM, 2005. *RESISTANCE TO FUSARIUM OXYSPORUM 1*, a dominant *Arabidopsis* disease - resistance gene, is not race specific [J] . Genetics, 171 (1): 305 - 321.

Dinesh - Kumar SP, Baker BJ, 2000. Alternatively spliced N resistance gene transcripts: their possible role in tobacco mosaic virus resistance [J] . Proceedings of the National Academy of Sciences of the United States of America, 97 (4): 1908 - 1913.

Ding K, Pei TL, Bai ZQ, et al. , 2017. SmMYB36, a novel R2R3 - MYB transcription factor, enhances tanshinone accumulation and decreases phenolic acid content in *Salvia miltiorrhiza* hairy roots [J]. Scientific Reports, 7: 5104.

Dixon RA, 2001. Natural products and plant disease resistance [J] . Nature, 411 (6839): 843 - 847.

Dombrecht B, Xue GP, Sprague SJ, et al. , 2007. MYC2 differentially modulates diverse jasmonate - dependent functions in *Arabidopsis* [J] . Plant Cell, 19 (7): 2225 - 2245.

Ebel J, 1979. Elicitor - induced phytoalexin synthesis in soybean (*Glycine max*) [J] . Regulation of secondary product and plant hormone metabolism: 155 - 162.

Elomaa P, Uimari A, Mehto M, et al. , 2003. Activation of anthocyanin biosynthesis in *Gerbera hybrida* (Asteraceae) suggests conserved protein - protein and protein - promoter interactions between the anciently diverged monocots and eudicots [J] . Plant Physiology, 133 (4): 1831 - 1842.

El - Sharkawy I, Sherif S, Mila I, et al. , 2009. Molecular characterization of seven genes encoding ethylene - responsive transcriptional factors during plum fruit development and ripening [J] . Journal of Experimental Botany, 60 (3): 907 - 922.

Endt DV, Kijne JW, Memelink J, 2002. Transcription factors controlling plant secondary metabolism: what regulates the regulators? [J] . Phytochemistry, 61 (2): 107 - 114.

Erb M, Lenk C, Degenhardt J, et al., 2009. The underestimated role of roots in defense against leaf attackers [J]. Trends Plant Science, 14: 653 – 659.

Erb M, Reymond P, 2019. Molecular interactions between plants and insect herbivores [J]. Annual Review of Plant Biology, 70: 527 – 557.

Ersek T, Kiraly Z, 1986. Phytoalexins: warding – off compounds in plants? [J]. Physiologia Plantarum, 68 (2): 343 – 346.

Esteves IM, Lopes AC, Rossignoli MT, et al., 2017. Chronic nicotine attenuates behavioral and synaptic plasticity impairments in a streptozotocin model of Alzheimer's disease [J]. Neuroscience, 353: 87 – 97.

Facchini PJ, 2001. Alkaloid biosynthesis in plants: biochemistry, cell biology, molecular regulation, and metabolic engineering applications [J]. Annual Review of Plant Physiology and Plant Molecular Biology, 52: 29 – 66.

Farmer EE, Ryan CA, 1992. Octadecanoid precursors of jasmonic acid activate the synthesis of wound – inducible proteinase inhibitors [J]. Plant Cell, 4 (2): 129 – 134.

Farsalinos KE, Stimson GV, 2014. Is there any legal and scientific basis for classifying electronic cigarettes as medications? [J]. International Journal of Drug Policy, 25 (3): 340 – 345.

Feng ZY, Mao YF, Xu NF, et al., 2014. Multigeneration analysis reveals the inheritance, specificity, and patterns of CRISPR/Cas – induced gene modifications in *Arabidopsis* [J]. Proceedings of the National Academy of Sciences of the United States of America, 111 (12): 4632 – 4637.

Fernandez – Calvo P, Chini A, Fernandez – Barbero G, et al., 2011. The *Arabidopsis* bHLH transcription factors MYC3 and MYC4 are targets of JAZ repressors and act additively with MYC2 in the activation of jasmonate responses [J]. Plant Cell, 23 (2): 701 – 715.

Fernandez – Pozo N, Menda N, Edwards JD, et al., 2015. The Sol Genomics Network (SGN) – from genotype to phenotype to breeding [J]. Nucleic Acids Research, 43 (D1): D1036 – D1041.

Feth F, Wagner R, Wagner KG, 1986. Regulation in tobacco callus of enzyme activities of the nicotine pathway：Ⅰ. The route ornithine to methylpyrroline [J]. Planta, 168 (3): 402 – 407.

Fischer U, Droge – Laser W, 2004. Overexpression of NtERF5, a new member of the tobacco ethylene response transcription factor family enhances resistance to Tobacco mosaic virus [J]. Molecular Plant – Microbe Interactions, 17 (10): 1162 – 1171.

Fowler CD, Gipson CD, Kleykamp BA, et al., 2018. Basic science and public policy: informed regulation for nicotine and tobacco products [J]. Nicotine and Tobacco Research, 20 (7): 789 – 799.

Frerigmann H, Gigolashvili T, 2014. MYB34, MYB51 and MYB122 distinctly regulate indolic glucosinolate biosynthesis in *Arabidopsis thaliana* [J]. Molecular Plant, 7 (5): 814 – 828.

Frerigmann H, Glawischnig E, Gigolashvili T, 2015. The role of *MYB34*, *MYB51* and *MYB122* in the regulation of camalexin biosynthesis in *Arabidopsis thaliana* [J]. Frontiers in Plant Science, 6: 654.

Friesen JB, Leete E, 1990. Nicotine synthase – an enzyme from nicotiana species which catalyzes the formation of (S) – nicotine from nicotinic acid and 1 – methyl – δ'pyrrolinium chloride [J]. Tetrahedron Letters, 31: 6295 – 6298.

Fu Y, Guo H, Cheng Z, et al., 2013. NtNAC – R1, a novel NAC transcription factor gene in tobacco roots, responds to mechanical damage of shoot meristem [J]. Plant Physiology Biochemistry, 69: 74 – 81.

Galis I, Simek P, Narisawa T, et al., 2006. A novel R2R3 MYB transcription factor *NtMYBJS1* is a methyl jasmonate – dependent regulator of phenylpropanoid – conjugate biosynthesis in tobacco [J]. Plant Journal, 46 (4): 573 – 592.

Gallois P, Marinho P, 1995. Leaf disk transformation using *Agrobacterium tumefaciens* – expression of heterologous genes in tobacco [J] . Methods in Molecular Biology, 49: 39 – 48.

Gao JP, Wang GH, Ma SY, et al. , 2015. CRISPR/Cas9 – mediated targeted mutagenesis in *Nicotiana tabacum* [J] . Plant Molecular Biology, 87 (1 – 2): 99 – 110.

Gehring WJ, 1985. Homeotic genes, the homeobox, and the spatial organization of the embryo [J]. Harvey lectures, 81: 153 – 172.

Gendrel AV, Lippman Z, Martienssen R, et al. , 2005. Profiling histone modification patterns in plants using genomic tiling microarrays [J] . Nature Methods, 2 (3): 213 – 218.

Gera N, Hussain M, Rao BM, 2013. Protein selection using yeast surface display [J] . Methods, 60 (1): 15 – 26.

Ghannam A, Jacques A, De Ruffray P, et al. , 2005. Identification of tobacco ESTs with a hypersensitive response (HR) – specific pattern of expression and likely involved in the induction of the HR and/or localized acquired resistance (LAR) [J] . Plant Physiology and Biochemistry, 43 (3): 249 – 259.

Gifford CA, Ranade SS, Samarakoon R, et al. , 2019. Oligogenic inheritance of a human heart disease involving a genetic modifier [J] . Science, 364 (6443): 865 – 870.

Glawischnig E, 2007. Camalexin [J] . Phytochemistry, 68 (4): 401 – 406.

Gomi K, 2020. Jasmonic acid: an essential plant hormone [J] . International Journal of Molecular Sciences, 21 (4): 1261.

Gomi K, Ogawa D, Katou S, et al. , 2005. A mitogen – activated protein kinase NtMPK4 activated by SIPKK is required for jasmonic acid signaling and involved in ozone tolerance via stomatal movement in tobacco [J] . Plant and Cell Physiology, 46 (12): 1902 – 1914.

Gonzalez A, Zhao M, Leavitt JM, et al. , 2008. Regulation of the anthocyanin biosynthetic pathway by the TTG1/bHLH/Myb transcriptional complex in *Arabidopsis* seedlings [J] . Plant Journal, 53 (5): 814 – 827.

Gookin TE, Assmann SM, 2014. Significant reduction of BiFC non – specific assembly facilitates in planta assessment of heterotrimeric G – protein interactors [J] . Plant Journal, 80 (3): 553 – 567.

Goossens A, Hakkinen ST, Laakso I, et al. , 2003. A functional genomics approach toward the understanding of secondary metabolism in Plant Cells [J] . Proceedings of the National Academy of Sciences of the United States of America, 100 (14): 8595 – 8600.

Goossens J, Fernandez – Calvo P, Schweizer F, et al. , 2016. Jasmonates: signal transduction components and their roles in environmental stress responses [J] . Plant Molecular Biology, 91 (6): 673 – 689.

Gorlenko CL, Kiselev HY, Budanova EV, et al. , 2020. Plant secondary metabolites in the battle of drugs and drug – resistant bacteria: new heroes or worse clones of antibiotics? [J] . Antibiotics – Basel, 9 (4): 170.

Gorrod JW, Jacob Ⅲ P, 1999. Analytical determination of nicotine and related compounds and their metabolites [M] . Amsterdam: Elsevier Science.

Gott JM, Emeson RB, 2000. Functions and mechanisms of RNA editing [J] . Annual Review of Genetics, 34: 499 – 531.

Grabherr MG, Haas BJ, Yassour M, et al. , 2011. Full – length transcriptome assembly from RNA – Seq data without a reference genome [J] . Nature Biotechnology, 29 (7): 644 – 652.

Graham IA, Besser K, Blumer S, et al. , 2010. The genetic map of *Artemisia annua* L. identifies loci affecting yield of the antimalarial drug artemisinin [J] . Science, 327 (5963): 328 – 331.

Guiltinan MJ, Miller L, 1994. Molecular characterization of the DNA – binding and dimerization domains of the bZIP transcription factor, EmBP – 1 [J] . Plant Molecular Biology, 26 (4): 1041 – 1053.

Gundlach H, Muller MJ, Kutchan TM, et al., 1992. Jasmonic acid is a signal transducer in elicitor-induced Plant Cell cultures [J]. Proceedings of the National Academy of Sciences of the United States of America, 89 (6): 2389-2393.

Guo HW, Ecker JR, 2004. The ethylene signaling pathway: new insights [J]. Current Opinion in Plant Biology, 7 (1): 40-49.

Guo Q, Zhang W, Ruan H, et al., 2008. Cell-surface display expression system of *Saccharomyces cerevisiae* and its applications [J]. Journal of Chinese Biotechnology, 28 (12): 116-122.

Gutterson N, Reuber TL, 2004. Regulation of disease resistance pathways by AP2/ERF transcription factors [J]. Current Opinion in Plant Biology, 7 (4): 465-471.

Hailat MM, Ebrahim HY, Mohyeldin MM, et al., 2017. The tobacco cembranoid (1S, 2E, 4S, 7E, 11E)-2,7,11-cembratriene-4,6-diol as a novel angiogenesis inhibitory lead for the control of breast malignancies [J]. Bioorganic & Medicinal Chemistry, 25 (15): 3911-3921.

Hakkinen ST, Tilleman S, Swiatek A, et al., 2007. Functional characterisation of genes involved in pyridine alkaloid biosynthesis in tobacco [J]. Phytochemistry, 68 (22-24): 2773-2785.

Halford NG, Hey SJ, 2009. Snf1-related protein kinases (SnRKs) act within an intricate network that links metabolic and stress signalling in plants [J]. Biochemical Journal, 419: 247-259.

Halitschke R, Baldwin IT, 2004. Jasmonates and related compounds in plant-insect interactions [J]. Journal of Plant Growth Regulation, 23 (3): 238-245.

Hamel LP, Nicole MC, Sritubtim S, et al., 2006. Ancient signals: comparative genomics of plant MAPK and MAPKK gene families [J]. Trends in Plant Science, 11 (4): 192-198.

Han HB, Xie KB, Cao G, et al., 2018. Application of gene editing technology on germplasm resources [J]. Engineering Science, 20 (6): 82-86.

Hanna Rose W, Licht JD, Hansen U, 1997. Two evolutionarily conserved repression domains in the Drosophila Kruppel protein differ in activator specificity [J]. Molecular and Cellular Biology, 17 (8): 4820-4829.

Harkenrider M, Sharma R, De Vleesschauwer D, et al., 2016. Overexpression of rice wall-associated kinase 25 (OsWAK25) alters resistance to bacterial and fungal pathogens [J]. Plos One, 11 (1): e0147310.

Hartmann T, 2008. The lost origin of chemical ecology in the late 19th century [J]. Proceedings of the National Academy of Sciences of the United States of America, 105 (12): 4541-4546.

Hashimoto T, Yamada Y, 1994. Alkaloid biogenesis: molecular aspects [J]. Annual Review of Plant Physiology and Plant Molecular Biology, 45: 257-285.

Hatcher CR, Ryves DB, Millett J, 2020. The function of secondary metabolites in plant carnivory [J]. Annals of Botany, 125 (3): 399-411.

Hauser F, Waadtl R, Schroeder JI, 2011. Evolution of abscisic acid synthesis and signaling mechanisms [J]. Current Biology, 21 (9): R346-R355.

Havermans A, Pieper E, Henkler-Stephani F, et al., 2020. Feasibility of manufacturing tobacco with very low nicotine levels [J]. Tobacco Regulatory Science, 6 (6): 405-415.

Hayashi S, Watanabe M, Kobayashi M, et al., 2020. Genetic manipulation of transcriptional regulators alters nicotine biosynthesis in tobacco [J]. Plant and Cell Physiology, 61 (6): 1041-1053.

He XR, Luan F, Yang Y, et al., 2020. Passiflora edulis: an insight into current researches on phytochemistry and pharmacology [J]. Frontiers in Pharmacology, 11: 617.

Heidel AJ, Baldwin IT, 2004. Microarray analysis of salicylic acid- and jasmonic acid-signalling in responses of *Nicotiana attenuata* to attack by insects from multiple feeding guilds [J] . Plant Cell and Environment，27 (11)：1362 - 1373.

Heim WG，Sykes KA，Hildreth SB，et al. ，2007. Cloning and characterization of a *Nicotiana tabacum* methylputrescine oxidase transcript [J] . Phytochemistry，68 (4)：454 - 463.

Hibi N，Fujita T，Hatano M，et al. ，1992. Putrescine N - Methyltransferase in cultured roots of hyoscyamus albus：n - Butylamine as a potent inhibitor of the transferase both in vitro and in vivo [J] . Plant Physiology，100 (2)：826 - 835.

Hibi N，Higashiguchi S，Hashimoto T，et al. ，1994. Gene expression in tobacco low - nicotine mutants [J] . Plant Cell，6 (5)：723 - 735.

Hildreth SB，Gehman EA，Yang HB，et al. ，2011. Tobacco nicotine uptake permease (NUP1) affects alkaloid metabolism [J] . Proceedings of the National Academy of Sciences of the United States of America，108 (44)：18179 - 18184.

Holl J，Vannozzi A，Czemmel S，et al. ，2013. The R2R3 - MYB transcription factors MYB14 and MYB15 regulate stilbene biosynthesis in *Vitis vinifera* [J] . Plant Cell，25 (10)：4135 - 4149.

Hong GJ，Xue XY，Mao YB，et al. ，2012. *Arabidopsis* MYC2 interacts with DELLA proteins in regulating sesquiterpene synthase gene expression [J] . Plant Cell，24 (6)：2635 - 2648.

Horsch RB，Fry JE，Hoffmann NL，et al. ，1985. A simple and general method for transferring genes into plants [J] . Science，227 (4691)：1229 - 1231.

Hou XL，Lee LYC，Xia KF，et al. ，2010. DELLAs modulate jasmonate signaling via competitive binding to JAZs [J] . Developmental Cell，19 (6)：884 - 894.

Howe GA，2004. The roles of hormones in defense against insects and disease [M] //Peter JD. Plant hormones：Biosynthesis，signal transduction，action！. [S. I.]：Springer：610 - 634.

Howe GA，2010. Jasmonates [M] //Peter JD. Plant Hormones：Biosynthesis，signal transduction，action！. [S. I.]：Springer：646 - 680.

Howe GA，Jander G，2008. Plant immunity to insect herbivores [J] . Annual Review of Plant Biology，59：41 - 66.

Hsu PD，Scott DA，Weinstein JA，et al. ，2013. DNA targeting specificity of RNA - guided Cas9 nucleases [J] . Nature Biotechnology，31 (9)：827 - 832.

Hu DG，Ma QJ，Sun CH，et al. ，2016. Overexpression of MdSOS2L1, a CIPK protein kinase，increases the antioxidant metabolites to enhance salt tolerance in apple and tomato [J] . Physiologia Plantarum，156 (2)：201 - 214.

Hu DG，Sun CH，Zhang QY，et al. ，2016. Glucose sensor MdHXK1 phosphorylates and stabilizes *MdbHLH3* to promote anthocyanin biosynthesis in apple [J] . Plos Genetics，12 (8)：e1006273.

Hu KM，Cao JB，Zhang J，et al. ，2017. Improvement of multiple agronomic traits by a disease resistance gene via cell wall reinforcement [J] . Nature Plants，3 (3)：17009.

Hua WP，Zhang Y，Song J，et al. ，2011. De novo transcriptome sequencing in *Salvia miltiorrhiza* to identify genes involved in the biosynthesis of active ingredients [J] . Genomics，98 (4)：272 - 279.

Huang H，Liu B，Liu LY，et al. ，2017. Jasmonate action in plant growth and development [J] . Journal of Experimental Botany，68 (6)：1349 - 1359.

Huang H，Tudor M，Su T，et al. ，1996. DNA binding properties of two *Arabidopsis* MADS domain proteins：Binding consensus and dimer formation [J] . Plant Cell，8 (1)：81 - 94.

Huchelmann A，Boutry M，Hachez C，2017. Plant glandular trichomes：natural cell factories of high biotechnological interest [J] . Plant Physiology，175 (1)：6 - 22.

Hui DQ, Iqbal J, Lehmann K, et al. , 2003. Molecular interactions between the specialist herbivore *Manduca sexta* (*Lepidoptera*, *Sphingidae*) and its natural host *Nicotiana attenuata*: V. Microarray analysis and further characterization of large – scale changes in herbivore – induced mRNAs [J] . Plant Physiology, 131 (4): 1877 – 1893.

Hurtado – Guerrero R, Van Aalten DMF, 2007. Structure of *Saccharomyces cerevisiae* chitinase 1 and screening – based discovery of potent inhibitors [J] . Chemistry & Biology, 14 (5): 589 – 599.

Hussein RA, El – Anssary AA, 2019. Plants secondary metabolites: the key drivers of the pharmacological actions of medicinal plants [J] . Herbal medicine, 1 (3): 12 – 30.

Ichimura K, Shinozaki K, Tena G, et al. , 2002. Mitogen – activated protein kinase cascades in plants: a new nomenclature [J] . Trends in Plant Science, 7 (7): 301 – 308.

Imanishi S, Hashizume K, Nakakita M, et al. , 1998. Differential induction by methyl jasmonate of genes encoding ornithine decarboxylase and other enzymes involved in nicotine biosynthesis in tobacco cell cultures [J] . Plant Molecular Biology, 38 (6): 1101 – 1111.

Isah T, 2019. *De novo* in vitro shoot morphogenesis from shoot tip – induced callus cultures of *Gymnema sylvestre* (Retz.) R. Br. ex Sm [J] . Biological Research, 52: 3.

Jackson DM, Johnson AW, Stephenson MG, 2002. Survival and development of *Heliothis virescens* (*Lepidoptera : Noctuidae*) larvae on isogenic tobacco lines with different levels of alkaloids [J] . Journal of Economic Entomology, 95 (6): 1294 – 1302.

Jakoby M, Weisshaar B, Droge – Laser W, et al. , 2002. bZIP transcription factors in *Arabidopsis* [J]. Trends in Plant Science, 7 (3): 106 – 111.

Jefferson RA, Kavanagh TA, Bevan MW, 1987. GUS fusion: beta – glucuronidase as a sensitive and versatile gene fusion marker in higher plants [J] . EMBO Journal, 6 (13): 3901 – 3907.

Jelesko JG, 2012. An expanding role for purine uptake permease – like transporters in plant secondary metabolism [J] . Frontiers in Plant Science, 3: 78.

Jia YC, Cheng G, Zhang DJ, et al. , 2017. Attachment avoidance is significantly related to attentional preference for infant faces: evidence from eye movement data [J] . Frontiers in Psychology, 8: 85.

Jiang KJ, Pi Y, Hou R, et al. , 2009. Promotion of nicotine biosynthesis in transgenic tobacco by overexpressing allene oxide cyclase from *Hyoscyamus niger* [J] . Planta, 229 (5): 1057 – 1063.

Jiang LY, Anderson JC, Besteiro MAG, et al. , 2017. Phosphorylation of *Arabidopsis* MAP Kinase Phosphatase 1 (MKP1) is required for PAMP responses and resistance against bacteria [J] . Plant Physiology, 175 (4): 1839 – 1852.

Jiang M, Chu ZQ, 2018. Comparative analysis of plant MKK gene family reveals novel expansion mechanism of the members and sheds new light on functional conservation [J] . BMC Genomics, 19: 407.

Jiang W, Bikard D, Cox D, et al. , 2013. RNA – guided editing of bacterial genomes using CRISPR – Cas systems [J] . Nature Biotechnology, 31 (3): 233 – 239.

Jiang YJ, Liang G, Yang SZ, et al. , 2014. *Arabidopsis WRKY57* functions as a node of convergence for jasmonic acid – and auxin – mediated signaling in jasmonic acid – induced leaf senescence [J] . Plant Cell, 26 (1): 230 – 245.

Jin Y, Li J, Zhang J, et al. , 2015. Biochemical and molecular mechanism of nicotine metabolism in tobacco plants [J] . Genomics and Applied Biology, 34 (4): 882 – 891.

Jinek M, Chylinski K, Fonfara I, et al. , 2012. A programmable dual – RNA – guided DNA endonuclease in adaptive bacterial immunity [J] . Science, 337 (6096): 816 – 821.

Jing R, Lu H, 2016. The development of CRISPR/Cas9 system and its Application in crop genome editing

[J] . Scientia Agricultura Sinica，49 (7)：1219 - 1229.

Jitnarin N，Kosulwat V，Rojroongwasinkul N，et al.，2014. The relationship between smoking，body weight，body mass index，and dietary intake among Thai adults：results of the national Thai food consumption survey [J] . Asia Pacific Journal of Public Health，26 (5)：481 - 493.

Jiyu Z，Shenchun QU，Zhongren GUO，et al.，2011. Biology Function of bZIP Transcription Factors in Plants [J] . Acta Botanica Boreali - Occidentalia Sinica，31 (5)：1066 - 1075.

Jonak C，Okresz L，Bogre L，et al.，2002. Complexity，cross talk and integration of plant MAP kinase signalling [J] . Current Opinion in Plant Biology，5 (5)：415 - 424.

Jones JDG，Dangl JL，2006. The plant immune system [J] . Nature，444 (7117)：323 - 329.

Jones ME，1953. Albrecht Kossel，a biographical sketch [J] . The Yale journal of biology and medicine，26 (1)：80 - 97.

Junker A，Fischer J，Sichhart Y，et al.，2013. Evolution of the key alkaloid enzyme putrescine N - methyltransferase from spermidine synthase [J] . Front Plant Science，4：260.

Kadota Y，Sklenar J，Derbyshire P，et al.，2014. Direct regulation of the NADPH oxidase RBOHD by the PRR - associated kinase BIK1 during plant immunity [J] . Molecular Cell，54 (1)：43 - 55.

Kajikawa M，Hirai N，Hashimoto T，2009. A PIP - family protein is required for biosynthesis of tobacco alkaloids [J] . Plant Molecular Biology，69 (3)：287 - 298.

Kajikawa M，Shoji T，Kato A，et al.，2011. Vacuole - localized berberine bridge enzyme - like proteins are required for a late step of nicotine biosynthesis in tobacco [J] . Plant Physiology，155 (4)：2010 - 2022.

Kajikawa M，Sierro N，Kawaguchi H，et al.，2017. Genomic insights into the evolution of the nicotine biosynthesis pathway in tobacco [J] . Plant Physiology，174 (2)：999 - 1011.

Karin M，1990. Too many transcription factors：positive and negative interactions [J] . The New biologist，2 (2)：126 - 131.

Kato K，Shitan N，Shoji T，et al.，2015. Tobacco NUP1 transports both tobacco alkaloids and vitamin B6 [J] . Phytochemistry，113：33 - 40.

Kato K，Shoji T，Hashimoto T，2014. Tobacco nicotine uptake permease regulates the expression of a key transcription factor gene in the nicotine biosynthesis pathway [J] . Plant Physiology，166 (4)：2195 - 2204.

Katoh A，Hashimoto T，2004. Molecular biology of pyridine nucleotide and nicotine biosynthesis [J]. Front Bioscience，9 (1 - 3)：1577 - 1586.

Katoh A，Ohki H，Inai K，et al.，2005. molecular regulation of nicotine biosynthesis [J] . Plant Biotechnology，22：389 - 392.

Katoh A，Shoji T，Hashimoto T，2007. Molecular cloning of N - methylputrescine oxidase from tobacco [J] . Plant and Cell Physiology，48 (3)：550 - 554.

Katoh A，Uenohara K，Akita M，et al.，2006. Early steps in the biosynthesis of NAD in Arabidopsis start with aspartate and occur in the plastid [J] . Plant Physiology，141：851 - 857.

Katoh K，Misawa K，Kuma K，et al.，2002. MAFFT：a novel method for rapid multiple sequence alignment based on fast Fourier transform [J] . Nucleic Acids Research，30 (14)：3059 - 3066.

Katsir L，Chung HS，Koo AJK，et al.，2008. Jasmonate signaling：a conserved mechanism of hormone sensing [J] . Current Opinion in Plant Biology，11 (4)：428 - 435.

Katsir L，Schilmiller AL，Staswick PE，et al.，2008. COI1 is a critical component of a receptor for jasmonate and the bacterial virulence factor coronatine [J] . Proceedings of the National Academy of Sciences of the United States of America，105 (19)：7100 - 7105.

Kazan K，Manners JM，2008. Jasmonate signaling：toward an integrated view [J] . Plant Physiology，

146 (4): 1459－1468.

Kazan K, Manners JM, 2013. MYC2: the master in action [J]. Molecular Plant, 6 (3): 686－703.

Kelly G, David－Schwartz R, Sade N, et al., 2012. The Pitfalls of transgenic selection and new roles of AtHXK1: a high level of AtHXK1 expression uncouples hexokinase1－dependent sugar signaling from exogenous sugar [J]. Plant Physiology, 159 (1): 47－51.

Kessler A, Baldwin IT, 2002. Plant responses to insect herbivory: the emerging molecular analysis [J]. Annual Review of Plant Biology, 53: 299－328.

Kessler A, Halitschke R, Baldwin IT, 2004. Silencing the jasmonate cascade: induced plant defenses and insect populations [J]. Science, 305 (5684): 665－668.

Kidd SK, Melillo AA, Lu RH, et al., 2006. The A and B loci in tobacco regulate a network of stress response genes, few of which are associated with nicotine biosynthesis [J]. Plant Molecular Biology, 60 (5): 699－716.

Kiegerl S, Cardinale F, Siligan C, et al., 2000. SIMKK, a mitogen－activated protein kinase (MAPK) kinase, is a specific activator of the salt stress－induced MAPK, SIMK [J]. Plant Cell, 12 (11): 2247－2258.

Kishi－Kaboshi M, Takahashi A, Hirochika H, 2010. MAMP－responsive MAPK cascades regulate phytoalexin biosynthesis [J]. Plant Signaling & Behavior, 5 (12): 1653－1656.

Kondo A, Ueda M, 2004. Yeast cell－surface display－applications of molecular display [J]. Applied Microbiology and Biotechnology, 64 (1): 28－40.

Kovtun Y, Chiu WL, Tena G, et al., 2000. Functional analysis of oxidative stress－activated mitogen－activated protein kinase cascade in plants [J]. Proceedings of the National Academy of Sciences of the United States of America, 97 (6): 2940－2945.

Kumar P, Pandit SS, Steppuhn A, et al., 2014. Natural history－driven, plant－mediated RNAi－based study reveals *CYP6B46*'s role in a nicotine－mediated antipredator herbivore defense [J]. Proceedings of the National Academy of Sciences of the United States of America, 111 (4): 1245－1252.

Kutchan TM, 2001. Ecological arsenal and developmental dispatcher. The paradigm of secondary metabolism [J]. Plant Physiology, 125 (1): 58－60.

Kutchan TM, 2005. A role for intra－and intercellular translocation in natural product biosynthesis [J]. Curr Opin Plant Biol, 8: 292－300.

Kutchan TM, Dittrich H, 1995. Characterization and mechanism of the berberine bridge enzyme, a covalently flavinylated oxidase of benzophenanthridine alkaloid biosynthesis in plants [J]. Journal of Biological Chemistry, 270 (41): 24475－24481.

Labuhn M, Adams FF, Ng M, et al., 2018. Refined sgRNA efficacy prediction improves large－and small－scale CRISPR－Cas9 applications [J]. Nucleic Acids Research, 46 (3): 1375－1385.

Lammers T, Lavi S, 2007. Role of type 2C protein phosphatases in growth regulation and in cellular stress signaling [J]. Critical Reviews in Biochemistry and Molecular Biology, 42 (6): 437－461.

Langmead B, Salzberg SL, 2012. Fast gapped－read alignment with Bowtie 2 [J]. Nature Methods, 9 (4): 357－359.

Larkin MA, Blackshields G, Brown NP, et al., 2007. Clustal W and clustal X version 2.0 [J]. Bioinformatics, 23 (21): 2947－2948.

Latchman DS, 1993. Transcription factors: an overview [J]. International journal of experimental pathology, 74 (5): 417－422.

Laviolette SR, Van Der Kooy D, 2004. The neurobiology of nicotine addiction: Bridging the gap from molecules to behaviour [J]. Nature Reviews Neuroscience, 5 (1): 55 - 65.

Lawton K, Ward E, Payne G, et al., 1992. Acidic and basic class III chitinase mRNA accumulation in response to TMV infection of tobacco [J]. Plant Molecular Biology, 19 (5): 735 - 743.

Lee J, Eschen - Lippold L, Lassowskat I, et al., 2015. Cellular reprogramming through mitogen - activated protein kinases [J]. Frontiers in Plant Science, 6: 940.

Lee MJ, Yaffe MB, 2016. Protein regulation in signal transduction [J]. Cold Spring Harbor Perspectives in Biology, 8 (6): a005918.

Lee TI, Young RA, 2000. Transcription of eukaryotic protein - coding genes [J]. Annual Review of Genetics, 34: 77 - 137.

Leete E, Liu Y, 1973. Metabolism of [2 - 3H] - and [6 - 3H] - nicotinic acid in intact Nicotiana tabacum plants [J]. Phytochemistry, 12: 593 - 596.

Legg PD, Chaplin JF, Collins GB, 1969. Inheritance of percent total alkaloids in *Nicotiana tabacum* L. Populations derived from crosses of low alkaloid lines with burley and flue - cured varieties [J]. Journal of Heredity, 60: 213 - 217.

Legg PD, Collins GB, 1971. Inheritance of percent total alkaloids in *Nicotiana tabacum* L. II. Genetic effects of two loci in Hurley 21 × LA Hurley 21 populations [J]. Canadian Journal of Genetics and Cytology, 13 (2): 287 - 291.

Legg PD, Collins GB, Litton CC, 1970. Registration of LA Burley 21 tobacco germplasm [J]. Crop Science, 10: 212.

Lehti - Shiu MD, Shiu SH, 2012. Diversity, classification and function of the plant protein kinase superfamily [J]. Philosophical Transactions of the Royal Society B - Biological Sciences, 367 (1602): 2619 - 2639.

Lenka SK, Nims NE, Vongpaseuth K, et al., 2015. Jasmonate - responsive expression of paclitaxel biosynthesis genes in Taxus cuspidata cultured cells is negatively regulated by the bHLH transcription factors *TcJAMYC1*, *TcJAMYC2*, and *TcJAMYC4* [J]. Frontiers in Plant Science, 6: 115.

Lewis RS, 2006. Identification of germplasm of possible value for confronting an unfavorable inverse genetic correlation in tobacco [J]. Crop Science, 46 (4): 1764 - 1771.

Lewis RS, Drake - Stowe KE, Heim C, et al., 2020. Genetic and agronomic analysis of tobacco genotypes exhibiting reduced nicotine accumulation due to induced mutations in berberine bridge like (BBL) genes [J]. Frontiers in Plant Science, 11: 368.

Lewis RS, Lopez HO, Bowen SW, et al., 2015. Transgenic and mutation - based suppression of a berberine bridge enzyme - like (BBL) gene family reduces alkaloid content in field - grown tobacco [J]. Plos One, 10 (2): e0117273.

Lewis RS, Milla SR, Kernodle SP, 2007. Analysis of an introgressed *Nicotiana tomentosa* genomic region affecting leaf number and correlated traits in *Nicotiana tabacum* [J]. Theoretical and Applied Genetics, 114 (5): 841 - 854.

Li B, Dewey CN, 2011. RSEM: accurate transcript quantification from RNA - Seq data with or without a reference genome [J]. BMC Bioinformatics, 12: 323.

Li BZ, Fan RN, Guo SY, et al., 2019. The *Arabidopsis* MYB transcription factor, *MYB111* modulates salt responses by regulating flavonoid biosynthesis [J]. Environmental and Experimental Botany, 166: 103807.

Li CJ, Teng W, Shi QM, et al., 2007. Multiple signals regulate nicotine synthesis in tobacco plant [J]. Plant Signaling & Behavior, 2 (4): 280 - 281.

Li CY，Leopold AL，Sander GW，et al.，2013. The ORCA2 transcription factor plays a key role in regulation of the terpenoid indole alkaloid pathway［J］. BMC Plant Biology，13：155.

Li FF，Wang WD，Zhao N，et al.，2015. Regulation of nicotine biosynthesis by an endogenous target mimicry of microRNA in tobacco［J］. Plant Physiology，169（2）：1062 – 1071.

Li H，Ding YL，Shi YT，et al.，2017. MPK3 – and MPK6 – mediated ICE1 phosphorylation negatively regulates ICE1 stability and freezing tolerance in *Arabidopsis*［J］. Developmental Cell，43（5）：630 – 642.

Li J – F，Norville JE，Aach J，et al.，2013. Multiplex and homologous recombination – mediated genome editing in *Arabidopsis* and *Nicotiana* benthamiana using guide RNA and Cas9［J］. Nature Biotechnology，31（8）：688 – 691.

Li L，Li M，Yu LP，et al.，2014. The FLS2 – associated kinase BIK1 directly phosphorylates the NADPH oxidase RbohD to control plant immunity［J］. Cell Host & Microbe，15（3）：329 – 338.

Li L，Zhao YF，McCaig BC，et al.，2004. The tomato homolog of CORONATINE – INSENSITIVE1 is required for the maternal control of seed maturation，jasmonate – signaled defense responses，and glandular trichome development［J］. Plant Cell，16（1）：126 – 143.

Li R，Llorca LC，Schuman MC，et al.，2018. ZEITLUPE in the roots of wild tobacco regulates jasmonate – mediated nicotine biosynthesis and resistance to a generalist herbivore［J］. Plant Physiology，177（2）：833 – 846.

Li R，Lou YG，2011. Research advances on stress responsive WRKY transcription factors in plants［J］. Acta Ecologica Sinica，31（11）：3223 – 3231.

Li SN，Wang WY，Gao JL，et al.，2016. *MYB75* phosphorylation by MPK4 is required for light – induced anthocyanin accumulation in *Arabidopsis*［J］. Plant Cell，28（11）：2866 – 2883.

Li ST，Zachgo S，2013. TCP3 interacts with R2R3 – MYB proteins，promotes flavonoid biosynthesis and negatively regulates the auxin response in *Arabidopsis thaliana*［J］. Plant Journal，76（6）：901 – 913.

Li W，Liu W，Wei HL，et al.，2014. Species – specific expansion and molecular evolution of the 3 – hydroxy – 3 – methylglutaryl coenzyme A reductase（HMGR）gene family in plants［J］. Plos One，9（4）：e94172.

Li ZP，Qin GJ，Chen MS，et al.，2015. Influence of different cultivation methods on nicotine conversion and TSNA content of burley tobacco［J］. Chinese Tobacco Science，36（6）：62 – 67.

Lian TF，Xu YP，Li LF，et al.，2017. Crystal structure of tetrameric *Arabidopsis* MYC2 reveals the mechanism of enhanced interaction with DNA［J］. Cell Reports，19（7）：1334 – 1342.

Liang MW，Li HJ，Zhou F，et al.，2015. Subcellular distribution of NTL transcription factors in *Arabidopsis thaliana*［J］. Traffic，16（10）：1062 – 1074.

Liang XX，Zhou JM，2018. Receptor – like cytoplasmic kinases：central players in plant receptor kinase – mediated signaling［J］. Annual Review of Plant Biology，69：267 – 299.

Liu GY，Ren G，Guirgis A，et al.，2009. The MYB305 transcription factor regulates expression of nectarin genes in the ornamental tobacco floral nectary［J］. Plant Cell，21（9）：2672 – 2687.

Liu GY，Thornburg RW，2012. Knockdown of MYB305 disrupts nectary starch metabolism and floral nectar production［J］. Plant Journal，70（3）：377 – 388.

Liu H，Kotova TI，Timko MP，2019. Increased leaf nicotine content by targeting transcription factor gene expression in commercial flue – cured tobacco（*Nicotiana tabacum* L.）［J］. Genes，10（11）：930.

Liu K，Li YH，Chen XN，et al.，2018. ERF72 interacts with ARF6 and BZR1 to regulate hypocotyl elongation in *Arabidopsis*［J］. Journal of Experimental Botany，69（16）：3933 – 3947.

Liu XY，Singh SK，Patra B，et al.，2021. Protein phosphatase NtPP2C2b and MAP kinase NtMPK4 act in concert to modulate nicotine biosynthesis［J］. Journal of Experimental Botany，72（5）：1661 – 1676.

Liu YD, Jin HL, Yang KY, et al., 2003. Interaction between two mitogen – activated protein kinases during tobacco defense signaling [J]. Plant Journal, 34 (2): 149 – 160.

Liu YL, Patra B, Pattanaik S, et al., 2019. GATA and phytochrome interacting factor transcription factors regulate light – induced vindoline biosynthesis in Catharanthus roseus [J]. Plant Physiology, 180 (3): 1336 – 1350.

Livak KJ, Schmittgen TD, 2001. Analysis of relative gene expression data using real – time quantitative PCR and the 2 (T) (– Delta Delta C) method [J]. Methods, 25 (4): 402 – 408.

Lofblom J, 2011. Bacterial display in combinatorial protein engineering [J]. Biotechnology Journal, 6 (9): 1115 – 1129.

Lorenzo O, Chico JM, Sanchez – Serrano JJ, et al., 2004. Jasmonate – insensitive1 encodes a MYC transcription factor essential to discriminate between different jasmonate – regulated defense responses in *Arabidopsis* [J]. Plant Cell, 16 (7): 1938 – 1950.

Lorenzo O, Piqueras R, Sanchez – Serrano JJ, et al., 2003. ETHYLENE RESPONSE FACTOR1 integrates signals from ethylene and jasmonate pathways in plant defense [J]. Plant Cell, 15 (1): 165 – 178.

Lu DP, Wu SJ, Gao XQ, et al., 2010. A receptor – like cytoplasmic kinase, BIK1, associates with a flagellin receptor complex to initiate plant innate immunity [J]. Proceedings of the National Academy of Sciences of the United States of America, 107 (1): 496 – 501.

Lu J, Du ZX, Kong J, et al., 2012. Transcriptome analysis of *Nicotiana tabacum* infected by cucumber mosaic virus during systemic symptom development [J]. Plos One, 7 (8): e43447.

Luo J, Wang X, Feng L, et al., 2017. The mitogen – activated protein kinase kinase 9 (MKK9) modulates nitrogen acquisition and anthocyanin accumulation under nitrogen – limiting condition in *Arabidopsis* [J]. Biochemical and Biophysical Research Communications, 487 (3): 539 – 544.

Ma DC, Peng SG, Xie Z, 2016. Integration and exchange of split dCas9 domains for transcriptional controls in mammalian cells [J]. Nature Communications, 7: 13056.

Ma H, Wang F, Wang W, et al., 2016. Alternative splicing of basic chitinase gene PR3b in the low – nicotine mutants of *Nicotiana tabacum* L. cv. Burley 21 [J]. Journal of Experimental Botany, 67: 5799 – 5809.

Ma HR, Wang F, Wang WJ, et al., 2016. Alternative splicing of basic chitinase gene PR3b in the low – nicotine mutants of *Nicotiana tabacum* L. cv. Burley 21 [J]. Journal of Experimental Botany, 67 (19): 5799 – 5809.

Ma X, Zhang Q, Zhu Q, et al., 2015. A robust CRISPR/Cas9 system for convenient, high – efficiency multiplex henome rditing in monocot and dicot plants [J]. Molecular Plant, 8 (8): 1274 – 1284.

Ma XN, Zhang XY, Liu HM, et al., 2020. Highly efficient DNA – free plant genome editing using virally delivered CRISPR – Cas9 [J]. Nature Plants, 6 (7): 773 – 779.

Maere S, Heymans K, Kuiper M, 2005. BiNGO: a cytoscape plugin to assess overrepresentation of gene ontology categories in biological networks [J]. Bioinformatics, 21 (16): 3448 – 3449.

Maes L, Goossens A, 2010. Hormone – mediated promotion of trichome initiation in plants is conserved but utilizes species – and trichome – specific regulatory mechanisms [J]. Plant Signaling & Behavior, 5 (2): 205 – 207.

Maes L, Inze D, Goossens A, 2008. Functional specialization of the TRANSPARENT TESTA GLABRA1 network allows differential hormonal control of laminal and marginal trichome initiation in *Arabidopsis* rosette leaves [J]. Plant Physiology, 148 (3): 1453 – 1464.

Maes L, Van Nieuwerburgh FCW, Zhang YS, et al., 2011. Dissection of the phytohormonal regulation of trichome formation and biosynthesis of the antimalarial compound artemisinin in Artemisia annua plants

［J］．New Phytologist，189（1）：176－189.

Maher MF，Nasti RA，Vollbrecht M，et al.，2020. Plant gene editing through *de novo* induction of meristems［J］．Nature Biotechnology，38（1）：84－89.

Mala D，Awasthi S，Sharma NK，et al.，2021. Comparative transcriptome analysis of *Rheum australe*，an endangered medicinal herb，growing in its natural habitat and those grown in controlled growth chambers［J］．Scientific Reports，11（1）：3702.

Mao GH，Meng XZ，Liu YD，et al.，2011. Phosphorylation of a WRKY transcription factor by two pathogen－responsive MAPKs drives phytoalexin biosynthesis in *Arabidopsis*［J］．Plant Cell，23（4）：1639－1653.

Marinova K，Pourcel L，Weder B，et al.，2007. The Arabidopsis MATE transporter TT12 acts as a vacuolar flavonoid/H＋－antiporter active in proanthocyanidin－accumulating cells of the seed coat［J］．Plant Cell，19：2023－2038.

Matsui K，Umemura Y，Ohme－Takagi M，2008. AtMYBL2，a protein with a single MYB domain，acts as a negative regulator of anthocyanin biosynthesis in *Arabidopsis*［J］．Plant Journal，55（6）：954－967.

McGrath KC，Dombrecht B，Manners JM，et al.，2005. Repressor－and activator－type ethylene response factors functioning in jasmonate signaling and disease resistance identified via a genome－wide screen of *Arabidopsis* transcription factor gene expression［J］．Plant Physiology，139（2）：949－959.

Mellway RD，Tran LT，Prouse MB，et al.，2009. The wound－，pathogen－，and ultraviolet B－responsive *MYB134* gene encodes an R2R3 MYB transcription factor that regulates proanthocyanidin synthesis in poplar［J］．Plant Physiology，150（2）：924－941.

Melotto M，Mecey C，Niu Y，et al.，2008. A critical role of two positively charged amino acids in the Jas motif of *Arabidopsis* JAZ proteins in mediating coronatine－and jasmonoyl isoleucine－dependent interactions with the COI1F－box protein［J］．Plant Journal，55（6）：979－988.

Memelink J，2009. Regulation of gene expression by jasmonate hormones［J］．Phytochemistry，70（13－14）：1560－1570.

Memelink J，Verpoorte R，Kijne JW，2001. ORC Anization of jasmonate－responsive gene expression in alkaloid metabolism［J］．Trends in Plant Science，6（5）：212－219.

Menke FLH，Champion A，Kijne JW，et al.，1999. A novel jasmonate－and elicitor－responsive element in the periwinkle secondary metabolite biosynthetic gene Str interacts with a jasmonate－and elicitor－inducible AP2－domain transcription factor，ORCA2［J］．EMBO Journal，18（16）：4455－4463.

Menke FLH，Kang HG，Chen ZX，et al.，2005. Tobacco transcription factor WRKY1 is phosphorylated by the MAP kinase SIPK and mediates HR－like cell death in tobacco［J］．Molecular Plant－Microbe Interactions，18（10）：1027－1034.

Menu T，Saglio P，Granot D，et al.，2004. High hexokinase activity in tomato fruit perturbs carbon and energy metabolism and reduces fruit and seed size［J］．Plant Cell and Environment，27（1）：89－98.

Meraj TA，Fu JY，Raza MA，et al.，2020. Transcriptional factors regulate plant stress responses through mediating secondary metabolism［J］．Genes，11（4）：346.

Meskiene I，Baudouin E，Schweighofer A，et al.，2003. Stress－induced protein phosphatase 2C is a negative regulator of a mitogen－activated protein kinase［J］．Journal of Biological Chemistry，278（21）：18945－18952.

Meskiene I，Bogre L，Glaser W，et al.，1998. MP2C，a plant protein phosphatase 2C，functions as a negative regulator of mitogen－activated protein kinase pathways in yeast and plants［J］．Proceedings of the National Academy of Sciences of the United States of America，95（4）：1938－1943.

Meyer K，Koester T，Staiger D，2015. Pre－mRNA splicing in plants：In vivo functions of RNA－binding proteins implicated in the splicing process [J]．Biomolecules，5 (3)：1717－1740.

Mhamdi A，Van Breusegem F，2018. Reactive oxygen species in plant development [J]．Development，145 (15)：dev164376.

Millard PS，Kragelund BB，Burow M，2019. R2R3 MYB transcription factors－functions outside the DNA－binding domain [J]．Trends in Plant Science，24 (10)：934－946.

Mitchell PJ，Tjian R，1989. Transcriptional regulation in mammalian cells by sequence－specific DNA binding proteins [J]．Science，245 (4916)：371－378.

Mitreiter S，Gigolashvili T，2021. Regulation of glucosinolate biosynthesis [J]．Journal of Experimental Botany，72 (1)：70－91.

Mitsuda N，Ohme－Takagi M，2009. Functional analysis of transcription factors in *Arabidopsis* [J]．Plant and Cell Physiology，50 (7)：1232－1248.

Mizoi J，Shinozaki K，Yamaguchi－Shinozaki K，2012. AP2/ERF family transcription factors in plant abiotic stress responses [J]．Biochimica Et Biophysica Acta－Gene Regulatory Mechanisms，1819 (2)：86－96.

Mizusaki S，Kisaki T，Tamaki E，1968. Phytochemical studies on the tobacco alkaloids. XII. Identification of γ－methylaminobutyraldehyde and its precursor role in nicotine biosynthesis [J]．Plant Physiology，43 (1)：93－98.

Mizusaki S，Tanabe Y，Noguchi M，et al.，1972. N－methylputrescine oxidase from tobacco roots [J]．Phytochemistry，11 (9)：2757－2762.

Mizusaki S，Tanabe Y，Noguchi M，et al.，1973. Changes in the activities of ornithine decarboxylase，putrescine N－methyltransferase and N－methyl－putrescine oxidase in tobacco roots in relation to nicotine biosynthesis [J]．Plant and Cell Physiology，14 (1)：103－110.

Mogensen TH，2009. Pathogen recognition and inflammatory signaling in innate immune defenses [J]．Clinical Microbiology Reviews，22 (2)：240－273.

Mohanta TK，Arora PK，Mohanta N，et al.，2015. Identification of new members of the MAPK gene family in plants shows diverse conserved domains and novel activation loop variants [J]．BMC Genomics，16：58.

Moreno JE，Shyu C，Campos ML，et al.，2013. Negative feedback control of jasmonate signaling by an alternative splice variant of JAZ10 [J]．Plant Physiology，162 (2)：1006－1017.

Morita M，Shitan N，Sawada K，et al.，2009. Vacuolar transport of nicotine is mediated by a multidrug and toxic compound extrusion (MATE) transporter in *Nicotiana tabacum* [J]．Proceedings of the National Academy of Sciences of the United States of America，106 (7)：2447－2452.

Moyano E，Martínez－Garcia JF，Martin C，1996. Apparent redundancy in Myb gene function provides gearing for the control of flavonoid biosynthesis in Antirrhinum flowers [J]．Plant Cell，8 (9)：1519－1532.

Murashige T，Skoog F，1962. A revised medium for rapid growth and bio assays with tobacco tissue cultures [J]．Physiologia Plantarum，15：473－497.

Naconsie M，Kato K，Shoji T，et al.，2014. Molecular evolution of N－Methylputrescine oxidase in tobacco [J]．Plant and Cell Physiology，55 (2)：436－444.

Nagata T，Nemoto Y，Hasezawa S，1992. Tobacco BY－2 cell line as the "HeLa" cell in the cell biology of higher plants [J]．International Review of Cytology，132：1－30.

Nagy Z，Comer S，Smolenski A，2018. Analysis of protein phosphorylation using phos－tag gels [J]．Current protocols in protein science，93 (1)：e64.

Nakabayashi R，Yonekura－Sakakibara K，Urano K，et al.，2014. Enhancement of oxidative and drought tolerance in *Arabidopsis* by overaccumulation of antioxidant flavonoids [J]. Plant Journal，77（3）：367 - 379.

Nakagami H，Pitzschke A，Hirt H，2005. Emerging MAP kinase pathways in plant stress signalling [J]. Trends in Plant Science，10（7）：339 - 346.

Nakano T，Nishiuchi T，Suzuki K，et al.，2006. Studies on transcriptional regulation of endogenous genes by ERF2 transcription factor in tobacco cells [J]. Plant and Cell Physiology，47（4）：554 - 558.

Nakano T，Suzuki K，Fujimura T，et al.，2006. Genome - wide analysis of the ERF gene family in *Arabidopsis* and rice [J]. Plant Physiology，140（2）：411 - 432.

Nakayasu M，Shioya N，Shikata M，et al.，2018. JRE4 is a master transcriptional regulator of defense - related steroidal glycoalkaloids in tomato [J]. Plant Journal，94（6）：975 - 990.

Neuss N，Neuss MN，1990. Therapeutic use of bisindole alkaloids from catharanthus [J]. The Alkaloids：Chemistry and Pharmacology，37：229 - 240.

Newhouse PA，Potter A，Kelton M，et al.，2001. Nicotinic treatment of Alzheimer's disease [J]. Biological Psychiatry，49（3）：268 - 278.

Ng DWK，Abeysinghe JK，Kamali M，2018. Regulating the regulators：the control of transcription factors in plant defense signaling [J]. International Journal of Molecular Sciences，19（12）：3737.

Nikolov DB，Burley SK，1997. RNA polymerase Ⅱ transcription initiation：a structural view [J]. Proceedings of the National Academy of Sciences of the United States of America，94（1）：15 - 22.

Niu YJ，Figueroa P，Browse J，2011. Characterization of JAZ - interacting bHLH transcription factors that regulate jasmonate responses in *Arabidopsis* [J]. Journal of Experimental Botany，62（6）：2143 - 2154.

Noman A，Aqeel M，Lou YG，2019. PRRs and NB - LRRs：from signal perception to activation of plant innate immunity [J]. International Journal of Molecular Sciences，20（8）：1882.

Nugroho LH，Verpoorte R，2002. Secondary metabolism in tobacco [J]. Plant Cell Tissue and Organ Culture，68（2）：105 - 125.

Oh Y，Baldwin IT，Galis I，2012. NaJAZh regulates a subset of defense responses against herbivores and spontaneous leaf necrosis in *Nicotiana attenuata* plants [J]. Plant Physiology，159（2）：769 - 788.

Ohmetakagi M，Shinshi H，1995. Ethylene - inducible DNA binding proteins that interact with an ethylene - responsive element [J]. Plant Cell，7（2）：173 - 182.

Onate - Sanchez L，Anderson JP，Young J，et al.，2007. AtERF14，a member of the ERF family of transcription factors，plays a nonredundant role in plant defense [J]. Plant Physiology，143（1）：400 - 409.

Palusa SG，Ali GS，Reddy ASN，2007. Alternative splicing of pre - mRNAs of *Arabidopsis* serine/arginine - rich proteins：regulation by hormones and stresses [J]. Plant Journal，49（6）：1091 - 1107.

Pan YJ，Lin YC，Yu BF，et al.，2018. Transcriptomics comparison reveals the diversity of ethylene and methyl - jasmonate in roles of TIA metabolism in Catharanthus roseus [J]. BMC Genomics，19：508.

Park JY，Kim JH，Kim YM，et al.，2012. Tanshinones as selective and slow - binding inhibitors for SARS - CoV cysteine proteases [J]. Bioorganic & Medicinal Chemistry，20（19）：5928 - 5935.

Parkhi V，Rai M，Tan J，et al.，2005. Molecular characterization of marker - free transgenic lines of indica rice that accumulate carotenoids in seed endosperm [J]. Molecular Genetics and Genomics，274（4）：325 - 336.

Paschold A，Halitschke R，Baldwin IT，2007. Co（i）- ordinating defenses：NaCOI1 mediates herbivore - induced resistance in *Nicotiana attenuata* and reveals the role of herbivore movement in avoiding defenses [J]. Plant Journal，51（1）：79 - 91.

Patra B，Pattanaik S，Schluttenhofer C，et al.，2018. A network of jasmonate - responsive bHLH factors modulate monoterpenoid indole alkaloid biosynthesis in *Catharanthus roseus* [J]. New Phytologist, 217 (4): 1566 – 1581.

Patra B, Pattanaik S, Yuan L, 2013. Ubiquitin protein ligase 3 mediates the proteasomal degradation of GLABROUS 3 and ENHANCER OF GLABROUS 3, regulators of trichome development and flavonoid biosynthesis in *Arabidopsis* [J]. Plant Journal, 74 (3): 435 – 447.

Patra B, Schluttenhofer C, Wu YM, et al., 2013. Transcriptional regulation of secondary metabolite biosynthesis in plants [J]. Biochimica Et Biophysica Acta – Gene Regulatory Mechanisms, 1829 (11): 1236 – 1247.

Pattanaik S, Werkman JR, Kong Q, et al., 2010. Site – directed mutagenesis and saturation mutagenesis for the functional study of transcription factors involved in plant secondary metabolite biosynthesis [J]. Methods in Molecular Biology, 643: 47 – 57.

Pattanaik S, Xie CH, Yuan L, 2008. The interaction domains of the plant Myc – like bHLH transcription factors can regulate the transactivation strength [J]. Planta, 227 (3): 707 – 715.

Pattanayak V, Lin S, Guilinger JP, et al., 2013. High – throughput profiling of off – target DNA cleavage reveals RNA – programmed Cas9 nuclease specificity [J]. Nature Biotechnology, 31 (9): 839 – 843.

Paul P, Singh SK, Patra B, et al., 2017. A differentially regulated AP2/ERF transcription factor gene cluster acts downstream of a MAP kinase cascade to modulate terpenoid indole alkaloid biosynthesis in *Catharanthus roseus* [J]. New Phytologist, 213 (3): 1107 – 1123.

Paul P, Singh SK, Patra B, et al., 2020. Mutually regulated AP2/ERF gene clusters modulate biosynthesis of specialized metabolites in plants [J]. Plant Physiology, 182 (2): 840 – 856.

Pauw B, Memelink J, 2004. Jasmonate – responsive gene expression [J]. Journal of Plant Growth Regulation, 23 (3): 200 – 210.

Pauwels L, Barbero GF, Geerinck J, et al., 2010. NINJA connects the co – repressor TOPLESS to jasmonate signalling [J]. Nature, 464 (7289): 788 – 791.

Pauwels L, Goossens A, 2011. The JAZ proteins: a crucial interface in the jasmonate signaling cascade [J]. Plant Cell, 23 (9): 3089 – 3100.

Pauwels L, Inze D, Goossens A, 2009. Jasmonate – inducible gene: what does it mean? [J]. Trends in Plant Science, 14 (2): 87 – 91.

Pauwels L, Morreel K, De Witte E, et al., 2008. Mapping methyl jasmonate – mediated transcriptional reprogramming of metabolism and cell cycle progression in cultured *Arabidopsis* cells [J]. Proceedings of the National Academy of Sciences of the United States of America, 105 (4): 1380 – 1385.

Payne CT, Zhang F, Lloyd AM, 2000. GL3 encodes a bHLH protein that regulates trichome development in *Arabidopsis* through interaction with GL1 and TTG1 [J]. Genetics, 156 (3): 1349 – 1362.

Penninckx I, Thomma B, Buchala A, et al., 1998. Concomitant activation of jasmonate and ethylene response pathways is required for induction of a plant defensin gene in *Arabidopsis* [J]. Plant Cell, 10 (12): 2103 – 2113.

Pepper LR, Cho YK, Boder ET, et al., 2008. A decade of yeast surface display technology: Where are we now? [J] Combinatorial Chemistry & High Throughput Screening, 11 (2): 127 – 134.

Pesch M, Hulskamp M, 2009. One, two, three … models for trichome patterning in *Arabidopsis* [J]? Current Opinion in Plant Biology, 12 (5): 587 – 592.

Pichersky E, Lewinsohn E, 2011. Convergent evolution in plant specialized metabolism [J]. Annual Review of Plant Biology, 62: 549 – 566.

Pickar – Oliver A, Gersbach CA, 2019. The next generation of CRISPR – Cas technologies and applications

［J］. Nature Reviews Molecular Cell Biology, 20 (8): 490 – 507.

Pieterse CMJ, Leon – Reyes A, Van Der Ent S, et al. , 2009. Networking by small – molecule hormones in plant immunity ［J］. Nature Chemical Biology, 5 (5): 308 – 316.

Pietra F, 1997. Secondary metabolites from marine microorganisms: bacteria, protozoa, algae and fungi. Achievements and prospects ［J］. Natural Product Reports, 14 (5): 453 – 464.

Pietta PG, 2000. Flavonoids as antioxidants ［J］. Journal of Natural Products, 63 (7): 1035 – 1042.

Polosa R, Rodu B, Caponnetto P, et al. , 2013. A fresh look at tobacco harm reduction: the case for the electronic cigarette ［J］. Harm Reduction Journal, 10: 19.

Pott DM, Osorio S, Vallarino JG, 2019. From central to specialized metabolism: an overview of some secondary compounds derived from the primary metabolism for their role in conferring nutritional and organoleptic characteristics to fruit ［J］. Frontiers in Plant Science, 10: 835.

Powledge TM, 2004. Nicotine as therapy ［J］. Plos Biology, 2 (11): 1707 – 1710.

Prasanna V, Prabha TN, Tharanathan RN, 2007. Fruit ripening phenomena – An overview ［J］. Critical Reviews in Food Science and Nutrition, 47 (1): 1 – 19.

Pre M, Atallah M, Champion A, et al. , 2008. The AP2/ERF domain transcription factor ORA59 integrates jasmonic acid and ethylene signals in plant defense ［J］. Plant Physiology, 147 (3): 1347 – 1357.

Prouse MB, Campbell MM, 2012. The interaction between MYB proteins and their target DNA binding sites ［J］. Biochimica Et Biophysica Acta – Gene Regulatory Mechanisms, 1819 (1): 67 – 77.

Ptashne M, Gann A, 1997. Transcriptional activation by recruitment ［J］. Nature, 386 (6625): 569 – 577.

Qi TC, Huang H, Song SS, et al. , 2015. Regulation of jasmonate – mediated stamen development and seed production by a bHLH – MYB complex in *Arabidopsis* ［J］. Plant Cell, 27 (6): 1620 – 1633.

Qi TC, Huang H, Wu DW, et al. , 2014. *Arabidopsis* DELLA and JAZ proteins bind the WD – Repeat/bHLH/MYB complex to modulate gibberellin and jasmonate signaling synergy ［J］. Plant Cell, 26 (3): 1118 – 1133.

Qi TC, Song SS, Ren QC, et al. , 2011. The jasmonate – ZIM – domain proteins interact with the WD – Repeat/bHLH/MYB complexes to regulate jasmonate – mediated anthocyanin accumulation and trichome initiation in *Arabidopsis thaliana* ［J］. Plant Cell, 23 (5): 1795 – 1814.

Qin Q, Humphry M, Gilles T, et al. , 2021. NIC1 cloning and gene editing generates low – nicotine tobacco plants ［J］. Plant Biotechnology Journal, 19: 2150 – 2152.

Qiu JL, Fiil BK, Petersen K, et al. , 2008. *Arabidopsis* MAP kinase 4 regulates gene expression through transcription factor release in the nucleus ［J］. EMBO Journal, 27 (16): 2214 – 2221.

Qu LJ, Zhu YX, 2006. Transcription factor families in *Arabidopsis*: major progress and outstanding issues for future research – Commentary ［J］. Current Opinion in Plant Biology, 9 (5): 544 – 549.

Qu Y, Safonova O, De Luca V, 2019. Completion of the canonical pathway for assembly of anticancer drugs vincristine/vinblastine in Catharanthus roseus ［J］. Plant Journal, 97 (2): 257 – 266.

Quik M, O'Leary K, Tanner CM, 2008. Nicotine and Parkinson's disease: Implications for therapy ［J］. Movement Disorders, 23 (12): 1641 – 1652.

Raina SK, Wankhede DP, Jaggi M, et al. , 2012. CrMPK3, a mitogen activated protein kinase from Catharanthus roseus and its possible role in stress induced biosynthesis of monoterpenoid indole alkaloids ［J］. BMC Plant Biology, 12: 134.

Ramakrishna A, Ravishankar GA, 2011. Influence of abiotic stress signals on secondary metabolites in plants ［J］. Plant Signaling & Behavior, 6 (11): 1720 – 1731.

Rao MV, Lee H, Creelman RA, et al. , 2000. Jasmonic acid signaling modulates ozone – induced hypersensitive cell death [J] . Plant Cell, 12 (9): 1633 - 1646.

Reddy ASN, 2007. Alternative splicing of pre - messenger RNAs in plants in the genomic era [J] . Annual Review of Plant Biology, 58: 267 - 294.

Reddy ASN, Ali GS, 2011. Plant serine/arginine - rich proteins: roles in precursor messenger RNA splicing, plant development, and stress responses [J] . Wiley Interdisciplinary Reviews - RNA, 2 (6): 875 - 889.

Reed DG, Jelesko JG, 2004. The A and B loci of *Nicotiana tabacum* have non - equivalent effects on the mRNA levels of four alkaloid biosynthetic genes [J] . Plant Science, 167 (5): 1123 - 1130.

Reinbothe C, Springer A, Samol I, et al. , 2009. Plant oxylipins: role of jasmonic acid during programmed cell death, defence and leaf senescence [J] . Febs Journal, 276 (17): 4666 - 4681.

Reinbothe S, Reinbothe C, Parthier B, 1993. Methyl jasmonate - regulated translation of nuclear - encoded chloroplast proteins in barley (*Hordeum vulgare* L. cv. salome) [J] . The Journal of biological chemistry, 268 (14): 10606 - 10611.

Ren DT, Liu YD, Yang KY, et al. , 2008. A fungal - responsive MAPK cascade regulates phytoalexin biosynthesis in *Arabidopsis* [J] . Proceedings of the National Academy of Sciences of the United States of America, 105 (14): 5638 - 5643.

Rhoades DF, 1977. Integrated antiherbivore, antidesiccant and ultraviolet screening properties of creosotebush resin [J] . Biochemical Systematics and Ecology, 5 (4): 281 - 290.

Rhodes MJC, Hilton M, Parr A J, et al. , 1986. Nicotine production by "hairy root" cultures of nicotiana rustica: fermentation and product recovery [J] . Biotechnology Letters, 8: 415 - 420.

Riechers DE, Timko MP, 1999. Structure and expression of the gene family encoding putrescine N - methyltransferase in *Nicotiana tabacum*: new clues to the evolutionary origin of cultivated tobacco [J] . Plant Molecular Biology, 41 (3): 387 - 401.

Rijpkema AS, Gerats T, Vandenbussche M, 2007. Evolutionary complexity of MADS complexes [J]. Current Opinion in Plant Biology, 10 (1): 32 - 38.

Robertlee J, Kobayashi K, Suzuki M, et al. , 2017. AKIN10, a representative *Arabidopsis* SNF1 - related protein kinase 1 (SnRK1), phosphorylates and downregulates plant HMG - CoA reductase [J]. Febs Letters, 591 (8): 1159 - 1166.

Robinson MD, McCarthy DJ, Smyth GK, 2010. edgeR: a bioconductor package for differential expression analysis of digital gene expression data [J] . Bioinformatics, 26 (1): 139 - 140.

Rodriguez - Concepcion M, Boronat A, 2002. Elucidation of the methylerythritol phosphate pathway for isoprenoid biosynthesis in bacteria and plastids. A metabolic milestone achieved through genomics [J]. Plant Physiology, 130 (3): 1079 - 1089.

Roeder RG, 1996. The role of general initiation factors in transcription by RNA polymerase Ⅱ [J]. Trends in Biochemical Sciences, 21 (9): 327 - 335.

Rushton PJ, Bokowiec MT, Han SC, et al. , 2008. Tobacco transcription factors: Novel insights into transcriptional regulation in the Solanaceae [J] . Plant Physiology, 147 (1): 280 - 295.

Rushton PJ, Bokowiec MT, Laudeman TW, et al. , 2008. TOBFAC: the database of tobacco transcription factors [J] . BMC Bioinformatics, 9: 53.

Rushton PJ, Reinstadler A, Lipka V, et al. , 2002. Synthetic plant promoters containing defined regulatory elements provide novel insights into pathogen - and wound - induced signaling [J] . Plant Cell, 14 (4): 749 - 762.

Ryabova LA, Robaglia C, Meyer C, 2019. Target of rapamycin kinase: central regulatory hub for plant growth and metabolism [J] . Journal of Experimental Botany, 70 (8): 2211 - 2216.

Ryan SM, Cane KA, DeBoer KD, et al., 2012. Structure and expression of the quinolinate phosphoribo-syltransferase (QPT) gene family in Nicotiana [J]. Plant Science, 188: 102 – 110.

Sachan N, Falcone DL, 2002. Wound – induced gene expression of putrescine N – methyltransferase in leaves of *Nicotiana tabacum* [J]. Phytochemistry, 61 (7): 797 – 805.

Saedler R, Baldwin IT, 2004. Virus – induced gene silencing of jasmonate – induced direct defences, nicotine and trypsin proteinase – inhibitors in *Nicotiana attenuata* [J]. Journal of Experimental Botany, 55 (395): 151 – 157.

Saitoh F, Noma M, Kawashima N, et al., 1985. The alkaloid contents of sixty *Nicotiana* species [J]. Phytochemistry, 24 (3): 477 – 480.

Sato F, Hashimoto T, Hachiya A, et al., 2001. Metabolic engineering of plant alkaloid biosynthesis [J]. Proceedings of the National Academy of Sciences of the United States of America, 98 (1): 367 – 372.

Saunders JA, 1979. Investigations of vacuoles isolated from tobacco: I. Quantitation of nicotine [J]. Plant Physiology, 64 (1): 74 – 78.

Saunders JW, Bush LP, 1979. Nicotine biosynthetic enzyme activities in *Nicotiana tabacum* L. genotypes with different alkaloid levels [J]. Plant Physiology, 64 (2): 236 – 240.

Schilmiller AL, Last RL, Pichersky E, 2008. Harnessing plant trichome biochemistry for the production of useful compounds [J]. Plant Journal, 54 (4): 702 – 711.

Schmieder R, Edwards R, 2011. Quality control and preprocessing of metagenomic datasets [J]. Bioinformatics, 27 (6): 863 – 864.

Schmittgen TD, Livak KJ, 2008. Analyzing real – time PCR data by the comparative C – T method [J]. Nature Protocols, 3 (6): 1101 – 1108.

Schubert R, Dobritzsch S, Gruber C, et al., 2019. Tomato *MYB21* acts in ovules to mediate jasmonate – tegulated fertility [J]. Plant Cell, 31 (5): 1043 – 1062.

Schwechheimer C, Zourelidou M, Bevan MW, 1998. Plant transcription factor studies [J]. Annual Review of Plant Physiology and Plant Molecular Biology, 49: 127 – 150.

Schweighofer A, Hirt H, Meskiene L, 2004. Plant PP2C phosphatases: emerging functions in stress signaling [J]. Trends in Plant Science, 9 (5): 236 – 243.

Schweighofer A, Kazanaviciute V, Scheikl E, et al., 2007. The PP2C – type phosphatase AP2C1, which negatively regulates MPK4 and MPK6, modulates innate immunity, jasmonic acid, and ethylene levels in *Arabidopsis* [J]. Plant Cell, 19 (7): 2213 – 2224.

Scott TA, Glynn JP, 1967. The incorporation of [2,3,7 – 14 C] nicotinic acid into nicotine by Nicotiana tabacum [J]. Phytochemistry, 6: 505 – 510.

Sears MT, Zhang HB, Rushton PJ, et al., 2014. *NtERF32*: a non – NIC2 locus AP2/ERF transcription factor required in jasmonate – inducible nicotine biosynthesis in tobacco [J]. Plant Molecular Biology, 84 (1 – 2): 49 – 66.

Seo S, Sano H, Ohashi Y, 1997. Jasmonic acid in wound signal transduction pathways [J]. Physiologia Plantarum, 101 (4): 740 – 745.

Seybold H, Trempel F, Ranf S, et al., 2014. Ca^{2+} signalling in plant immune response: from pattern recognition receptors to Ca^{2+} decoding mechanisms [J]. New Phytologist, 204 (4): 782 – 790.

Sheard LB, Tan X, Mao HB, et al., 2010. Jasmonate perception by inositol – phosphate – potentiated COI1 – JAZ co – receptor [J]. Nature, 468 (7322): 400 – 405.

Shen B, Zhang J, Wu HY, et al., 2013. Generation of gene – modified mice via Cas9/RNA – mediated gene targeting [J]. Cell Research, 23 (5): 720 – 723.

Shen B，Zhang WS，Zhang J，et al.，2014. Efficient genome modification by CRISPR – Cas9 nickase with minimal off – target effects [J]. Nature Methods，11（4）：399 – 402.

Shen P，Zhang QY，Yang LT，et al.，2017. The safety management of genome editing technology [J]. Scientia Agricultura Sinica，50（8）：1361 – 1369.

Shi H，Lin YL，Lai ZX，et al.，2018. Research progress on CRISPR/Cas9 – mediated genome editing technique in plants [J]. Chinese Journal of Applied and Environmental Biology，24（3）：640 – 650.

Shi JW，Wang E，Milazzo JP，et al.，2015. Discovery of cancer drug targets by CRISPR – Cas9 screening of protein domains [J]. Nature Biotechnology，33（6）：661 – 667.

Shi QM，Li CJ，Zhang FS，2006. Nicotine synthesis in *Nicotiana tabacum* L. induced by mechanical wounding is regulated by auxin [J]. Journal of Experimental Botany，57（11）：2899 – 2907.

Shitan N，Hayashida M，Yazaki K，2015. Translocation and accumulation of nicotine via distinct spatio – temporal regulation of nicotine transporters in *Nicotiana tabacum* [J]. Plant Signaling & Behavior，10（7）：e1035852.

Shoji T，Hashimoto T，2008，Why does anatabine，but not nicotine，accumulate in jasmonate – elicited cultured tobacco BY – 2 cells? [J]. Plant and Cell Physiology，49（8）：1209 – 1216.

Shoji T，Hashimoto T，2011a. Nicotine biosynthesis [M]. [S. I.]：John & Sons，Ltd：191 – 216.

Shoji T，Hashimoto T，2011b. Recruitment of a duplicated primary metabolism gene into the nicotine biosynthesis regulon in tobacco [J]. Plant Journal 67，（6）：949 – 959.

Shoji T，Hashimoto T，2011c. Tobacco *MYC2* regulates jasmonate – inducible nicotine biosynthesis genes directly and by way of the NIC2 – locus ERF genes [J]. Plant and Cell Physiology，52（6）：1117 – 1130.

Shoji T，Hashimoto T，2012. DNA – binding and transcriptional activation properties of tobacco NIC2 – locus ERF189 and related transcription factors [J]. Plant Biotechnology，29（1）：35 – 42.

Shoji T，Hashimoto T，2015. Stress – induced expression of NICOTINE2 – locus genes and their homologs encoding Ethylene Response Factor transcription factors in tobacco [J]. Phytochemistry，113：41 – 49.

Shoji T，Inai K，Yazaki Y，et al.，2009. Multidrug and toxic compound extrusion – type transporters implicated in vacuolar sequestration of nicotine in tobacco roots [J]. Plant Physiology，149（2）：708 – 718.

Shoji T，Kajikawa M，Hashimoto T，2010. Clustered transcription factor genes regulate nicotine biosynthesis in tobacco [J]. Plant Cell，22（10）：3390 – 3409.

Shoji T，Nakajima K，Hashimoto T，2000. Ethylene suppresses jasmonate – induced gene expression in nicotine biosynthesis [J]. Plant and Cell Physiology，41（9）：1072 – 1076.

Shoji T，Ogawa T，Hashimoto T，2008. Jasmonate – induced nicotine formation in tobacco is mediated by tobacco COI1 and JAZ genes [J]. Plant and Cell Physiology，49（7）：1003 – 1012.

Shoji T，Winz R，Iwase T，et al.，2002. Expression patterns of two tobacco isoflavone reductase – like genes and their possible roles in secondary metabolism in tobacco [J]. Plant Molecular Biology，50：427 – 440.

Shoji T，Yamada Y，Hashimoto T，2000. Jasmonate induction of putrescine N – methyltransferase genes in the root of *Nicotiana sylvestris* [J]. Plant and Cell Physiology，41（7）：831 – 839.

Shoji T，Yuan L，2021. ERF gene clusters：working together to regulate metabolism [J]. Trends in Plant Science，26（1）：23 – 32.

Shukla V，Lombardi L，Pencik A，et al.，2020. Jasmonate signalling contributes to primary root inhibition upon oxygen deficiency in *Arabidopsis thaliana* [J]. Plants – Basel，9（8）：1046.

Sierro N，Battey JND，Ouadi S，et al.，2014. The tobacco genome sequence and its comparison with those of tomato and potato [J]. Nature Communications，5：3833.

Sinclair SJ，Murphy KJ，Birch CD，et al.，2000. Molecular characterization of quinolinate phosphoribosyltransferase（QPRTase）in Nicotiana［J］. Plant Molecular Biology，44（5）：603－617.

Singh A，Giri J，Kapoor S，et al.，2010. Protein phosphatase complement in rice：genome－wide identification and transcriptional analysis under abiotic stress conditions and reproductive development［J］. BMC Genomics，11：435.

Singh A，Pandey A，Srivastava AK，et al.，2016. Plant protein phosphatases 2C：from genomic diversity to functional multiplicity and importance in stress management［J］. Critical Reviews in Biotechnology，36（6）：1023－1035.

Singh KB，Foley RC，Onate－Sanchez L，2002. Transcription factors in plant defense and stress responses ［J］. Current Opinion in Plant Biology，5（5）：430－436.

Singh SK，Patra B，Paul P，et al.，2020. Revisiting the ORCA gene cluster that regulates terpenoid indole alkaloid biosynthesis in Catharanthus roseus［J］. Plant Science，293：110408.

Singh SK，Patra B，Paul P，et al.，2021. BHLH IRIDOID SYNTHESIS 3 is a member of a bHLH gene cluster regulating terpenoid indole alkaloid biosynthesis in Catharanthus roseus［J］. Plant Direct，5 （1）：e00305.

Singh SK，Wu YM，Ghosh JS，et al.，2015. RNA－sequencing reveals global transcriptomic changes in *Nicotiana tabacum* responding to topping and treatment of axillary－shoot control chemicals［J］. Scientific Reports，5：18148.

Sisson VA，Severson RF，1990. Alkaloid composition of the *Nicotiana* species［J］. Beitrage zur Tabakforschung International，14（6）：327－339.

Skibbe M，Qu N，Galis I，et al.，2008. Induced plant defenses in the natural environment：*Nicotiana attenuata* WRKY3 and WRKY6 coordinate responses to herbivory［J］. Plant Cell，20（7）：1984－2000.

Song SS，Qi TC，Huang H，et al.，2011. The Jasmonate－ZIM domain proteins interact with the R2R3－MYB transcription factors MYB21 and MYB24 to affect jasmonate－regulated Stamen development in *Arabidopsis*［J］. Plant Cell，23（3）：1000－1013.

Sprenger－Haussels M，Weisshaar B，2000. Transactivation properties of parsley proline－rich bZIP transcription factors［J］. Plant Journal，22（1）：1－8.

Stamatakis A，2006. RAxML－VI－HPC：Maximum likelihood－based phylogenetic analyses with thousands of taxa and mixed models［J］. Bioinformatics，22（21）：2688－2690.

Staswick PE，2008. JAZing up jasmonate signaling［J］. Trends in Plant Science，13（2）：66－71.

Steppuhn A，Gase K，Krock B，et al.，2004. Nicotine's defensive function in nature［J］. Plos Biology，2（8）：1074－1080.

Steppuhn A，Schuman MC，Baldwin IT，2008. Silencing jasmonate signalling and jasmonate－mediated defences reveals different survival strategies between two *Nicotiana attenuata* accessions［J］. Molecular Ecology，17（16）：3717－3732.

Stracke R，Werber M，Weisshaar B，2001. The R2R3－MYB gene family in *Arabidopsis thaliana*［J］. Current Opinion in Plant Biology，4（5）：447－456.

Subramanian C，Woo J，Cai X，et al.，2006. A suite of tools and application notes for in vivo protein interaction assays using bioluminescence resonance energy transfer（BRET）［J］. Plant Journal，48（1）：138－152.

Sui JK，Wang CK，Liu XF，et al.，2018. Formation of alpha－ and beta－cembratriene－diols in tobacco （*Nicotiana tabacum* L.）is regulated by jasmonate－signaling components via manipulating multiple cembranoid synthetic genes［J］. Molecules，23（10）：2511.

Sui XY，Singh SK，Patra B，et al.，2018. Cross–family transcription factor interaction between MYC2 and GBFs modulates terpenoid indole alkaloid biosynthesis [J]．Journal of Experimental Botany，69 (18)：4267–4281.

Sui XY，Zhang HB，Song ZB，et al.，2019. Ethylene response factor NtERF91 positively regulates alkaloid accumulations in tobacco (Nicotiana tabacum L.) [J]．Biochemical and Biophysical Research Communications，517 (1)：164–171.

Sun LJ，Li DY，Zhang HJ，et al.，2012. Functions of NAC transcription factors in biotic and abiotic stress responses in plants [J]．Hereditas，34 (8)：993–1002.

Suttipanta N，Pattanaik S，Kulshrestha M，et al.，2011. The transcription factor CrWRKY1 positively regulates the terpenoid indole alkaloid biosynthesis in Catharanthus roseus [J]．Plant Physiology，157 (4)：2081–2093.

Syed NH，Kalyna M，Marquez Y，et al.，2012. Alternative splicing in plants–coming of age [J]．Trends in Plant Science，17 (10)：616–623.

Tahmasebi A，Ebrahimie E，Pakniyat H，et al.，2019. Insights from the Echinacea purpurea (L.) Moench transcriptome：Global reprogramming of gene expression patterns towards activation of secondary metabolism pathways [J]．Industrial Crops and Products，132：365–376.

Taj G，Agarwal P，Grant M，et al.，2010. MAPK machinery in plants Recognition and response to different stresses through multiple signal transduction pathways [J]．Plant Signaling & Behavior，5 (11)：1370–1378.

Tamura K，Stecher G，Peterson D，et al.，2013. MEGA6：molecular evolutionary genetics analysis version 6.0 [J]．Molecular Biology and Evolution，30 (12)：2725–2729.

Tanaka T，Yamada R，Ogino C，et al.，2012. Recent developments in yeast cell surface display toward extended applications in biotechnology [J]．Applied Microbiology and Biotechnology，95 (3)：577–591.

Tang QY，Zhang CX，2013. Data Processing System (DPS) software with experimental design，statistical analysis and data mining developed for use in entomological research [J]．Insect Science，20 (2)：254–260.

Thines B，Katsir L，Melotto M，et al.，2007. JAZ repressor proteins are targets of the SCFCOI1 complex during jasmonate signalling [J]．Nature，448 (7154)：661–665.

Thireault C，Shyu C，Yoshida Y，et al.，2015. Repression of jasmonate signaling by a non–TIFY JAZ protein in Arabidopsis [J]．Plant Journal，82 (4)：669–679.

Thurston R，Smith WT，Cooper BP，1966. Alkaloid secretion by trichomes of Nicotiana species and resistance to aphids [J]．Entomologia Experimentalis et Applicata，9 (4)：428–432.

Tiburcio AF，Galston AW，1986. Arginine decarboxylase as the source of putrescine for tobacco alkaloids [J]．Phytochemistry，25：107–110.

Timko MP，Rushton PJ，Laudeman TW，et al.，2008. Sequencing and analysis of the gene–rich space of cowpea [J]．BMC Genomics，9：103.

Tjoncke JA，Goncalves R，Castaing N，et al.，2020. Death related to nicotine replacement therapy：a case report [J]．Forensic science international，309：110223.

Todd AT，Liu EW，Polvi SL，et al.，2010. A functional genomics screen identifies diverse transcription factors that regulate alkaloid biosynthesis in Nicotiana benthamiana [J]．Plant Journal，62 (4)：589–600.

Torti S，Schlesier R，Thummler A，et al.，2021. Transient reprogramming of crop plants for agronomic performance [J]．Nature Plants，7 (2)：159–171.

Traw MB，Bergelson J，2003. Interactive effects of jasmonic acid，salicylic acid，and gibberellin on induction of trichomes in *Arabidopsis* [J]. Plant Physiology, 133 (3): 1367-1375.

Traw MB, Dawson TE, 2002. Differential induction of trichomes by three herbivores of black mustard [J]. Oecologia, 131 (4): 526-532.

Tsai SQ, Zheng ZL, Nguyen NT, et al., 2015. GUIDE-seq enables genome-wide profiling of off-target cleavage by CRISPR-Cas nucleases [J]. Nature Biotechnology, 33 (2): 187-197.

Turner JG, Ellis C, Devoto A, 2002. The jasmonate signal pathway [J]. Plant Cell, 14: S153-S164.

Turner WB, 1971: Fungal metabolites [M]. London: Academic Press.

Tyler L, Bragg JN, Wu JJ, et al., 2010. Annotation and comparative analysis of the glycoside hydrolase genes in Brachypodium distachyon [J]. BMC Genomics, 11: 600.

Uimari A, Strommer J, 1997. Myb26: a MYB-like protein of pea flowers with affinity for promoters of phenylpropanoid genes [J]. Plant Journal, 12 (6): 1273-1284.

Umbrasaite J, Schweighofer A, Kazanaviciute V, et al., 2010. MAPK Phosphatase AP2C3 Induces Ectopic Proliferation of Epidermal Cells Leading to Stomata Development in *Arabidopsis* [J]. Plos One, 5 (12): e15357.

Valleau WD, 1949. Breeding low-nicotine tobacco [J]. Journal of Agricultural Research, 78: 171-181.

Van Der Fits L, Memelink J, 2000. ORCA3, a jasmonate-responsive transcriptional regulator of plant primary and secondary metabolism [J]. Science, 289 (5477): 295-297.

Van Der Fits L, Memelink J, 2001. The jasmonate-inducible AP2/ERF-domain transcription factor ORCA3 activates gene expression via interaction with a jasmonate-responsive promoter element [J]. Plant Journal, 25 (1): 43-53.

Van Loon LC, Rep M, Pieterse CMJ, 2006. Significance of inducible defense-related proteins in infected plants [J]. Annual Review of Phytopathology, 44: 135-162.

Van Moerkercke A, Steensma P, Gariboldi I, et al., 2016. The basic helix-loop-helix transcription factor BIS2 is essential for monoterpenoid indole alkaloid production in the medicinal plant Catharanthus roseus [J]. Plant Journal, 88 (1): 3-12.

Van Moerkercke A, Steensma P, Schweizer F, et al., 2015. The bHLH transcription factor BIS1 controls the iridoid branch of the monoterpenoid indole alkaloid pathway in Catharanthus roseus [J]. Proceedings of the National Academy of Sciences of the United States of America, 112 (26): 8130-8135.

Van Schie CCN, Haring MA, Schuurink RC, 2007. Tomato linalool synthase is induced in trichomes by jasmonic acid [J]. Plant Molecular Biology, 64 (3): 251-263.

Van Wersch R, Gao F, Zhang YL, 2018. Mitogen-activated protein kinase kinase 6 negatively regulates anthocyanin induction in *Arabidopsis* [J]. Plant Signaling & Behavior, 13 (10): e1526000.

Vanlerberghe GC, McIntosh L, 1994. Mitochondrial electron transport regulation of nuclear gene expression. Studies with the alternative oxidase gene of tobacco [J]. Plant Physiology, 105 (3): 867-874.

Verma M, Ghangal R, Sharma R, et al., 2014. Transcriptome analysis of *Catharanthus roseus* for gene discovery and expression profiling [J]. Plos One, 9 (7): e103583.

Vidal G, Ribas-Carbo M, Garmier M, et al., 2007. Lack of respiratory chain complex I impairs alternative oxidase engagement and modulates redox signaling during elicitor-induced cell death in tobacco [J]. Plant Cell, 19 (2): 640-655.

Voelckel C, Krugel T, Gase K, et al., 2001. Anti-sense expression of putrescine N-methyltransferase confirms defensive role of nicotine in *Nicotiana sylvestris* against *Manduca sexta* [J]. Chemoecology, 11 (3): 121-126.

Vom Endt D, Soarese Silva M, Kijne JW, et al., 2007. Identification of a bipartite jasmonate-responsive promoter element in the *Catharanthus roseus* ORCA3 transcription factor gene that interacts specifically with AT - Hook DNA - binding proteins [J] . Plant Physiology, 144 (3): 1680 - 1689.

Vrebalov J, Ruezinsky D, Padmanabhan V, et al., 2002. A MADS - box gene necessary for fruit ripening at the tomato ripening - inhibitor (Rin) locus [J] . Science, 296 (5566): 343 - 346.

Wagner R, Feth F, Wagner KG, 1986a. The pyridine - nucleotide cycle in tobacco : Enzyme activities for the recycling of NAD [J] . Planta, 167 (2): 226 - 232.

Wagner R, Feth F, Wagner KG, 1986b. Regulation in tobacco callus of enzyme activities of the nicotine pathway: II. The pyridine - nucleotide cycle [J] . Planta, 168: 408 - 413.

Wagner R, Wagner KG, 1985. The pyridine - nucleotide cycle in tobacco Enzyme activities for the de - novo synthesis of NAD [J] . Planta, 165 (4): 532 - 537.

Waller JC, Dhanoa PK, Schumann U, et al., 2010. Subcellular and tissue localization of NAD kinases from *Arabidopsis*: compartmentalization of de novo NADP biosynthesis [J] . Planta, 231 (2): 305 - 317.

Wang BW, 2011. Factors in nicotine biosynthesis in tobacco [D] . Ralejgh: North Carolina State University.

Wang BW, Lewis RS, Shi JL, et al., 2015. Genetic factors for enhancement of nicotine levels in cultivated tobacco [J] . Scientific Reports, 5: 17360.

Wang EM, Wagner GJ, 2003. Elucidation of the functions of genes central to diterpene metabolism in tobacco trichomes using posttranscriptional gene silencing [J] . Planta, 216 (4): 686 - 691.

Wang EM, Wang R, DeParasis J, et al., 2001. Suppression of a P450 hydroxylase gene in plant trichome glands enhances natural - product - based aphid resistance [J] . Nature Biotechnology, 19 (4): 371 - 374.

Wang FJ, Zhao KJ, 2018. Progress and Challenge of Crop Genetic Improvement via Genome Editing [J]. Scientia Agricultura Sinica, 51 (1): 1 - 16.

Wang HC, Chevalier D, Larue C, et al., 2007. The protein phosphatases and protein kinases of *Arabidopsis thaliana* [J] . The *Arabidopsis* book, 5: e0106.

Wang J, Sheehan M, Brookman H, et al., 2000. Characterization of cDNAs differentially expressed in roots of tobacco (Nicotiana tabacum cv Burley 21) during the early stages of alkaloid biosynthesis [J]. Plant Science, 158: 19 - 32.

Wang JJ, Wu DW, Wang YP, et al., 2019. Jasmonate action in plant defense against insects [J] . Journal of Experimental Botany, 70 (13): 3391 - 3400.

Wang JK, Sun ZY, Liu JX, 2011. Recent advances in yeast cell - surface display technology [J] . Chinese Journal of Animal Nutrition, 23 (11): 1847 - 1853.

Wang JZ, Chai JJ, 2020. Structural insights into the plant immune receptors PRRs and NLRs [J] . Plant Physiology, 182 (4): 1566 - 1581.

Wang SC, Alseekh S, Fernie AR, et al., 2019. The structure and function of major plant metabolite modifications [J] . Molecular Plant, 12 (7): 899 - 919.

Wang SS, Shi QM, Li WQ, et al., 2008. Nicotine concentration in leaves of flue - cured tobacco plants as affected by removal of the shoot apex and lateral buds [J] . Journal of Integrative Plant Biology, 50 (8): 958 - 964.

Wang WJ, Liu GS, Niu HX, et al., 2014. The F - box protein COI1 functions upstream of MYB305 to regulate primary carbohydrate metabolism in tobacco (*Nicotiana tabacum* L. cv. TN90) [J] . Journal of Experimental Botany, 65 (8): 2147 - 2160.

Wang XL, Peng FT, Li MJ, et al., 2012. Expression of a heterologous SnRK1 in tomato increases carbon assimilation, nitrogen uptake and modifies fruit development [J] . Journal of Plant Physiology, 169

(12): 1173 - 1182.

Wang XW, Bennetzen JL, 2015. Current status and prospects for the study of *Nicotiana* genomics, genetics, and nicotine biosynthesis genes [J]. Molecular Genetics and Genomics, 290 (1): 11 - 21.

Wang YF, Su WY, Cao SY, et al., 2018. Development of novel gene editing technologies and its applications in plant breeding [J]. Acat Agriculturae Boreali - Occidentalis Sinica, 27 (5): 617 - 625.

Wang YN, Lan KKG, Li G, et al., 2011. A group sequential procedure for interim treatment selection [J]. Statistics in Biopharmaceutical Research, 3 (1): 1 - 13.

Wasternack C, 2007. Jasmonates: an update on biosynthesis, signal transduction and action in plant stress response, growth and development [J]. Annals of Botany, 100 (4): 681 - 697.

Wasternack C, Hause B, 2013. Jasmonates: biosynthesis, perception, signal transduction and action in plant stress response, growth and development [J]. An update to the 2007 review in Annals of Botany. Annals of Botany, 111 (6): 1021 - 1058.

Wasternack C, Song S, 2017. Jasmonates: biosynthesis, metabolism, and signaling by proteins activating and repressing transcription [J]. Journal of Experimental Botany, 68 (6): 1303 - 1321.

Wasternack C, Strnad M, 2019. Jasmonates are signals in the biosynthesis of secondary metabolites - Pathways, transcription factors and applied aspects - A brief review [J]. New Biotechnology, 48: 1 - 11.

Weathers PJ, Elkholy S, Wobbe KK, 2006. Artemisinin: the biosynthetic pathway and its regulation in Artemisia annua, a terpenoid - rich species [J]. In Vitro Cellular & Developmental Biology - Plant, 42 (4): 309 - 317.

Weber H, Vick BA, Farmer EE, 1997. Dinor - oxo - phytodienoic acid: A new hexadecanoid signal in the jasmonate family [J]. Proceedings of the National Academy of Sciences of the United States of America, 94 (19): 10473 - 10478.

Wei KF, Pan S, 2014. Maize protein phosphatase gene family: identification and molecular characterization [J]. BMC Genomics, 15: 773.

Wiedenheft B, Sternberg SH, Doudna JA, 2012. RNA - guided genetic silencing systems in bacteria and archaea [J]. Nature, 482 (7385): 331 - 338.

Wink M, 2003. Evolution of secondary metabolites from an ecological and molecular phylogenetic perspective [J]. Phytochemistry, 64 (1): 3 - 19.

Wink M, Schmeller T, Latz - Bruning B, 1998. Modes of action of allelochemical alkaloids: Interaction with neuroreceptors, DNA, and other molecular targets [J]. Journal of chemical ecology, 24 (11): 1881 - 1937.

Winz RA, Baldwin IT, 2001. Molecular interactions between the specialist herbivore *Manduca sexta* (*Lepidoptera, Sphingidae*) and its natural host *Nicotiana attenuata*. IV. Insect - induced ethylene reduces jasmonate - induced nicotine accumulation by regulating putrescine N - methyltransferase transcripts [J]. Plant Physiology, 125 (4): 2189 - 2202.

Woldemariam MG, Baldwin IT, Galis I, 2011. Transcriptional regulation of plant inducible defenses against herbivores: a mini - review [J]. Journal of Plant Interactions, 6 (2 - 3): 113 - 119.

Woldemariam MG, Dinh ST, Oh Y, et al., 2013. *NaMYC2* transcription factor regulates a subset of plant defense responses in *Nicotiana attenuata* [J]. BMC Plant Biology, 13: 73.

Wu MT, Chatterji S, Eisen JA, 2012. Accounting for alignment uncertainty in phylogenomics [J]. Plos One, 7 (1): e30288.

Wurtzel ET, Kutchan TM, 2016. Plant metabolism, the diverse chemistry set of the future [J]. Science, 353 (6305): 1232 - 1236.

Xie DX, Feys BF, James S et al., 1998. COI1: an *Arabidopsis* gene required for jasmonate‐regulated defense and fertility [J]. Science, 280 (5366): 1091–1094.

Xie XD, Gao JP, Li ZF, et al., 2019. Application of multigene editing system mediated by CRISPR/Cas9 to *Nicotiana tabacum* [J]. Acta Tabacaria Sinica, 25 (4): 72–80.

Xie XD, Qin GY, Si P, et al., 2017. Analysis of *Nicotiana tabacum* PIN genes identifies *NtPIN4* as a key regulator of axillary bud growth [J]. Physiologia Plantarum, 160 (2): 222–239.

Xie Y, Tan HJ, Ma ZX, et al., 2016. DELLA proteins promote anthocyanin biosynthesis via sequestering MYBL2 and JAZ suppressors of the MYB/bHLH/WD40 complex in *Arabidopsis thaliana* [J]. Molecular Plant, 9 (5): 711–721.

Xie YF, Ding ML, Zhang B, et al., 2020. Genome‐wide characterization and expression profiling of MAPK cascade genes in Salvia miltiorrhiza reveals the function of SmMAPK3 and SmMAPK1 in secondary metabolism [J]. BMC Genomics, 21 (1): 630.

Xiong Y, Sheen J, 2014. The role of target of rapamycin signaling networks in plant growth and metabolism [J]. Plant Physiology, 164 (2): 499–512.

Xu BF, Sheehan MJ, Timko MP, 2004. Differential induction of ornithine decarboxylase (ODC) gene family members in transgenic tobacco (*Nicotiana tabacum* L. cv. Bright Yellow 2) cell suspensions by methyl‐jasmonate treatment [J]. Plant Growth Regulation, 44 (2): 101–116.

Xu BF, Timko MP, 2004. Methyl jasmonate induced expression of the tobacco putrescine N‐methyltransferase genes requires both G‐box and GCC‐motif elements [J]. Plant Molecular Biology, 55 (5): 743–761.

Xu D, Nussinov R, 1998. Favorable domain size in proteins [J]. Folding & Design, 3 (1): 11–17.

Xu J, Li Y, Wang Y, et al., 2008. Activation of MAPK kinase 9 induces ethylene and camalexin biosynthesis and enhances sensitivity to salt stress in *Arabidopsis* [J]. Journal of Biological Chemistry, 283 (40): 26996–27006.

Xu J, Meng J, Meng XZ, et al., 2016. Pathogen‐responsive MPK3 and MPK6 reprogram the biosynthesis of indole glucosinolates and their derivatives in *Arabidopsis* immunity [J]. Plant Cell, 28 (5): 1144–1162.

Xu S, Brockmoller T, Navarro‐Quezada A, et al., 2017. Wild tobacco genomes reveal the evolution of nicotine biosynthesis [J]. Proc Natl Acad Sci USA, 114: 6133–6138.

Xue TT, Wang D, Zhang SZ, et al., 2008. Genome‐wide and expression analysis of protein phosphatase 2C in rice and *Arabidopsis* [J]. BMC Genomics, 9: 550.

Yan JB, Zhang C, Gu M, et al., 2009. The *Arabidopsis* CORONATINE INSENSITIVE1 protein is a jasmonate receptor [J]. Plant Cell, 21 (8): 2220–2236.

Yan N, Du YM, Liu XM, et al., 2016. Chemical structures, biosynthesis, bioactivities, biocatalysis and semisynthesis of tobacco cembranoids: An overview [J]. Industrial Crops and Products, 83: 66–80.

Yan TX, Chen MH, Shen Q, et al., 2017. HOMEODOMAIN PROTEIN 1 is required for jasmonate‐mediated glandular trichome initiation in Artemisia annua [J]. New Phytologist, 213 (3): 1145–1155.

Yan YX, Stolz S, Chetelat A, et al., 2007. A downstream mediator in the growth repression limb of the jasmonate pathway [J]. Plant Cell, 19 (8): 2470–2483.

Yanagisawa S, Sheen J, 1998. Involvement of maize Dof zinc finger proteins in tissue‐specific and light‐regulated gene expression [J]. Plant Cell, 10 (1): 75–89.

Yang CQ, Fang X, Wu XM, et al., 2012. Transcriptional regulation of plant secondary metabolism [J]. Journal of Integrative Plant Biology, 54 (10): 703–712.

Yang LY, Zhang Y, Guan RX, et al., 2020. Co‐regulation of indole glucosinolates and camalexin biosynthesis by CPK5/CPK6 and MPK3/MPK6 signaling pathways [J]. Journal of Integrative Plant Biology, 62 (11): 1780 - 1796.

Yang P, Praz C, Li BB, et al., 2019. Fungal resistance mediated by maize wall - associated kinase ZmWAK - RLK1 correlates with reduced benzoxazinoid content [J]. New Phytologist, 221 (2): 976 - 987.

Yang SM, Tang F, Zhu HY, 2014. Alternative splicing in plant immunity [J]. International Journal of Molecular Sciences, 15 (6): 10424 - 10445.

Yang Y, Zhang Y, Dang JB, et al., 2019. Study on *Nicotiana* chromosome specimen preparation using ovary [J]. Chinese Tobacco Science, 40 (4): 56 - 61.

Yang YP, Guo J, Yan PC, et al., 2015. Transcriptome Profiling Identified Multiple Jasmonate ZIM - Domain Proteins Involved in the Regulation of Alkaloid Biosynthesis in Tobacco BY - 2 Cells [J]. Plant Molecular Biology Reporter, 33 (1): 153 - 166.

Yang YP, Yan PC, Yi C, et al., 2017. Transcriptome - wide analysis of jasmonate - treated BY - 2 cells reveals new transcriptional regulators associated with alkaloid formation in tobacco [J]. Journal of Plant Physiology, 215: 1 - 10.

Yang ZZ, Li YQ, Gao FZ, et al., 2020. MYB21 interacts with MYC2 to control the expression of terpene synthase genes in flowers of Freesia hybrida and *Arabidopsis thaliana* [J]. Journal of Experimental Botany, 71 (14): 4140 - 4158.

Yao H, Bai G, Xie H, et al., 2017. Targeted Mutagenesis NtabMYC2 in *Nicotiana tabacum* Using the CRISPR/ Cas9 Technology [J]. Molecular Plant Breeding, 15 (6): 2328 - 2334.

Yazaki K, Arimura G, Ohnishi T, 2017. 'Hidden' terpenoids in plants: their biosynthesis, localization and ecological roles [J]. Plant and Cell Physiology, 58 (10): 1615 - 1621.

Ye HY, Du H, Tang N, et al., 2009. Identification and expression profiling analysis of TIFY family genes involved in stress and phytohormone responses in rice [J]. Plant Molecular Biology, 71 (3): 291 - 305.

Yemm EW, Willis AJ, 1954. The estimation of carbohydrates in plant extracts by anthrone [J]. The Biochemical journal, 57 (3): 508 - 514.

Yeo YS, Nybo SE, Chittiboyina AG, et al., 2013. Functional Identification of Valerena - 1, 10 - diene Synthase, a Terpene Synthase Catalyzing a Unique Chemical Cascade in the Biosynthesis of Biologically Active Sesquiterpenes in Valeriana officinalis [J]. Journal of Biological Chemistry, 288 (5): 3163 - 3173.

Yin R, Messner B, Faus - Kessler T, et al., 2012. Feedback inhibition of the general phenylpropanoid and flavonol biosynthetic pathways upon a compromised flavonol - 3 - O - glycosylation [J]. Journal of Experimental Botany, 63 (7): 2465 - 2478.

Yoshida Y, Sano R, Wada T, et al., 2009. Jasmonic acid control of GLABRA3 links inducible defense and trichome patterning in *Arabidopsis* [J]. Development, 136 (6): 1039 - 1048.

Yu W, Peng FT, Xiao YS, et al., 2018. Overexpression of PpSnRK1 alpha in tomato promotes fruit ripening by enhancing RIPENING INHIBITOR regulation pathway [J]. Frontiers in Plant Science, 9: 1856.

Yuan L, 2020. Clustered ERF transcription factors: not all created equal comment [J]. Plant and Cell Physiology, 61 (6): 1025 - 1027.

Zarei A, Korbes AP, Younessi P, et al., 2011. Two GCC boxes and AP2/ERF - domain transcription factor ORA59 in jasmonate/ethylene - mediated activation of the PDF1. 2 promoter in *Arabidopsis* [J]. Plant Molecular Biology, 75 (4 - 5): 321 - 331.

Zenkner FF, Margis - Pinheiro M, Cagliari A, 2019. Nicotine biosynthesis in *Nicotiana*: a metabolic overview [J] . Tobacco Science, 56 (1): 1 – 9.

Zhai QZ, Yan C, Li L, et al. , 2017. Hormone Metabolism and Signaling in Plants [M] . London: Academic Press.

Zhai QZ, Yan LH, Tan D, et al. , 2013. Phosphorylation – coupled proteolysis of the transcription factor MYC2 is important for jasmonate – signaled plant immunity [J] . Plos Genetics, 9 (4): e1003422.

Zhai ZY, Liu H, Shanklin J, 2017. Phosphorylation of WRINKLED1 by KIN10 results in its proteasomal degradation, providing a link between energy homeostasis and lipid biosynthesis [J] . Plant Cell, 29 (4): 871 – 889.

Zhang FY, Fu XQ, Lv ZY, et al. , 2015. A basic leucine zipper transcription factor, AabZIP1, connects abscisic acid signaling with artemisinin biosynthesis in *Artemisia annua* [J] . Molecular Plant, 8 (1): 163 – 175.

Zhang FY, Xiang L, Yu Q, et al. , 2018. ARTEMISININ BIOSYNTHESIS PROMOTING KINASE 1 positively regulates artemisinin biosynthesis through phosphorylating AabZIP1 [J] . Journal of Experimental Botany, 69 (5): 1109 – 1123.

Zhang GY, Chen M, Li LC, et al. , 2009. Overexpression of the soybean *GmERF3* gene, an AP2/ERF type transcription factor for increased tolerances to salt, drought, and diseases in transgenic tobacco [J]. Journal of Experimental Botany, 60 (13): 3781 – 3796.

Zhang HB, Bokowiec MT, Rushton PJ, et al. , 2012. Tobacco transcription factors *NtMYC2a* and *NtMYC2b* form nuclear complexes with the NtJAZ1 repressor and regulate multiple jasmonate – inducible steps in nicotine biosynthesis [J] . Molecular Plant, 5 (1): 73 – 84.

Zhang HB, Zhang DB, Chen J, et al. , 2004. Tomato stress – responsive factor *TSRF1* interacts with ethylene responsive element GCC box and regulates pathogen resistance to Ralstonia solanacearum [J]. Plant Molecular Biology, 55 (6): 825 – 834.

Zhang HT, Hedhili S, Montiel G, et al. , 2011. The basic helix – loop – helix transcription factor Cr-MYC2 controls the jasmonate – responsive expression of the ORCA genes that regulate alkaloid biosynthesis in Catharanthus roseus [J] . Plant Journal, 67 (1): 61 – 71.

Zhang HY, Zhang ST, Yang YX, et al. , 2018. Metabolic flux engineering of cembratrien – ol production in both the glandular trichome and leaf mesophyll in *Nicotiana tabacum* [J] . Plant and Cell Physiology, 59 (3): 566 – 574.

Zhang JY, Wang QJ, Guo ZR, 2012. Progresses on plant AP2/ERF transcription factors [J]. Hereditas, 34 (7): 835 – 847.

Zhang MM, Su JB, Zhang Y, et al. , 2018. Conveying endogenous and exogenous signals: MAPK cascades in plant growth and defense [J] . Current Opinion in Plant Biology, 45: 1 – 10.

Zhang N, Zhang BQ, Zuo WL, et al. , 2017. Cytological and molecular characterization of *ZmWAK* – mediated head – smut resistance in maize [J] . Molecular Plant – Microbe Interactions, 30 (6): 455 – 465.

Zhang P, Liu XF, Xu X, et al. , 2020. The MYB transcription factor *CiMYB42* regulates limonoids biosynthesis in citrus [J] . BMC Plant Biology, 20 (1): 254.

Zhang TX, Gou YQ, Bai F, et al. , 2019. AaPP2C1 negatively regulates the expression of genes involved in artemisinin biosynthesis through dephosphorylating AaAPK1 [J] . Febs Letters, 593 (7): 743 – 750.

Zhang W, Guo Q, Ruan H, et al. , 2009. Application of yeast cell – surface display for protein engineering [J] . Biotechnology Bulletin (8): 63 – 66.

Zhang XC, Gassmann W, 2007. Alternative splicing and mRNA levels of the disease resistance gene RPS4 are induced during defense responses [J] . Plant Physiology, 145 (4): 1577 – 1587.

Zhang XT, Cheng TC, Wang GH, et al., 2013. Cloning and evolutionary analysis of tobacco MAPK gene family [J]. Molecular Biology Reports, 40 (2): 1407 – 1415.

Zhang Y, Turner JG, 2008. Wound – induced endogenous jasmonates stunt plant growth by inhibiting mitosis [J]. Plos One, 3 (11): e3699.

Zhang YJ, Wang LJ, 2005. The WRKY transcription factor superfamily: its origin in eukaryotes and expansion in plants [J]. BMC Evolutionary Biology, 5: 1.

Zhao M, Morohashi K, Hatlestad G, et al., 2008. The TTG1 – bHLH – MYB complex controls trichome cell fate and patterning through direct targeting of regulatory loci [J]. Development, 135 (11): 1991 – 1999.

Zhou JG, Wang XY, He YX, et al., 2020. Differential phosphorylation of the transcription factor WRKY33 by the protein kinases CPK5/CPK6 and MPK3/MPK6 cooperatively regulates camalexin biosynthesis in *Arabidopsis* [J]. Plant Cell, 32 (8): 2621 – 2638.

Zhou ML, Memelink J, 2016. Jasmonate – responsive transcription factors regulating plant secondary metabolism [J]. Biotechnology Advances, 34 (4): 441 – 449.

Zhou N, Tootle TL, Glazebrook J, 1999. *Arabidopsis* PAD3, a gene required for camalexin biosynthesis, encodes a putative cytochrome P450 monooxygenase [J]. Plant Cell, 11 (12): 2419 – 2428.

Zhu ZQ, An FY, Feng Y, et al., 2011. Derepression of ethylene – stabilized transcription factors (*EIN3/EIL1*) mediates jasmonate and ethylene signaling synergy in *Arabidopsis* [J]. Proceedings of the National Academy of Sciences of the United States of America, 108 (30): 12539 – 12544.

Zhu ZQ, Napier R, 2017. Jasmonate – a blooming decade [J]. Journal of Experimental Botany, 68 (6): 1299 – 1302.

Zipfel C, 2014. Plant pattern – recognition receptors [J]. Trends in Immunology, 35 (7): 345 – 351.

图书在版编目（CIP）数据

烟草的烟碱代谢调控／张洪博等著．—北京：中
国农业出版社，2024.2
ISBN 978-7-109-31663-8

Ⅰ．①烟…　Ⅱ．①张…　Ⅲ．①烟碱—代谢调节　Ⅳ．
①Q946.88

中国国家版本馆 CIP 数据核字（2023）第 250021 号

中国农业出版社出版

地址：北京市朝阳区麦子店街 18 号楼
邮编：100125
策划编辑：全　聪　　责任编辑：王陈路
版式设计：李　爽　　责任校对：吴丽婷
印刷：中农印务有限公司
版次：2024 年 2 月第 1 版
印次：2024 年 2 月北京第 1 次印刷
发行：新华书店北京发行所
开本：787mm×1092mm　1/16
印张：13.5
字数：318 千字
定价：128.00 元